综合应对多种灾害的安全韧性城市治理策略研究

张世翔　著

同济大学出版社
TONGJI UNIVERSITY PRESS
·上海·

内容提要

面向党的二十大报告所提出的“建立大安全大应急框架”总体要求和应急管理行业“全灾种、大应急”的现实需求，以及建设安全韧性城市等目标，本书深入剖析国内外安全韧性城市规划建设的实践案例，着重总结在抗击新冠疫情、抵御台风和暴雨之后的城市内涝、应急处置重大生产安全事故和社会治安事件等防灾减灾救灾实战中的经验和教训，分析当前城市灾害治理中存在的不足和问题。全书采用定性与定量相结合的方法，从风险评估、空间格局、基础设施、组织指挥、专业化人才队伍、经济效益、社会效益等方面构建综合应对多种灾害的安全韧性城市“搜–救–医–护–康–管”全流程、一体化的应急处置体系，力争探索出符合我国国情和当今现实需要的一体化应急处置策略。同时，本书以突发事件全生命周期管理为主线，从应急预案制定、应急指挥、应急响应、应急处置和灾后恢复等角度，重点探讨城市突发事件救援行动的全过程管理策略，根据当前我国城市突发事件多发频发的特点和趋势，立足于保卫国家安全、维持社会稳定和保护人民群众生命财产安全，提出城市突发事件多灾种协同防控的系列对策建议。

本书适合从事城市治理、应急管理、风险管理、公共管理、公共卫生等领域工作的人士使用，也可供相关领域科研人员、高校师生们参考使用。

图书在版编目（CIP）数据

综合应对多种灾害的安全韧性城市治理策略研究 / 张世翔著．-- 上海：同济大学出版社，2025. 8.

ISBN 978-7-5765-1733-0

Ⅰ. X4；TU984.11

中国国家版本馆 CIP 数据核字第 20253N216A 号

综合应对多种灾害的安全韧性城市治理策略研究

张世翔　**著**

责任编辑　宋　立　陈妮莉　　**责任校对**　徐逢乔　　**封面设计**　唐思雯

出版发行　同济大学出版社　　www.tongjipress.com.cn

（地址：上海市四平路1239号　邮编：200092　电话：021-65985622）

经　　销　全国各地新华书店

印　　刷　常熟市华顺印刷有限公司

开　　本　787mm×1092mm　1/16

印　　张　15.75

字　　数　335 000

版　　次　2025年8月第1版

印　　次　2025年8月第1次印刷

书　　号　ISBN 978-7-5765-1733-0

定　　价　98.00 元

前言

党的二十大报告指出，“坚持安全第一、预防为主，建立大安全大应急框架，完善公共安全体系，推动公共安全治理模式向事前预防转型。推进安全生产风险专项整治，加强重点行业、重点领域安全监管。提高防灾减灾救灾和重大突发公共事件处置保障能力，加强国家区域应急力量建设”。自党的二十大以来，国家层面和地方各级政府，陆续出台了多项与防灾减灾救灾和应急管理相关的重要政策文件，均着重强调了综合应对多种灾害、建设安全韧性城市、加强城市应急治理的重要性和紧迫性。

近年来，自然灾害、事故灾害、公共卫生事件以及社会安全事件频发，且叠加发生的情况越发多见。例如，2024 年 9 月中旬，连续两场正面袭击的超强台风给超大型城市上海带来了多方面灾害，严重影响城市正常运行，给市民的生产生活带来极大影响；2021 年 7 月下旬，河南郑州先是遭遇特大暴雨袭击，导致严重的城市内涝，紧接着又出现一拨新冠疫情；2021 年 12 月中旬，新冠疫情仍在美国肆虐之时，美国中部 6 个州突然遭受 30 多场龙卷风的连续袭击，造成重大的人员伤亡和财产损失。如何切实有效地应对多种灾害的同时冲击、真正有效地进行综合防灾减灾救灾，是各个城市在综合治理过程中面临的重点和难点问题。

本书从自然灾害、事故灾难、公共卫生事件、社会安全事件这四大方面，研究我国城市需重点防范的灾害，研判当前我国城市安全风险累积的重点领域、重点场所和重大安全隐患，为强化应急管理、保障城市运行安全、建设安全韧性城市的精细化管理筑牢坚实基础。将安全韧性理念应用于城市应急管理，可有效推动从注重灾后救助向注重灾前预防转变、从应对单一灾种向应对综合减灾转变、从减少灾害损失向减轻灾害风险转变、从传统的综合防灾向建设安全韧性城市转变。对“搜（监测、搜索）– 救（救援）– 医（医治）– 护（护理）– 康（康复）– 管（管理）”一体化应急处置的典型案例开展研究，将对我国城市应急管理领域的创新应用具有可复制、可推广的重要示范意义。

创新构建整合空中空间资源、地面空间资源、地下空间资源的城市立体化应急防灾减灾协同系统，可突破传统城市应急防灾规划的二维空间限制，创新性地扩展至由垂直和水平方向共同构成的三维空间。这不仅能够有效整合城市可利用的应急防灾减灾空间，降低城市空间的脆弱性，还能防止灾害在城市立体空间的蔓延扩散，提升城市安全韧性水平。在区域一体化、城市群建设的背景下，打破区域内、城市间的行政区划壁垒，有效整合区域内应急资源，将开创区域、城市群应急管理的新格局。通过建立健全突发安全事件协同应对和联合指挥机制、应急资源合作共享机制、应急平台互联互通机制、区域综合性联动型应急救援机制、区域应急组织响应和应急资源整合机制，推进“搜－救－医－护－康－管”一体化实施，能有效提升区域、城市群应急联动能力，增强区域和城市群的安全韧性。

本书的撰写依托笔者主持的多项科研项目，包括国家社会科学基金重大项目（21ZDA105）子课题、上海市哲学社会科学规划课题（2020BCK001，2023VZH042）、上海市加强突发事件紧急医学救援体系建设行动计划（2024—2027年）重点项目：突发事件紧急医学救援预案体系研究项目、上海市卫生健康委员会2025年卫生健康政策研究课题（2025HP24）、上海市疾病预防控制政策研究课题（2024JZ15）、上海市科学技术协会决策咨询项目（2024JY028）、上海高校智库内涵建设项目（2022ZKNH073）、上海健康医学院校级重点科研项目（SSF-23-02-001）、上海健康医学院师资人才百人库“产学研践习”项目（A1-2601-23-31100717）、上海健康医学院师资人才百人库“国内访学”项目《上海超大型城市卫生健康安全治理的综合策略研究》（A1-0200-25-311007-1）、上海健康医学院高校学位点培优培育计划项目（A1-2601-24-203001）、上海健康医学院高水平地方高校建设创新人才培养之研究生培养项目（A1-2601-24-203006）等。在此，向这些项目的支持方和全体项目组成员表示衷心感谢！上海中医药大学与上海健康医学院联合培养的公共卫生专业硕士研究生黄天翔（已毕业，入职上海市普陀区疾病预防控制中心）和冯瀛尹（在读）参与了本书编撰工作；同济大学出版社的诸位编辑老师为本书的出版提供了大力支持，付出了辛勤劳动，也向他们致以衷心的谢意！

受学识、水平等多方面因素所限，本书难免存在诸多不足之处，期待相关学界和业界同仁不吝赐教。

张世翔

2025年6月于上海健康医学院

目录

第7章 职业韧性："平急结合"要求下的城市综合应急队伍韧性建设

第8章 城市"应急韧性"治理指标体系的构建和应用

第1章

城市综合防灾减灾救灾概述

21世纪以来，在全球气候变化、快速城镇化、世界人口急剧增长等自然与社会因素的综合影响下，极端天气事件及其次生、衍生灾害发生频率呈不断增长趋势[1, 2]。城市作为集经济、文化等于一体的复杂社会生态系统，已成为国际社会公认的重大灾害高风险区，其在城市化进程中不断遭受外界各种冲击与扰动[3, 4]。城市面临的风险不仅包括极端天气带来的暴雨、干旱、低温与冷冻等自然灾害，也包括各类事故灾难、公共卫生事件、社会安全事件。如2011年3月日本东京大地震、2011年7月泰国曼谷洪灾、2012年10月影响美国纽约的“桑迪”飓风、2017年8月影响美国休斯敦的“哈维”飓风、2019年8月影响我国东南沿海地区的“利奇马”台风，以及2019年底影响全球的新冠疫情等，这些重大灾害不仅给城市和国家带来了巨大的损失，还给国际金融、贸易、产业生产造成了巨大冲击。由此可见，减缓全球气候变化、快速城镇化对灾害风险的驱动效应，进而凸显高质量城市化对灾害风险的适应能力，是当前亟待攻克的热点和难点问题。

面对城市多灾种重大灾害高频、高危的特征，安全韧性城市概念的产生为城市多灾种综合防范提供了新的思路。一个具有韧性的城市不仅能防御灾害和减轻损失，还能在灾害发生时及时做出响应，并在灾后实现快速修复与适应，建设安全韧性城市已成为国内外城市可持续发展的共识[5]，并在国内外城市中得到广泛的实践，出现诸如“让城市更具韧性”理念、建设“全球100韧性城市”计划等针对性议题。显然，灾害风险视角下的韧性城市建设是减轻灾害风险理念和综合防灾规划实践的革新，也是实现城市综合应对多种灾害的必由之路。

1.1 城市面临的主要灾害类型及其特征

2024年11月1日起施行的《中华人民共和国突发事件应对法》(2024修订)，将我国的突发公共事件划分为自然灾害、事故灾害、公共卫生事件和社会安全事件四种类型。基于此，对城市面临的主要灾害进行分类（表1–1）。

表 1-1　城市面临的主要灾害分类表[6]

灾害组	灾害类型	灾种
自然灾害	气象灾害	风雹、干旱、洪涝、低温与冷冻、高温等
	地震地质灾害	地震、崩塌、滑坡、泥石流等
	海洋灾害	台风、风暴潮、赤潮、海啸等
	生物灾害	草害、鼠害、植物病虫害等
	生态环境灾害	水土流失、石漠化、沙漠化、盐渍化等
事故灾害	交通运输事故	公路、铁路、轮渡、航空、隧道、城市轨道交通
	工业事故	有毒有害气体、危险品、易燃物质爆炸等
	环境生态事故	水土流失、大气污染、核辐射等
	城市生命线事故	供电事故、通信事故、煤气泄漏事故等
公共卫生事件	传染病疫情	霍乱、艾滋病、流行性感冒、新型冠状病毒肺炎、传染性非典型肺炎（以下简称“SARS”）等
	食物中毒	细菌 / 真菌性食物中毒、化学性食物中毒等
	动物疫情	鼠疫、家禽等
	群体不明原因疾病	—
社会安全事件	大规模群体事件	—
	恐怖袭击事件	
	涉外冲突事件	
	重大刑事案件	
	金融安全事件	
	民族宗教突发群体性事件	
	学校安全事件	

1.1.1　城市面临的自然灾害

1. 地震灾害

在各类自然灾害中，地震具有极强破坏力，且存在瞬时爆发性和难以预测性特征。地震是造成国家经济损失、社会人员伤亡的主要自然灾害之一[7]。

1）地震灾难的含义

地震是地球内部构造运动导致能量持续积累，当超过地壳承受阈值时，能量突然释放所引发的地表震动现象。其本质是岩石圈板块在应力作用下发生断裂错动，以弹性波形式向地表传播能量的自然过程，简而言之就是大地的震动。地震是地壳的一种自然运动。震源指的是地壳内部能量释放的位置。能量以地震波的形式向地面传播，地面上离震源最近的一点即为震中。通常使用震级和烈度两个参数来表示地震大小。震级是衡量地震释放能量大小的指标，震级每增加一级，地震释放的能量增加约 32 倍。而烈度则表示地震对地面建筑造成的破坏程度。

据统计，全球每年平均发生地震 500 多万次，但人类对绝大部分地震是感知不到的，有感地震约 6.2 万次[8]。低级别的地震一般不会造成灾害，通常 5 级以上的破坏性地震才被称作地震灾害。地震是否产生灾害不仅与震级有关，还受人口密度、地质条件、资源聚集程度等因素的影响。

2）地震灾难的特点

地震灾害的形成受地质构造、自然和社会环境的影响，其孕育和发生过程较为复杂，具有以下特点：

（1）突发性。一些灾害的发生与成灾会有一定的时间间隔，如干旱、洪水等。而地震的爆发和成灾间隔时间极短，可以在十几秒甚至几秒内造成山崩地裂，留给人们反应的时间是非常有限的。

（2）预测和防御难度大。地震的孕育和发生是一项非常复杂的物理过程，当前的科技发展水平还难以准确探知地震，地震预报准确率较低，因此对地震的准确预测仍是世界性难题。此外，建筑工程抗震水平的提升需要科学、长期的规划以及大量资金的投入，受到现阶段经济发展水平制约，这一提升过程十分漫长且任务艰巨，因此目前对地震的防御难度较大。

（3）破坏性强。在人员方面，地震灾害尤其是震级达到 6 级及以上的强地震，会对建筑物、生命线等各类工程设施造成严重破坏，造成大量的人员伤亡。在经济方面，一次强地震造成的破坏，通常会对当地经济造成深远影响，严重扰乱经济秩序。在社会方面，强地震不仅威胁人们的生命财产安全、影响经济秩序，还会对人们的心理产生极大的影响，灾后人们的心理恢复也需要一定的时间。

（4）重现率低。地震灾害通常是非频发事件，尤其是大地震，在原地反复发生的概率较低。重现率低增加了人们对地震经验规律认知的难度，从而使地震灾害的预防和应对变得更为困难。

2. 洪涝灾害

1）洪涝灾害的含义

洪涝灾害是世界上发生最为频繁[9]，造成经济损失最惨重的自然灾害[10, 11]。洪涝灾害是指降水超过区域排水能力，导致积水无法及时排出的气象灾害[12]。洪涝灾害已经给我国造成了数以亿计的损失，而且损失率还在逐年上升[13]，其主要影响我国的沿海地区。受全球气候变暖的影响，沿海地区面临的首要挑战便是海平面上升。据国家海洋局 2018 年预测，未来 30 年内，上海沿海海平面预计将上升 70 ~ 150 mm[14]。

2）洪涝灾害的影响因素

目前，全球气候变暖和人类社会快速城镇化发展，加剧了城市洪涝问题。

一方面是全球气候变暖。《中国气候变化蓝皮书（2023）》指出：全球气候变暖趋势仍在持续，2022 年全球平均气温较工业化前水平高出 1.13 ℃。气候变暖，大气中的水汽含量增加，导致降雨量增加；同时，气候变化也引起了气象系统的不稳定，进而引起极端天气事件增加，导致降雨强度增加。科研人员发现，在全球气温升高 1.5 ℃和 2.0 ℃的背景下，中国的极端降雨强度较历史时期分别增加 6% 和 11%，且发生概率分别增加 1.6 倍和 2.4 倍[15]。

另一方面是城镇化快速发展。联合国报告显示，2018 年全球城市人口占总人口 55%，预计到 2050 年，这一数字将达到 68%。2018 年末，我国常住人口城镇化率为 59.58%[16]，2019 年升至 60.60%[17]，根据我国第七次全国人口普查，2020 年这一数字已升至 63.89%[18]。至 2024 年末，我国常住人口城镇化率已升至 67.00%[19]。城镇化率越高，受到洪涝灾害的影响就越大[20]，主要原因是：①在下垫面方面，城市绿地面积少，不透水面积多，使得地面整体下渗率低，从而导致地表径流量增多；城市排水管网系统更新落后于城市发展进程，存在老化失修、淤积堵塞等问题，导致地表径流无法及时排出，造成积水甚至出现内涝现象。②在城市微气候方面，组成城市的道路、建筑以及基础设施的材料与自然下垫面相比，吸热快且热容量小，同时，城市人口密集，居民生活、交通运输和工业生产等排放出大量热量，形成城市特有的“热岛效应”，导致超标暴雨、巨灾等“黑天鹅”事件等更加严重的后果，而“灰犀牛”事件由于隐蔽性太强、发生时间难以预测，往往让人猝不及防。③在承灾体方面[21]，城市人口和财产密集，在同样水力要素情况下，造成的单位面积生命财产损失相应增加；组成城市生命线系统的水、电、气、网络、通信、交通、热力等，是维持城市正常运转的基本保障，在洪涝灾害中会造成一处受损、瘫痪一片的局面；城市地下设施增加，比如地铁、地下商场、地下车库等，承灾体脆弱性增强，使得如触电风险等隐藏的风险增大。

3. 台风暴雨灾害

城市台风暴雨灾害是城市面临的常见自然灾害之一，其形成与分类受到复杂的气象、地理和城市环境等诸多因素的综合影响。

1）台风暴雨灾害的形成

（1）气象因素。台风是热带气旋的一种，形成于热带海洋上空。当热带气旋强度达到一定标准时，便被定义为台风。台风在移动过程中会携带大量水汽，其在登陆或经过城市时，常伴随强风、暴雨、风暴潮等极端天气现象。其中，暴雨是台风带来的主要灾害性天气之一，其形成与台风的结构密切相关。台风内部的螺旋雨带和眼墙区域是暴雨的主要来源。当台风移动到城市上空时，其所携带的大量水汽在上升气流的作用下迅速凝结成云，进而形成暴雨。同时，一些城市的地形条件也会加剧暴雨的形成。例如，沿海城市或位于山脉迎风坡的城市，地形的抬升作用会使气流上升速度加快，进一步增强降水强度。

（2）城市环境因素。城市中大量的建筑物和人口活动导致城市温度高于周边，形成城市“热岛效应”。“热岛效应”会增强局部对流活动，加快空气上升速度，从而增加暴雨发生的概率。同时，城市下垫面也发生了改变。城市地面大多被水泥、沥青等不透水材料覆盖，雨水无法快速下渗，导致地表径流迅速增加，排水系统压力增大，容易引发内涝。此外，许多城市的排水系统设计标准较低，无法应对高强度的暴雨。排水管道堵塞、排水泵站能力不足等问题，也会加剧内涝的程度。

（3）其他因素。全球气候变化导致极端天气事件发生的频率增加、强度增大。台风的路径、强度和降水分布也在发生变化，这使得城市面临更大的台风暴雨灾害风险。此外，城市规划存在不合理之处。部分城市在规划过程中未充分考虑防洪排涝需求，将大量低洼地区用于城市建设，增加了内涝风险。

2）台风暴雨灾害的次生灾害

城市台风暴雨灾害往往不是孤立出现的，其可能引发一系列次生灾害。这些次生灾害不仅会进一步加剧城市的受灾程度，还可能对居民生命财产安全、城市基础设施和生态环境造成更为严重的威胁。

（1）城市内涝。台风暴雨带来的强降水强度远超城市排水系统的承载能力，导致雨水无法及时排出，在城市低洼地区、地下通道、地下车库和地铁站等区域迅速积聚。内涝会导致交通瘫痪，淹没车辆、损坏地下设施，甚至威胁居民生命安全。例如，2023 年 8 月北京门头沟、房山地区暴雨引发严重内涝，导致部分山区道路被冲毁、房屋被淹，救援难度极大。

（2）水污染。暴雨可能导致城市污水管道溢流，污水与雨水混合后进入河流、湖泊等水体而造成污染。同时，被淹没的工厂、垃圾场等也可能释放有害物质。水污染会破坏城市生态环境，影响居民饮用水安全。

（3）公共卫生事件。内涝和洪水可能导致病菌滋生，饮用水被污染，从而引发传染病传播。同时，长时间的积水和垃圾堆积也会滋生蚊虫，增加疾病传播风险。公共卫生事件会威胁居民健康，增加医疗负担。例如，2023 年 8 月北京暴雨后，部分地区出现肠道传染病病例增加的情况。

（4）道路中断。暴雨导致道路积水、桥梁被冲毁、山体滑坡等，使得交通中断。而交通瘫痪又会阻碍救援力量及时抵达，延误救援时间，影响物资运输和人员疏散。同时，地铁、公交等公共交通系统可能因积水、设施损坏而停运，会进一步加剧城市交通混乱，影响居民正常出行。

（5）火灾与爆炸。暴雨可能导致电力设施短路、漏电，引发火灾。同时，强风可能使火势迅速蔓延。火灾会进一步破坏建筑物和基础设施，造成经济损失和人员伤亡。此外，暴雨还可能导致化工企业、加油站等危险场所的设施损坏，引发泄漏或爆炸。爆炸事故不仅会造成巨大的经济损失，还可能引发严重的环境污染和造成人员伤亡。

4. 地质灾害

1）地质灾害的含义

地质灾害是指在自然或人为因素下由地质原因引起的，对人们的生命财产安全、环境造成破坏或损失的现象[22]。受太平洋板块、印度洋板块和亚欧板块运动作用的影响，我国地质灾害具有易发、多发、频发的特点，且成因复杂多样。一方面，我国构造活动强烈，地震频繁，加之地形地貌和地质条件极为复杂，增加了地质灾害的风险。另一方面，我国气候类型丰富多样，人类工程活动也较为活跃，这些因素叠加，进一步加剧了地质灾害的发生频率和危害程度。山区地质环境复杂，地质灾害的发生频率相对较高。据相关统计，我国有超过 50% 的国土面积在不同程度上遭受过地震、崩塌、滑坡、泥石流等地质灾害的侵袭。这些灾害不仅损毁了大量耕地和房屋，还导致水土流失问题进一步加剧，给人民的生命财产安全和生态环境带来了严重威胁。根据自然资源部数据，2023 年全国共发生地质灾害 3 668 起。同时，由于城镇化进程的加快，土地利用类型、开发程度的变化也会间接引发地质灾害[23]。这不仅对我国的各方面建设造成巨大的伤害，也对社会经济发展和人民生活造成重大影响。

2）地质灾害的常见类型

城市地质灾害类型多样，成因复杂，是自然因素和人类活动共同作用的结果。地震、滑坡、泥石流、地面塌陷等灾害对城市居民生命财产安全和城市基础设施构成严重威胁。

（1）地震灾害。相关内容请见本书第 1.1.1 节。

（2）斜坡岩土体运动灾害。斜坡岩土体运动灾害包括崩塌、滑坡和泥石流。崩塌是斜坡上的岩土体在重力作用下快速向下移动，通常发生在城市周边的山区或丘陵地带。滑坡是斜坡上的岩土体沿着某一滑动面整体下滑的现象，常见于城市工程建设中因开挖或加载导致斜坡稳定性降低的区域。泥石流是暴雨或冰雪融水引发的含有大量泥沙、石块的特殊洪流，多发生在山区城市。

（3）地面变形灾害。地面塌陷通常由岩溶作用、采空区或黄土湿陷引起，可能导致地面突然下沉，破坏建筑物和基础设施。地面沉降主要由于过度开采地下水引起，常见于沿海城市或地下水开采量大的地区。地裂缝由地层活动或地下水开采引起，可能导致建筑物开裂、道路损坏。

（4）城市垃圾灾害。城市垃圾（如建筑垃圾、工业废渣、生活垃圾等）堆积可能引发地质灾害，如垃圾填埋场的滑坡、渗滤液污染地下水等。

（5）开挖工程灾害。城市工程建设（如地铁施工、矿山开采）可能引发突水、突泥、岩爆、煤层自燃等灾害，对城市基础设施和居民安全构成威胁。

（6）水土污染与地球化学异常灾害。城市“三废”（废水、废气、废渣）处理不当可能导致地下水污染、土壤污染，甚至引发地方病。

（7）特殊岩土灾害。特殊岩土灾害包括黄土湿陷、膨胀土胀缩、砂土冻融、砂土液化等，这些灾害在特定地质条件下可能对城市基础设施造成破坏。

（8）海岸带灾害。沿海城市还可能面临海平面上升、海水入侵、海岸侵蚀等灾害，这些灾害对城市生态环境和基础设施构成威胁。

1.1.2　城市面临的事故灾害

1. 火灾灾害

1）火灾灾害的成因

城市火灾灾害的成因复杂多样，涉及人为因素、自然因素、建筑与设施、管理与监管等多方面。

（1）人为因素。第一是电气设备故障，城市中电气设备老化、短路、过载等是火灾的重要诱因。例如，老旧建筑和老旧小区的电线老化问题尤为突出。第二是生活用火不慎，如乱扔烟头、不当使用明火等行为，是火灾的常见原因。第三是违规操作，如私拉乱接电线、使用大功率电器等行为，增加了火灾风险。第四是人为纵火，故意纵火行为也是火灾的重要成因之一。

（2）自然因素。第一是气候条件，高温、干燥、强风等气候条件会促使火灾的发生和加速蔓延。例如，夏季高温和干燥天气容易引发火灾。第二是雷击，雷击可能引发电气火灾或直接引燃可燃物。

（3）建筑与设施因素。第一是建筑材料易燃性，部分建筑使用大量易燃材料（如木材、PVC、泡沫塑料等），一旦发生火灾，燃烧迅速，火势蔓延快。第二是消防设施不完善，部分建筑和区域存在疏散通道不畅、灭火器材不足、消防水源不足等问题，增加了火灾的破坏力。第三是建筑密集，高层建筑、地下空间、大型商业综合体等建筑密集区域，火灾发生后容易形成“烟囱效应”，火势迅速蔓延，救援难度大。

（4）管理与监管因素。第一是防火意识不足，部分居民和单位的防火安全意识淡薄，存在安全隐患。第二是监管不力，部分城市管理者和监管部门对火灾隐患排查和整改不到位，增加了火灾风险。

（5）其他因素。第一是交通事故，车辆碰撞、燃油泄漏等可能引发火灾。第二是特殊场所风险，如地下车库、地下商场等场所，电气故障和人员密集是火灾的主要诱因。

2）火灾灾害的特点

城市火灾灾害具有高频率、强连锁性、危害严重、快速蔓延、复杂多样、季节性明显等特点。这些特点使得城市火灾的防控和应急处置面临着巨大挑战。

（1）城市系统结构复杂，致灾因素众多，火灾等灾害呈现出高频率和群体性发生的特点。例如，交通事故、火灾等“事故型”灾害的发生率较高，并且灾害的发生次数与城市规模呈正相关。此外，火灾还可能引发次生灾害，如爆炸、建筑坍塌等，形成灾害群。

（2）强连锁性。城市各系统间相互依赖性强，一旦发生火灾，容易引发连锁反应。例如，火灾可能通过建筑内的竖向管井（如电梯井、电缆井）和共享空间迅速蔓延，导致火势难以控制。这种连锁性使得火灾的破坏范围扩大，延长影响时间。

（3）危害严重性。城市火灾往往造成严重的人员伤亡和财产损失。此外，高层建筑、大型商业综合体、地下空间等场所火灾风险高，一旦发生火灾，人员疏散和救援难度极大。

（4）快速蔓延性。火灾初期的火点往往能在极短时间内迅速蔓延成大面积火灾。例如，高层建筑中的“烟囱效应”会加速火势向上蔓延，底层火势会迅速扩展到上层，增加逃生和灭火的难度。

（5）复杂性与多样性。城市火灾的复杂性体现在火灾类型多样、燃烧速度快、烟气毒性大等方面。例如，大型商业综合体集购物、餐饮、娱乐等多种功能于一体，火灾隐患大且人员密集，一旦发生火灾，火势极易快速蔓延，给人员疏散和救援工作带来极大挑战。此外，现代城市建筑广泛使用塑料和有机化学材料，这些材料燃烧时会释放大量有毒烟气，进一步加剧了火灾的危险性。

（6）季节性与气象相关性。火灾的发生存在一定季节性规律，且与气象条件密切相关。例如，冬季干燥、少雪、多风，火灾隐患增大，是火灾的多发期。此外，湿度低、风力大等气象条件会加速火灾的蔓延。

（7）高风险区域与场所。城市中某些区域和场所火灾风险更高，如老旧小区、棚户区、高层建筑、地下空间、化工园区等。这些区域可能存在电气线路老化、消防设施不足、人员密集等问题。例如，老旧小区和棚户区多为砖木结构，耐火等级低，火灾荷载大，容易引发火灾。

（8）人为因素影响显著。人为因素是城市火灾的重要诱因，包括电气故障、用火不慎、吸烟、遗留火种等。此外，违规操作、管理不善等也会增加火灾风险。

2. 交通事故灾害

城市交通事故灾害的成因复杂多样，涉及驾驶员行为、车辆状况、道路条件、环境因素以及管理不善等多个方面。

（1）驾驶员因素。第一是交通违法行为，驾驶员的违法行为是城市交通事故的主要成因之一，常见的违法行为包括超速行驶、酒后驾驶、疲劳驾驶、分心驾驶（如开车时使用手机）以及闯红灯等。第二是驾驶技能与心理素质，驾驶员的驾驶技能不足、心理素质差以及对突发情况的应对能力不足，也会增加事故风险。第三是健康问题，驾驶员的健康状况也可能影响交通安全，例如，患有心脏病、高血压等疾病的驾驶员在驾驶过程中可能突发疾病，导致交通事故。

（2）车辆因素。第一是车辆维护不当，车辆的安全性能和技术状况直接影响行车安全，常见的问题包括轮胎磨损、制动系统故障、灯光故障等。第二是车辆设计缺陷，部分车辆可能因设计缺陷（如视野盲区过大、安全气囊故障等），导致事故发生的风险增大。

（3）道路因素。第一是道路设计缺陷，道路设计不合理（如急弯、陡坡、缺乏中央分隔带等）会增加事故发生的概率。第二是道路维护不足，如道路出现破损、积水、结冰等状况会影响车辆行驶的稳定性，特别是在恶劣天气条件下，这种影响尤为明显。第三是交通流量与拥堵，城市交通流量大且拥堵严重，容易导致驾驶员情绪急躁，进而增加事故发生的风险。

（4）环境因素。第一是天气条件，恶劣天气（如暴雨、大雪、大雾等）会降低能见度、增加路面湿滑程度，显著提高事故发生的风险。第二是光线不足，夜间驾驶、在隧道内驾驶或者阴暗天气驾驶时，光线不足会影响驾驶员对路况的判断，增加事故发生的风险。第三是交通混杂，城市道路中机动车、非机动车和行人混合通行，增加了交通冲突点，容易引发交通事故。

（5）管理因素。第一是交通法规执行不力，部分地区存在交通执法力度不足、处罚不严等问题，导致交通违法行为屡禁不止。第二是交通设施管理不足，道路交通设施（如信号灯、护栏、标志标线等）的维护和管理不到位，会影响交通秩序和行车安全。第三是交通安全教育不足，驾驶员和公众的交通安全意识较为淡薄，缺乏必要的安全教育和培训。

3. 工业安全事故灾害

1）工业安全事故灾害的类型

城市工业安全事故灾害类型多样，涉及机械伤害、触电、火灾、爆炸、中毒等多个方面。这些事故不仅对人民生命安全构成威胁，还可能引发严重的经济损失和广泛的社会影响。

物体打击事故是由于物体在重力或外力作用下运动并撞击人体而引发的伤害事件，常见于建筑施工、机械制造等作业领域。车辆伤害事故是指企业内部机动车辆（如叉车、装载机等）在行驶过程中导致的人员受伤事件。机械伤害事故是指机械设备的运动或静止部件、工具、加工件与人体直接接触，从而造成挤压、碰撞、冲击等伤害的事故。起重伤害事故是指在起重作业过程中引发的机械伤害事故，包括因起重机、吊车等设备操作不当导致的事故。触电事故是指人体直接接触带电体或靠近高压电网时发生的伤害事故，这类事故常见于电气设备的操作和维护过程中。火灾事故是指在工业生产过程中，因火灾导致的人员伤亡和财产损失的事故，常见于化工、仓储等行业。灼烫事故是指因火焰烧伤、高温物体烫伤、化学灼伤等原因导致的伤害事件，多发生在冶金、化工等行业。高处坠落事故是指在高处作业过程中，因失去平衡而坠落所造成的伤害事件，常见于建筑施工、高空作业等领域。坍塌事故是指建筑物、构筑物、堆置物等发生倒塌所引发的伤害事件，常见于建筑施工、矿山开采等领域。爆炸事故，包括锅炉爆炸、容器爆炸、瓦斯爆炸、粉尘爆炸等，常见于化工、能源等行业。中毒和窒息事故，指因有毒有害气体泄漏或缺氧环境导致的人员中毒和窒息事故，常见于化工、矿山、污水处理等行业。其他伤害事故，包括淹溺、冒顶片帮、透水、放炮等事故，这些事故类型通常与特定行业或环境相关。

2）工业安全事故灾害的成因

城市工业安全事故灾害的成因复杂，涉及人为因素、技术与管理缺陷、外部环境影响以及系统本身的脆弱性等多个方面。

（1）人为因素。企业违法违规组织生产、地方政府监管不到位是工业安全事故频发的重要原因。例如，一些企业在未完成整改的情况下仍继续生产，导致事故隐患长期存在。同时，人为操作失误是工业安全事故的主要诱因之一。例如，在威海某货轮事故中，三副（船员的职务名称）意外碰触二氧化碳气体瓶头阀，导致气体泄漏并引发事故。此外，部分企业和员工安全意识不足，未落实安全生产责任，也是事故频发的原因之一。

（2）技术与管理缺陷。不合理的技术应用和设备老化是导致事故发生的直接原因。例如，衡水市某项目施工升降机事故，是螺栓安装的技术失误导致轿厢坠落。同时，企业内部管理混乱、信息不畅，也是事故频发的重要因素。例如，在大连输油管道爆炸事故中，企业未按规定操作，导致输油管道内发生化学爆炸。地方政府和监管部门的监管缺失，也是工业安全事故频发的重要原因之一。例如，部分地方政府为了经济利益，对高危行业监管不力。

（3）外部环境影响。自然条件（如湿度、降水、温度等）对工业生产系统的影响是事故的外部诱因。例如，暴雨可能导致化工企业发生泄漏事故。城市规划与工业布局不合理，导致高危企业与居民区混杂，增加了事故风险。例如，2010 年南京“7·28”爆炸事故，化工企业与居民区距离过近，导致事故影响范围扩大。

（4）系统本身脆弱性。工业系统的结构缺陷（如物理结构崩溃、设备老化等）是事故的重要诱因。例如，在哈尔滨某库房坍塌事故中，不合规的改扩建工程导致结构失稳。

1.1.3 城市面临的公共卫生事件

1. 城市面临的公共卫生事件的定义与特征

根据我国《突发公共卫生事件应急条例》和《国家突发公共卫生事件应急预案》的规定，突发公共卫生事件是指突然发生，造成或可能造成社会公众健康严重损害的重大传染病疫情、群体性不明原因疾病、重大食物和职业中毒以及其他严重影响公众健康的事件。城市公共卫生事件具有以下显著特征：

（1）成因多样性。公共卫生事件的成因复杂多样，包括生物因素（如传染病）、自然灾害（如地震后引发的疫情）、食品药品安全事件、环境污染、社会安全事件（如生物恐怖）等。

（2）传播广泛性。在全球化背景下，传染病可通过现代交通工具快速跨国传播，一旦具备传染源、传播途径和易感人群，即可广泛传播。

（3）危害复杂性。公共卫生事件不仅影响人群健康，还可能对经济、社会、环境乃至政治产生深远影响。例如，2003 年的 SARS 就对我国经济造成了重大损失。

（4）治理综合性。应对公共卫生事件需要多部门协同合作，包括技术与价值层面的结合、直接任务与间接任务的结合、责任部门与其他部门的协同，以及国际交流与合作。

（5）新发事件不断产生。近年来，新发传染病不断增加，如艾滋病、SARS、人禽流感等。这些新发事件对公共卫生体系提出了更高要求。

（6）种类多样性。公共卫生事件的种类繁多，包括传染病疫情、群体性不明原因疾病、食品安全事故、药品安全事件、动物疫情等。

（7）频繁发生与危害严重。公共卫生事件的发生频率较高，且对社会稳定构成较大威胁，可能影响经济发展和社会秩序。

（8）时间和空间分布差异性。不同季节、不同地区以及不同人群的公共卫生事件发生率存在显著差异。例如，某些传染病在特定季节高发，南方和北方的传染病种类也有所不同。

2. 城市公共卫生事件的成因

城市公共卫生事件的成因复杂多样，涉及自然、社会、经济、技术与管理等多个层面。传染病流行、自然灾害、人口密度大、公共卫生管理缺失、经济结构单一、监测预警能力不足等，都是城市公共卫生事件的重要成因。

1）自然因素

（1）传染病流行。传染病是城市公共卫生事件的主要成因之一，包括新发传染病（如 SARS、新冠疫情、禽流感等）和传统传染病（如鼠疫、霍乱等）的传播。

（2）自然灾害。地震、洪水、台风等自然灾害可能引发次生公共卫生事件，如传染病流行、食物和水源污染。

（3）气候变化。气候变化导致极端天气事件增加，可能加剧传染病的传播，如高温天气促进蚊虫繁殖，增加登革热等疾病的传播风险。

2）社会因素

（1）人口密度与流动性。城市人口密集且流动性大，增加了传染病传播的风险。高密度的人口聚集和频繁的人员流动使得疫情更易扩散。

（2）公共卫生管理缺失。公共卫生管理体系不完善、资源投入不足、应急响应能力弱等问题，是城市公共卫生事件频发的重要原因。

（3）社会经济不平等。经济落后地区或弱势群体的公共卫生设施不足，医疗资源匮乏，增加了公共卫生事件的发生概率。

3）经济因素

（1）产业结构与资源投入。城市经济结构单一、产业集中，可能导致公共卫生事件对经济的冲击更大。例如，传统制造业和劳动密集型服务业在疫情中受冲击较大。

（2）公共卫生资源不足。公共卫生和防疫机构的基础设施、医疗设备、专业人员短缺，以及应急物资储备不足，是城市公共卫生事件频发的重要因素。

4）技术与管理因素

（1）监测预警能力不足。城市公共卫生监测系统不完善，数据共享和信息传递存在“孤岛”现象，导致预警不及时。

（2）应急管理体系不健全。跨区域、跨部门的协同机制不完善，应急响应和处置能力不足，是应对城市公共卫生事件中的薄弱环节。

3. 城市公共卫生事件的应对机制

城市公共卫生事件的应对机制是一个复杂的系统工程，涉及多部门协同、技术应用、资源优化配置以及政策管理等多个方面。城市公共卫生事件的应对机制需要从监测预警、应急响应、资源优化、社区治理、技术应用、区域协同和政策保障等多个方面入手。通过构建智慧化、精细化的管理体系，提升城市的公共卫生治理能力，保障城市居民的生命健康和社会稳定。城市灾害风险数据管理体系结构如图 1–1 所示。

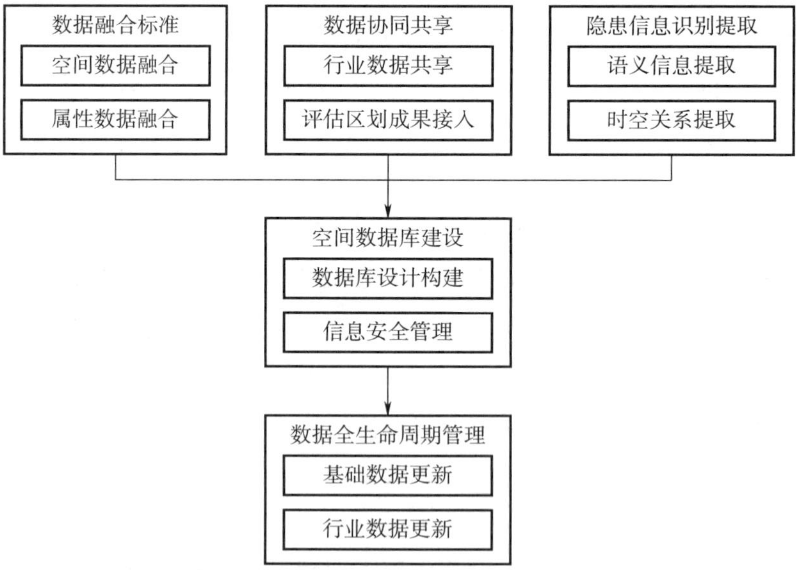

图 1–1　城市灾害风险数据管理体系结构图[24]

1）应对机制的核心框架

（1）监测预警与风险感知。构建多源数据、多点触发的公共卫生监测预警系统，实现传染病“监测 – 上报 – 流调 – 检测 – 隔离 – 救治”的闭环管理。利用大数据、物联网等技术，实时监测疫情动态，提升风险识别和警报效能。

（2）应急响应与决策支持。建立基于智慧城市的应急管理和事件响应机制，支持动态实时监测和管理相关数据，促进各相关方更有效地合作。借助大数据和人工智能技术，辅助政府制定科学、精准、高效的应急决策方案。

（3）资源优化与协同配置。建立区域公共卫生资源的动态配置机制，通过跨区域协同优化资源分配，确保应急救援初期资源的有效利用。在城市层面，构建公共卫生安全的全要素评价体系，预留应对突发公共卫生事件的空间。

（4）社区与基层治理。强化社区网格化管理，构建“十五分钟生活圈”和“五分钟出行圈”，配套基本公共服务和隔离空间。推动“一网统管”向基层延伸，实现数据“一口采集”和“一屏研判”，提升社区治理的智能化水平。

（5）政策与法律保障。健全应对突发公共卫生事件的法律法规体系，确保决策的民主性和合法性。基于法律框架，制定应急预案，确保在突发事件中各部门的协同联动。

2）技术应用与智慧城市建设

（1）数据驱动的决策支持。构建智慧城市数据利用框架，确保数据的可用性、有用性、易用性和安全性。利用大数据分析技术，实时监测人员流动、交通流量、物资需求等信息，为应急决策提供数据支持。

（2）智慧医疗与远程诊断。在应急医院中应用 5G 智慧诊疗、云平台运维等技术，提升医疗资源的利用效率。推广健康码等数字化工具，实现人员流动的精准管控。

（3）智能监测与预警。利用物联网技术，实现对城市公共卫生设施的实时监测，提前发现潜在风险。构建基于多源数据的公共卫生事件预警系统，提升预警的准确性和及时性。

3）区域协同与国际合作

（1）区域联防联控。组建区域公共卫生风险应对联盟，构建多中心和网络化的联防联控体系。加强区域内医疗资源的共建共享，提升资源调配和快速运输能力。

（2）国际合作与经验共享。在国际层面，借鉴其他国家的先进经验，完善城市公共卫生事件的应对机制。

1.1.4　城市面临的社会安全事件

城市面临的社会安全事件是指由自然或人为因素引起的，对城市居民生命财产安全构成威胁，影响城市系统正常运行的突发事件。城市社会安全事件类型多样，包括重大刑事案件、恐怖袭击事件、群体性事件、经济安全事件等，具有突发性、复杂性、连带性和社会影响广泛等特点[25]。这些事件不仅威胁居民的生命财产安全，还可能影响城市的正常运行和社会稳定。

1. 城市社会安全事件的类型

（1）大规模群体事件。大规模群体事件包括因社会矛盾激化引发的集体上访、游行示威、聚众闹事等事件。这类事件通常涉及人数较多，若处理不当可能引发社会不稳定，甚至升级为暴力冲突。

（2）恐怖袭击事件。恐怖袭击事件是指恐怖组织或个人通过暴力或其他破坏性手段实施的，以危害社会稳定、威胁人民群众生命和财产安全为目的的事件。这类事件具有突发性强、破坏性大、影响范围广的特点，可能造成严重的人员伤亡，引发社会恐慌。

（3）涉外冲突事件。涉外冲突事件指涉及外国公民、机构或与国际关系相关的突发事件，如外交冲突、领事保护事件等。这类事件可能引发国际关注，影响城市的国际形象和外交关系。

（4）重大刑事案件。重大刑事案件包括盗窃、抢劫、绑架、故意杀人等严重犯罪行为，这些事件直接威胁居民的人身和财产安全。近年来，随着社会治安管理的加强，此类事件的发生率有所下降，但仍需警惕个人极端暴力犯罪。

（5）金融安全事件。金融安全事件包括金融诈骗、经济犯罪、市场波动等对城市经济秩序造成重大影响的事件。这类事件可能引发社会恐慌，影响居民的经济利益和城市的经济稳定。

（6）民族宗教突发群体性事件。民族宗教突发群体性事件是涉及民族矛盾、宗教冲突等的事件，可能由文化差异、宗教信仰等引发。这类事件具有较强的敏感性和复杂性，若处理不当可能引发更广泛的社会冲突。

（7）学校安全事件。学校安全事件包括校园暴力、校园欺凌、校园火灾等事件，直接威胁学生的生命安全。这类事件对社会影响较大，容易引发公众的高度关注和担忧。

（8）信息安全事件。信息安全事件包括网络攻击、数据泄露、信息诈骗等事件。随着信息技术的发展，这类事件的频率和危害程度不断增加。这类事件不仅威胁个人隐私和财产安全，还可能威胁城市的基础设施和公共服务。

2. 城市社会安全事件的特征

（1）突发性。城市社会安全事件往往具有突发性，在事件发生前可能没有明显征兆，难以提前进行有效预警。例如，恐怖袭击、群体性事件等通常在短时间内迅速爆发，给应急响应工作带来巨大挑战。

（2）复杂性。这类事件涉及多个领域和利益主体，可能由多种因素交织引发，如经济利益、民族矛盾、宗教信仰等。例如，群体性事件可能由环境问题、土地纠纷等多种因素引发，在处理时需要综合考虑多方面因素。

（3）连带性。一个社会安全事件的发生可能引发一系列次生事件，形成“连带效应”。例如，群体性事件可能引发交通瘫痪、公共设施损坏等次生事件。

（4）社会影响广泛。城市社会安全事件不仅影响直接参与者，还可能通过网络传播、社会舆论等途径，引发更广泛的社会关注和恐慌。例如，恐怖袭击事件可能引发公众对城市安全的普遍担忧，进而影响城市的正常运行。

（5）紧迫性。城市社会安全事件一旦发生，必须迅速采取措施控制事态发展，否则可能造成更为严重的人员伤亡和社会损失。例如，群体性事件需要及时疏导和化解矛盾，防止事态进一步升级。

1.2　城市综合防灾减灾救灾研究与实践的意义

1.2.1　政策意义

城市综合防灾减灾救灾不仅是应对自然灾害和人为灾害的必要措施，还具有重要的政策意义。

1. 为城市灾害政策制定提供科学依据

数据支持与风险评估。城市综合防灾减灾救灾实践积累了大量的灾害数据，包括灾害发生频率、影响范围和损失评估等。这些数据为政策制定奠定了坚实的基础。通过分析灾害数据，能够科学评估城市面临的灾害风险，从而制定更具针对性的防灾减灾政策。例如，通过对历史地震、暴雨洪涝等灾害数据的分析，城市可以明确高风险区域，据此制定差异化的防灾规划，如加强特定区域的排水系统建设或提高建筑抗震标准。

经验总结与政策优化。实践中的成功经验和失败教训是政策优化的重要参考。通过总结城市在防灾减灾救灾过程的经验，能够不断完善现有政策。例如，某城市在经历一次暴雨洪涝灾害后，发现排水系统不足是主要问题，随后调整政策，加大排水设施建设投入。同时，通过跨城市、跨地区的经验交流，借鉴他人的先进做法，进一步提升政策的科学性和有效性。

多学科研究支撑。气象学、地质学、水文学、土木工程学、城市规划学、社会学、经济学等多学科的研究成果为政策制定提供了全面的科学依据。例如，灾害经济学研究可以评估灾害对经济的影响，为制定财政补贴和保险政策提供参考；灾害社会学研究可以分析居民的防灾意识和行为，为制定宣传教育政策提供依据。

2. 促进城市治理的精细化与科学化

促进城市精细化治理。城市综合防灾减灾救灾要求城市治理从粗放式向精细化转变。通过建立多灾种监测预警系统，城市能够实现对灾害的精准监测和预警。例如，利用物联网技术实时监测城市排水系统的水位变化，提前采取措施应对暴雨洪涝。精细化治理还体现在灾害应对的全过程管理中。从灾害预防、应急响应到恢复重建，每个环节都需要精细化操作，通过制定详细的应急预案，明确各部门和社区的职责。

促进城市科学化治理。科学化治理是城市综合防灾减灾救灾的核心要求。通过引入先进的科学技术，如大数据、人工智能和地理信息系统（Geographic Information System,

GIS）等，城市能够实现灾害管理的智能化。例如，利用大数据分析技术，城市可以预测灾害发生的时间和地点，提前部署救援力量。科学化治理还体现在城市规划和基础设施建设中。通过科学评估灾害风险，城市可以在规划中合理布局防灾设施，如应急避难场所、抗震建筑和防洪堤等，提高城市的抗灾能力。

3. 推动区域协同与国际合作

推动区域协同。城市综合防灾减灾救灾需要打破行政区域限制，实现区域协同。许多灾害的影响范围超出单一城市，如流域洪水、区域地震等。通过建立区域防灾减灾机制，城市之间可以共享资源、协同应对。例如，长江流域的多个城市联合建立防洪工程体系，共同应对洪水灾害。区域协同还体现在灾害信息共享和应急救援合作方面。通过建立区域灾害信息平台，城市之间可以实时共享灾害监测数据，以便提前采取防范措施。同时，联合开展应急演练，能有效提升区域整体的应急响应能力。

推进国际合作。随着全球化的加速，城市面临的灾害风险也呈现出国际化特征。城市综合防灾减灾救灾的实践推动了国际合作。通过与国际组织和其他国家合作，城市能够引进部分先进的防灾技术和经验。例如，许多沿海城市通过与联合国减少灾害风险办公室（United Nations Office for Disaster Risk Reduction，UNDRR）合作，引入国际先进的防台风技术和理念。国际合作还体现在资金支持和科技交流上。发达国家通过国际援助项目，为发展中国家的城市提供资金支持，帮助其提升防灾减灾能力。此外，通过国际学术交流和合作研究，城市之间能够共享最新的防灾减灾科研成果。

1.2.2 理论意义

城市综合防灾减灾救灾是现代城市发展的重要保障，其意义不仅体现在减少灾害损失、保障人民生命财产安全，还在于推动灾害科学理论的发展、促进跨学科研究的融合以及提升城市灾害研究的系统性。

1. 丰富灾害科学理论体系

拓展灾害研究的广度与深度。城市综合防灾减灾救灾实践为灾害科学理论提供了丰富的实证基础。通过对城市灾害的系统研究，可以深入了解灾害发生、发展和消亡的全过程，揭示灾害的内在规律。例如，研究城市内涝的形成机制，不仅涉及气象学的降水过程，还涉及水文学的地表径流、土壤学的渗透特性以及城市规划的排水系统设计等，系统研究城市内涝的形成机制丰富了灾害科学的理论内涵。综合防灾减灾救灾的实践推动了灾害科学从单一灾害研究向多灾种耦合研究的转变。例如，城市地震灾害可能引发火灾、滑坡、地面塌陷等次生灾害，研究这些灾害的耦合关系有助于完善灾害链的理论体系，为灾害科学的发展提供新的视角。

推动灾害科学理论的创新。城市综合防灾减灾救灾的实践需求促使灾害科学理论不断创新。例如，随着城市化进程的加快，城市灾害的复杂性增加，传统的灾害理论已难以满足现实需求。这就需要发展新的理论，如城市韧性理论、灾害风险评估理论等，以更好地指导城市防灾减灾救灾工作。综合防灾减灾救灾实践为灾害科学理论提供了大量的数据和案例支持。通过对这些数据和案例进行分析，可以验证和修正现有的理论，推动灾害科学理论的不断完善和发展。

2. 促进跨学科研究的融合

打破学科壁垒，形成协同研究机制。城市综合防灾减灾救灾涉及多个学科领域，包括气象学、地质学、水文学、土木工程学、城市规划学、社会学和经济学等。通过综合防灾减灾救灾实践，可以打破学科之间的壁垒，促进不同学科之间的交流与合作。例如，在研究城市暴雨内涝时，气象学家提供降水数据，水文学家分析地表径流过程，土木工程师设计排水系统，城市规划学家优化城市布局，这种跨学科的合作能够形成协同研究机制，提高研究效率和质量。综合防灾减灾救灾实践为跨学科研究提供了共同的研究目标和问题导向。以城市地震灾害的防治为例，地震学家研究地震活动规律，建筑工程师设计抗震建筑，社会学家研究居民的防灾意识和行为，这种以问题为导向的跨学科研究能够更好地解决实际问题，推动学科间的深度融合。

培养跨学科研究人才，推动学科交叉发展。城市综合防灾减灾救灾实践需要大量跨学科研究人才。这种需求促使高校和科研机构加强跨学科人才培养，开设跨学科课程，培养具有多学科背景的复合型人才。例如，一些高校设立了“城市防灾减灾工程”专业，课程内容涵盖地质学、土木工程学和城市规划学等多个学科领域，为城市综合防灾减灾救灾培养专业人才。跨学科研究人才的培养推动了学科之间的交叉发展。例如，灾害经济学与灾害社会学的交叉研究，能够更好地评估灾害对社会经济的影响，为灾害管理提供科学依据；灾害地理学与灾害气象学的交叉研究，能够更准确地预测灾害的发生和影响范围，提高灾害预警能力。

3. 提升城市灾害研究的系统性

构建城市灾害研究的系统框架。城市综合防灾减灾救灾实践推动了城市灾害研究从碎片化向系统化转变。通过对城市灾害的全要素、全过程研究，构建起城市灾害研究的系统框架。具体而言，从灾害的孕育、发生、发展到消亡的全过程，从灾害的自然属性、社会属性到经济属性的全要素，从灾害的预防、应急响应到恢复重建的全链条，形成了一个完整的城市灾害研究体系。同时，城市不仅面临地震、洪水、台风等自然灾害，还面临火灾、爆炸、环境污染等人为灾害。对多灾种的综合研究，能够更好地识别城市灾害的风险特征，制定科学合理的防灾减灾策略。

提高城市灾害研究的科学性和实用性。城市综合防灾减灾救灾实践为城市灾害研究提供了大量的实际案例和数据支持，提升了城市灾害研究的科学性。对这些案例和数据的分析，能够更准确地评估城市灾害风险，预测灾害的影响范围和程度，为灾害管理提供科学依据。综合防灾减灾救灾的实践需求促使城市灾害研究更加注重实用性。例如，在研究城市暴雨内涝的防治时，不仅要关注理论研究，还要注重排水系统的优化设计、城市规划的合理布局等实际问题，提升城市灾害研究的实用性和应用价值。

1.2.3 实践意义

城市综合防灾减灾救灾在实践层面具有重大意义，它不仅直接关系到城市居民的生命财产安全，还对城市的稳定、可持续发展以及社会经济的繁荣起到关键作用。

1. 提高城市灾害治理能力

完善灾害管理体系。城市综合防灾减灾救灾实践推动了城市灾害管理体系的不断完善。通过整合各部门资源，建立统一的防灾减灾救灾指挥平台，城市能够实现对灾害预警、应急响应、救援协调和恢复重建的全过程管理。并且，综合防灾减灾救灾实践还促进了灾害管理机制的创新。例如，引入社会力量参与灾害治理，通过政府与企业、社会组织的合作，形成了多元化的灾害治理模式，提高了灾害应对的灵活性和效率。

提升灾害预警与应急响应能力。城市综合防灾减灾救灾实践推动了灾害预警技术的发展。通过建立多灾种监测预警系统，城市能够更精确地预测灾害的发生时间和强度，并及时发布预警信息。例如，气象部门通过高精度的气象雷达和卫星遥感技术，能够提前数小时甚至数天对台风、暴雨等灾害性天气进行预警。同时，综合防灾减灾救灾实践提高了城市的应急响应能力。通过制定应急预案、开展应急演练和培训，城市在灾害发生时能够迅速启动应急响应机制，组织力量进行救援和抢险。

优化城市基础设施建设。城市综合防灾减灾救灾实践促使城市在基础设施建设中充分考虑防灾的需求。例如，在城市规划环节，合理布局防洪堤、排水系统、抗震建筑和应急避难场所等，以提高城市的防灾能力。近年来，许多沿海城市加强了海堤建设，提升了抵御台风、风暴潮的能力。此外，综合防灾减灾救灾实践推动了城市基础设施的智能化升级。通过引入物联网、大数据等技术，城市能够实现对基础设施的实时监测和智能管理，及时发现并修复潜在隐患。例如，智能排水系统能够根据降雨强度自动调节排水流量，有效缓解城市内涝。

2. 保障城市居民生命财产安全

减少人员伤亡。城市综合防灾减灾救灾实践通过加强灾害预警和应急响应，能够有效降低灾害对居民生命安全的威胁。例如，通过及时发布台风预警信息，组织沿海地区居民撤离，能够避免大量人员伤亡。同时，综合防灾减灾救灾实践通过加强防灾教育和培训，提高了居民的防灾意识和自救互救能力。例如，在学校、社区开展防灾减灾知识讲座和应急演练，使居民在灾害发生时能够采取正确的避险措施，减少人员伤亡。

降低财产损失。城市综合防灾减灾救灾实践通过优化城市规划和基础设施建设，能够有效降低灾害对城市财产的破坏。例如，通过建设高标准的防洪工程和排水系统，降低暴雨洪涝对城市基础设施和居民房屋的损害。综合防灾减灾救灾实践通过推动保险等金融手段的应用，减轻了灾害给居民和企业带来的经济负担。例如，推广巨灾保险，让居民和企业在灾害发生后获得经济补偿，以尽快恢复生产生活。

3. 促进城市可持续发展

保障城市经济稳定发展。城市综合防灾减灾救灾实践通过减少灾害对城市经济的冲击，能够保障城市的经济稳定发展。例如，加强防洪工程和排水系统建设，能够减少暴雨洪涝对城市工业园区和商业区的破坏，保障企业正常生产运营。2024 年，某城市通过优化排水系统，成功避免了暴雨后工业园区被淹没，保障了企业的正常生产。同时，综合防灾减灾救灾实践通过推动城市基础设施的韧性建设，能够提升城市的经济韧性。例如，建设抗震建筑和智能电网，能够减少地震和暴雨等灾害对城市基础设施的破坏，保障城市的经济活动不受影响。

保护城市生态环境。城市综合防灾减灾救灾实践通过优化城市规划和开展生态修复工作，能够保护城市生态环境。例如，建设海绵城市，能够减少暴雨径流对城市水体的污染，保护城市水生态环境。近年来，许多城市通过采取增加绿地面积、建设雨水花园等措施，提高了城市对暴雨的调蓄能力，改善了城市生态环境。此外，综合防灾减灾救灾实践通过推动绿色建筑和可再生能源的应用，减少城市对自然资源的消耗，保护生态环境。例如，推广绿色建筑技术，能够减少建筑能耗，降低碳排放，助力城市实现可持续发展。

提升城市社会福祉。城市综合防灾减灾救灾实践通过保障居民生命财产安全，能够提升城市居民的社会福祉。例如，建设应急避难场所和物资储备点，能够在灾害发生时及时为居民提供救助。同时，综合防灾减灾救灾实践通过推动社区防灾减灾能力建设，增强社区的凝聚力和抗灾能力。例如，在社区开展防灾减灾活动，能够增强居民之间的互助合作精神，提升社区的社会福祉。

1.2.4　社会意义

城市综合防灾减灾救灾的社会意义重大，不仅体现在提升城市可持续健康发展的能力上，还在于保障城市社会公平与社会稳定。

1. 提升城市可持续健康发展的能力

增强城市韧性。城市综合防灾减灾救灾是提升城市韧性的重要手段。通过加强基础设施建设、优化城市规划和提升应急响应能力，城市在面对灾害时能够快速恢复，并减少灾害对城市功能的长期影响。例如，建设海绵城市既能有效缓解暴雨洪涝灾害，又能提升城市的生态功能。

促进经济稳定。防灾减灾救灾工作通过减少灾害损失，保障城市经济的稳定运行。灾害对城市经济的冲击可能导致生产停滞、企业倒闭和就业机会减少等问题。完善的防灾减灾体系能够降低这些风险，保障城市经济的可持续发展。

推动社会资源优化配置。城市综合防灾减灾救灾要求整合社会资源，优化资源配置。通过建立跨部门、跨区域的合作机制，城市能够更加高效地利用资源，减少重复投入，提升防灾减灾工作的整体效益。

提升公众防灾意识。通过广泛的宣传教育和社区参与，城市能够提升公众的防灾减灾意识和自救互救能力。这种意识的提升不仅有助于减少灾害损失，还能增强社会凝聚力，推动城市可持续发展。

2. 保障城市社会公平与社会稳定

保障弱势群体权益。城市综合防灾减灾救灾工作特别关注弱势群体，如低收入人群、老年人和残疾人等。通过完善应急避难场所建设、及时提供救灾物资和开展针对性的防灾教育，能够保障这些群体在灾害发生时的基本生活需求，减少社会不平等现象。

维护社会稳定。灾害对社会稳定的冲击往往源于资源分配不均和应急响应不足。科学的防灾减灾规划和高效的应急管理体系，能够减少灾害对社会秩序的冲击，维护社会稳定。

促进社会公平。城市综合防灾减灾救灾工作通过优化资源配置、完善基础设施和提升公共服务水平，能够减少因灾害导致的社会不平等现象。例如，建设覆盖城乡的防灾减灾设施，能够保障不同区域居民的平等受益。

增强社会凝聚力。防灾减灾救灾工作需要全社会共同参与，政府、企业、社会组织和居民的共同努力，能够增强社会凝聚力，营造全社会共同应对灾害的良好氛围。

本章系统地探讨了城市面临的主要灾害类型及其特征，并深入分析了城市综合防灾减灾救灾的重要意义。受全球气候变化、快速城镇化以及世界人口增长等因素的叠加影响，城市作为经济、文化的中心，已成为重大灾害的高风险区域。城市面临的灾害类型多样，包括自然灾害（如地震、洪涝、台风）、事故灾害（如交通运输事故、工业事故）、公共卫生事件（如传染病疫情、食品中毒）以及社会安全事件（如恐怖袭击、大规模群体事件）等。这些灾害不仅对城市居民的生命财产安全构成严重威胁，还对城市的经济、社会和生态环境产生深远影响。

城市综合防灾减灾救灾的意义体现在多个层面。从理论意义来看，它推动了灾害科学理论的创新与发展，促进了跨学科研究的融合，提升了城市灾害研究的系统性和科学性。在实践层面，城市综合防灾减灾救灾有助于完善灾害管理体系，提升灾害预警与应急响应能力，优化城市基础设施建设，从而保障城市居民的生命财产安全，维护社会稳定，促进城市的可持续发展。在政策层面，城市综合防灾减灾救灾为城市灾害政策的制定提供了科学依据，推动了城市治理向精细化与科学化转变，并促进了区域协同与国际合作。在社会层面，城市综合防灾减灾救灾不仅提升了城市可持续健康发展的能力，还保障了城市社会的公平与稳定，增强了社会凝聚力。

综上所述，城市综合防灾减灾救灾是应对城市多种灾害风险的重要手段，是实现城市可持续发展的必然要求。构建科学合理的防灾减灾体系，提升城市的韧性与抗灾能力，能够有效降低灾害损失，保障城市居民的生命财产安全，推动城市实现健康、稳定、可持续发展。

参考文献

[1] 贾春阳 . 面向防灾减灾救灾的城市灾害韧性及其评估研究 [D]. 大连：大连理工大学，2019.

[2] 陈韶清，夏安桃 . 快速城镇化区域城市韧性时空演变及障碍因子诊断：以长江中游城市群为例 [J]. 现代城市研究，2020（1）：37-44，103.

[3] 温家洪，颜建平，王慧敏，等 . 韧弹性视角下的城市综合巨灾风险管理 [J]. 城市问题，2019（10）：76-82.

[4] 陈惟刚 . 中国城市韧性时空演变与提升路径研究 [D]. 衡阳：南华大学，2020.

[5] 滕五晓，罗翔，万蓓蕾，等 . 韧性城市视角的城市安全与综合防灾系统：以上海市浦东新区为例 [J]. 城市发展研究，2018，25（3）：39-46.

[6] 何敏 . 基于多灾种重大灾害风险视角的城市韧性评估研究 [D]. 上海：华东师范大学，2021.

[7] XU Z，LU X，GUAN H，et al. Seismic damage simulation in urban areas based on a high-fidelity structural model and a physics engine [J]. Natural Hazards，2014，71（3）：1679-1693.

[8] 王博 . 基于模糊综合评价法的城市社区地震灾害应急管理能力评价研究 [D]. 南宁：广西大学，2015.

[9] 张继权，李宁 . 主要气象灾害风险评价与管理的数量化方法及其应用 [M]. 北京：北京师范大学出版社，2007.

[10] 王润，姜彤，LORENZ K，等 . 20 世纪重大自然灾害评析 [J]. 自然灾害学报，2000，9（4）：9-15.

[11] HALLEGATTE S，GREEN C，NICHOLLS R J，et al. Future flood losses in major coastal cities [J]. Nature Climate Change，2013，3（9）：802-806.

[12] 蒋运志，陈宙国，范方福 . 城市内涝的原因与预防 [J]. 气象研究与应用，2012，33（S2）：80-81.

[13] 黄淑玲，徐光来 . 城市化发展对城市洪灾的影响及减灾对策 [J] . 安徽大学学报（自然科学版），2006，30（2）：91-94.

[14] 自然资源部海洋预警监测司 . 2018 年中国海平面公报 [EB/OL] . [2020-05-21]（2025-04-29）. https：//www.nmdis.org.cn/c/2020-05-21/71639.shtml.

[15] 王洁，蒿萌，葛慧，等 . 基于 CMIP6 模式数据的京津冀山区未来极端降水频率的变化 [J] . 灾害学，2024，39（2）：92-98.

[16] 徐宗学，叶陈雷 . 城市暴雨洪涝模拟：原理、模型与展望 [J] . 水利学报，2021，52（4）：381-392.

[17] 王浩，王佳，刘家宏，等 . 城市水循环演变及对策分析 [J] . 水利学报，2021，52（1）：3-11.

[18] 程晓陶，刘昌军，李昌志，等 . 变化环境下洪涝风险演变特征与城市韧性提升策略 [J] . 水利学报，2022，53（7）：757-768，778.

[19] 国家统计局 . 人口总量降幅收窄人口素质持续提升 [EB/OL] . [2025-01-17]（2025-04-29）. https：//www.stats.gov.cn/xxgk/jd/sjjd2020/202501/t20250117_1958337.html.

[20] 王蕾，张百超，石英，等 . IPCC AR6 报告关于气候变化影响和风险主要结论的解读 [J] . 气候变化研究进展，2022，18（4）：389-394.

[21] 刘树坤 . 强化城市洪涝灾害风险管理 建设不怕水的城市 [J] . 中国水利，2010（17）：4-5.

[22] 殷坤龙，张桂荣 . 地质灾害风险区划与综合防治对策 [J]. 安全与环境工程，2003，10（1）：32-35.

[23] 李璇琼，梁延龙 . 地质灾害引发土地利用响应机制研究：以四川绵竹为例 [J] . 西北地质，2022，55（1）：236-248.

[24] 严涵，忻静，侯超 . 基于自然灾害综合风险普查成果的城市防灾减灾一张图关键技术研究 [J]. 测绘与空间地理信息，2024，47（6）：72-76.

[25] 许敏 . 城市危机管理 [M] .2 版 . 北京：清华大学出版社，2024.

第 2 章 安全韧性城市的内涵界定与研究要义

在全球城市化进程加速与风险社会叠加的背景下，城市安全面临自然灾害、事故灾难、突发公共卫生事件、社会冲突等多重不确定性带来的严峻挑战。如何构建兼具抗逆力、适应性与恢复力的安全韧性城市，已成为现代城市治理的核心命题。本章聚焦“安全韧性城市”展开研究，系统阐释其理论演进、内涵特征与实践路径。通过溯源韧性概念的学科演变（从工程韧性、生态韧性到演进韧性），剖析安全韧性城市“动态平衡、冗余缓冲、协同治理”的核心特质，并构建涵盖组织韧性、技术韧性、社会韧性等多维度的评价指标体系。结合纽约、东京、新加坡等国际典型城市的治理经验，以及深圳、上海等国内前沿实践案例，深入探讨韧性城市建设的制度设计、技术赋能与公众参与机制，进而提出本书“综合应对多种灾害”的研究框架。本章研究不仅为理解城市系统风险防控提供理论支撑，更为中国新型城镇化进程中实现“发展与安全并重”的治理目标提供实践参考。

2.1 安全韧性城市的内涵界定

2.1.1 韧性的内涵和特征

从语源角度来看，韧性（Resilience）一词起源于拉丁语中的“Resilio”，它的原意为“回到最初的状态”。19 世纪中期，“韧性”一词在机械学领域得到了广泛应用，它是指金属在受到外部压力变形后能够恢复的一种性能。20 世纪 80 年代，加拿大生态学家 Honing[1] 首次将韧性概念引入系统生态学领域，并将其用于定义生态系统的稳定状态。Djalante[2] 在此基础上，将韧性提炼为一个综合系统工程，且具有动态发展的特性。韧性在应对风险的过程中不断进化，最终能够适应危机，并自主形成增强抗逆力的内在特质。Cashman[3] 认为，韧性是社会系统在受到外界因素扰动与影响后所具备的感知能力和反应能力。从最开始的工程韧性（Engineering Resilience）到生态韧性（Ecological Resilience）再到演进韧性

（Evolutionary Resilience），每一次的修改和完善，都让韧性的概念得到了进一步的丰富。

工程韧性的理论基础源自工程力学中的韧性概念，其核心内涵为系统在外部扰动作用下的恢复性能。具体而言，工程韧性可被界定为当系统受到外部干扰时，能够通过自我调节机制，重新回归至原有平衡或稳定状态的能力属性。这一概念强调系统在遭受冲击后的动态恢复过程，体现了系统对外界扰动的抵抗与适应特性。本质上，工程韧性关注的是系统在单一稳态下的恢复速度与效率，反映了系统维持其功能完整性的基本能力，工程韧性概念示意如图 2–1 所示。工程韧性理论认为，系统只能存在一个稳态，且其强度依赖于系统被干扰退出稳态后恢复初始态的速度。

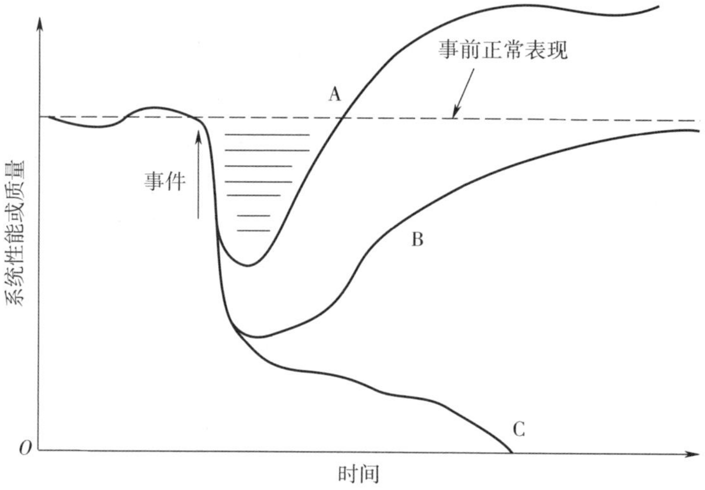

图 2–1　工程韧性概念示意图

在 20 世纪 80 至 90 年代期间，工程韧性理论在韧性研究领域占据主导地位，被广泛视为解释系统抗逆力的核心范式。然而，随着学术界对系统复杂性、环境动态性及其相互作用机制的深入研究，这一理论框架逐渐暴露出局限性。传统的工程韧性理论因过度强调单一稳态恢复而显得僵化，难以充分解释复杂系统在多重扰动下的多样化响应模式。这种理论上的单一性与实际系统表现的多样性之间的矛盾，促使研究者开始探索更具包容性的韧性理论框架。韧性应该是系统在发生结构变化之前所能承受的干扰，干扰的存在会使系统从一个平衡状态过渡到另一个平衡状态。这一认识从根本上改变了人们对韧性的理解，使人们认识到韧性不仅可以使一个系统回归到其原有的平衡状态，还可以促进其向新的平衡状态发展。受此启发，发展出生态韧性理论，该理论强调系统生存的能力，而不考虑其状态是否改变。在生态韧性的基础上，系统既可以恢复到原来的平衡，也可以达到新的平衡。所以，生态韧性可看作一个系统在达到新的平衡之前所能承受的极限。基于生态韧性，人们在深入理解系统组成与变化机理的基础上，进一步提出演进韧性的概念，即复杂社会 – 生态系统在应对环境压力与约束时所表现出来的一种变化、适应与变革的能力。演进韧性理论的核心思想基于创新性的适应性循环模型，这一理论框架突破了传统系统分析的局限。该模型将复杂系统的演化过程解构为四个相互关联的递进阶段：首先是资源开发与利用阶段，其次是系统稳态维持阶段，再次是结构解构与释放阶段，最后是系统重构与更新阶段。这种阶段划分不仅揭示了系统演化的动态特征，更为理解系统在扰动下的适应性转型提供了新的分析视角。目前，关于韧性的研究，学者们已基本认可韧性具有 4R 特性，即鲁棒性、冗余性、可获得性和快速性[4]。学者们从城市经济[5]、交通系统[6]、韧性城市建设评价[7]、自然灾害应对[8]和韧性社区[9]等多个领域开展研究，并已将韧性理论运用到突发事件应对当中。

通过对工程韧性、生态韧性及演进韧性的系统梳理，可以清晰地观察到学术界对系统运行机制认知的显著跃迁。这三种理论范式分别从不同维度揭示了系统应对扰动的本质特征：工程韧性强调恢复能力，生态韧性关注系统转型，而演进韧性则侧重于适应性演化。这种理论演进不仅深化了对复杂系统行为的理解，更为城市韧性研究奠定了坚实的理论基础。图 2–2 以可视化方式直观呈现了三种韧性理论的核心要义及其相互关系，为后续城市韧性研究构建了概念框架。三种不同韧性观点的总结比较如表 2–1 所列。

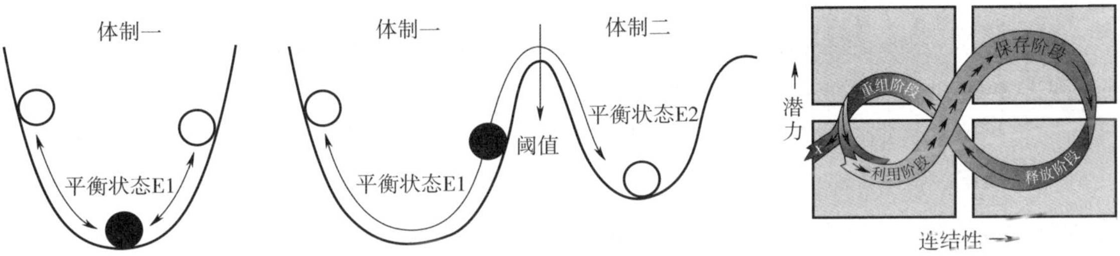

（a）工程韧性　　（b）生态韧性　　（c）演进韧性

图 2–2　工程韧性、生态韧性和演进韧性示意图

表 2–1　三种不同韧性观点的总结比较

韧性观点	平衡状态	本质目标	理论支撑	系统特征	韧性定义
工程韧性	单一稳态	恢复初始稳态	工程思维	有序的、线性的	韧性是系统受到扰动偏离既定稳态后，恢复到初始状态的速度
生态韧性	两个或多个稳态	塑造新的稳态，强调缓冲能力	生态学思维	复杂的、非线性的	韧性是系统改变自身结构之前所能够吸收的扰动的量级
演进韧性	抛弃了对平衡状态的追求	持续不断地适应，强调学习力和创新性	系统论思维，适应性循环和跨尺度的动态交流效应	混沌的	韧性是和持续不断的调整能力紧密相关的一种动态的系统属性

2.1.2 韧性城市的内涵和特征

现代城市作为一类典型的复杂开放巨系统，在应对不确定性扰动时呈现出显著的系统韧性特征。从系统安全韧性的理论视角出发，本书将城市韧性定义为：特定地域空间内的城市系统在面对外部扰动时，通过构建多层次的缓冲机制与适应性响应策略，持续维持其公共安全治理效能、社会秩序稳定性以及经济可持续发展能力的综合属性。这一定义强调了城市系统在遭受不确定性冲击时的抵御能力、适应能力以及恢复能力，体现了城市作为复杂适应系统的本质特征。通常认为，城市韧性由基础设施韧性、制度韧性、经济韧性和社会韧性这四大要素构成。基础设施韧性是指对既有建筑和设施的脆弱性的缓解，包括生命线工程的畅通性和城市社区的应急响应能力。制度韧性主要表现为政府与非政府组织对社区治理的导向能力。经济韧性是指城市社会在经济层面的多元化，以应对危机。社会韧性是由人口特性、组织方式和人力资本这三个因素综合而成。

韧性的研究逐渐从自然生态学拓展到人类生态学，主要应用于灾害防治、城区经济韧性、基础设施韧性、城市恐怖袭击韧性以及城建规划等领域。倡导地区可持续发展国际理事会（ICLEI–Local Governments for Sustainability）作为推动地区可持续发展的国际性组织，于 2002 年首次将城市韧性纳入全球议程。这一理念随后得到进一步深化和实践推广，其中，最具代表性的是 2013 年由洛克菲勒基金会主导的“100 韧性城市”（100 Resilient Cities）。该项目旨在通过系统性规划和方法创新，增强城市系统在物理环境、社会经济和治理体系等多个维度的适应能力，从而有效应对 21 世纪复杂环境下的各类风险挑战。2016 年，第三届联合国住房与可持续发展大会发布《新城市议程》，为韧性城市的可持续发展设定了新的全球标准[10]。

韧性城市面临的冲击或压力往往不是单一的，而是多重不确定因素共同导致的。韧性城市的建设不仅仅需要依靠政府，更需要企业、公众等城市各方相关利益群体相互协作。在城市规划建设和管理理念方面，韧性城市强调营建和维护社会体系以应对压力和灾害，并提升组织协调能力、反应能力和学习能力。韧性城市的规划构建要符合人类长期的生存和发展需要[11]。朱正威等[12]通过对新冠疫情下两个具有代表性城市的韧性建设实践案例进行分析，发现我国韧性城市建设正在从简单借鉴向自主创新转变，从强调城市局部功能强化向追求城市系统韧性提升转变。不过，在应对风险时的系统准备、常态与应急管理的衔接、大城市韧性建设的制度化等方面仍存在不足，进而提出“发展 – 安全”同构的韧性治理推动后疫情时代韧性城市的建设。梁正[13]认为，“技术赋能”与“技术赋权”是大力推动基层韧性治理的重要抓手，是打通韧性城市建设“最后一公里”的重要手段。项松林等[14]依据合肥市韧性城市建设现状，提出以强化技术赋能为抓手，培育产业新动能；落实以人为本理念，打造社区应急单元；以深化智慧基建为动力，提升城市安全性能。传统形式的应急管理已经无法对新形势下的突发事件进行有效应对，而韧性思维的融入能够使城市系统有效应对突发事件[15]。秦祈翔等[16]基于 4R 理论提出分类分情景的方法论，以提升城市韧性建设。滨海城市韧性导控重点与提升策略如图 2–3 所示。

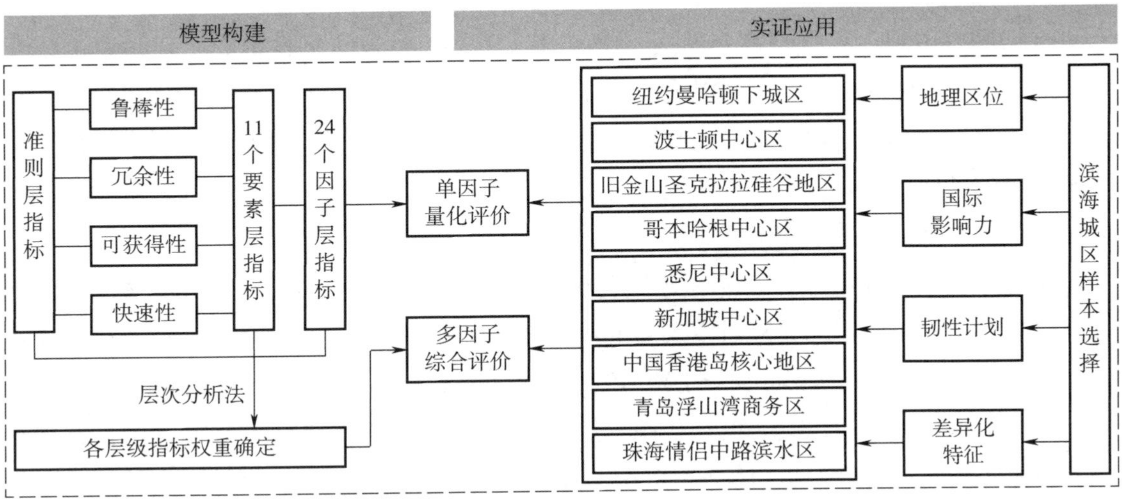

图 2–3　滨海城市韧性导控重点与提升策略

一些学者提出了韧性城市的五大要素。第一，通用性强，韧性城市要求具有混合与重叠的城市功能，原因在于单一功能下的城市元素之间缺少关联，极易造成体系的脆弱性；第二，冗余度与模块化，韧性城市要求在受到干扰的情况下，建立多个重复性、多个后备设备模块，使其在时空上均分，从而降低系统的损耗；第三，多样化的生态与社会，因为在危机中，多元化能够产生更多的思想、信息和解决问题的技巧；第四，多尺度与网络连接性，这不仅表现在城市的物质性与空间布局方面，还表现在人与人、组与组的合作方面；第五，计划与设计具有适应性，必须认识到，在制定决策时，计划和设计都要面对知识的匮乏，并且把不确定性干扰看作是一次学习与改正的机遇。

然而，通常将韧性城市的特征概括为以下六个方面：一是动态均衡，即构成系统的各要素间存在着紧密的相互关联与反馈关系；二是兼容性，即通过体系中多种成分的选择，可以抵消外界的影响；三是高效的流动，即在制度内部，通过对资金的及时调集与补充，填补急需的资金缺口；四是扁平化，即相对于层级结构，更具弹性与适应性；五是缓冲性，即系统在某些情况下，必须具备比其本身所需要的更大的容量，以便在紧急情况下使用；六是冗余性，即为了避免整个系统发生故障，在一定程度上实现功能的交叠。

综上所述，韧性城市通常都有以下共同特点：一是注重城市体系的多元性，具体包括城市体系的功能多元化、应对扰动冲击的选择多元化、社会生态多元化和城市组成要素之间的多尺度关联；二是强调城市组织的高度适应与灵活，既要体现在对自然的建设方面，也要体现在对社会功能的组织方面；三是强调城市体系应具备充足的后备容量，主要通过对一些重要职能的交叉叠加以及建立后备设施等方式来实现。

2.1.3 安全韧性城市的内涵和特征

根据联合国减少灾害风险办公室（UNDRR）的界定，安全韧性概念主要强调社会系统在面临灾害风险时的综合应对能力。具体而言，这种能力体现在社会共同体或组织系统在遭受外部冲击时，能够通过适应性调整和抗逆性响应，保持其基本功能运转于可接受阈值范围内的动态过程。该定义从系统论的视角出发，着重阐释了社会主体在面对灾害威胁时所表现出的抵御、适应和恢复等核心特征。

基于系统理论视角，安全韧性城市可被界定为一种具备多维度适应能力的城市发展范式。这种城市形态通过构建跨时空尺度的“社会－生态－技术”复合网络系统，在遭遇外部扰动时，能够依托其内在的动态平衡机制、功能冗余设计以及自组织修复能力，实现城市核心功能的维持与快速恢复。更为重要的是，此类城市系统展现出显著的进化特征，其不仅能够在灾后实施有效的适应性重构，还能通过持续的学习机制不断优化其韧性策略，从而推动城市的可持续发展进程。从实践价值来看，具备完善韧性特征的城市系统，能够显著提升公共安全事件的应对效能，最大限度地降低灾害损失，确保社会秩序的安全与稳定。

2.1.4 国内外韧性城市实践

1. 韧性城市的国际实践

1）纽约的韧性城市实践

纽约市在参与“100 韧性城市”计划之后，自行启动了一个名为“One NYC”（一个纽约）的规划，其目标是联合各级政府、邻里组织、社区组织和私营企业，共同解决诸如气候变化、贫富差距等都市问题。纽约是一座韧性极强的城市，具备对紧急情况作出反应的能力，能够为市民提供基本的生活设施和服务。另外，纽约市将对公私建筑物进行升级，以增强其抗灾能力；为更好地对气候灾难作出反应，提供适应能力强的基础结构；为了应对洪水和海平面升高，加强海洋的防卫。同时，纽约市也将加强家庭、商业、社会团体、公益事业等各方面的协作，以减轻突发事件带来的不良后果，提升城市整体抗灾能力。协同治理理论框架主要包含四个核心维度：多元主体参与机制、子系统协同运作模式、自组织间协同网络和共同规则制定体系。以纽约市实施的“One NYC”规划为例，该项目充分体现了协同治理的核心理念，即通过整合市政部门、社区团体、私营机构等多方利益相关者，构建了包容性治理框架。这种多元主体协作模式，不仅将韧性城市建设与协同治理理论有机结合，还通过建立跨部门合作机制，实现了城市韧性提升与治理能力优化的良性互动。值得注意的是，随着城市韧性水平的不断提高，反过来又能够促进社会治理体系的协同化发展，从而形成可持续的治理效能提升循环。

构建韧性城市是一项系统工程，对于纽约市来说，2012 年的“桑迪”飓风灾害，将城市面临的极端脆弱和严重的海平面变化问题暴露出来，直接引发了社会和公众的高度关注。这促使纽约市的应急管理者必须从整体风险的角度出发，综合考虑气候灾害、传染病传播、社会排斥和网络安全等方面因素，结合城市实际情况，采取城市规划、机构建设、项目实施、制度创新和政策创新等多项措施，来提高城市的抵御能力、适应能力和恢复能力。总体来说，纽约市在构建恢复力城市方面的经验主要体现在以下四个方面[17]。

（1）设立协同推动城市韧性发展的权威职能机构。

在推进城市韧性发展的战略布局中，纽约市采用自上而下的系统性规划路径。纽约市将构建专业化组织体系作为首要战略举措，重点针对重大风险防控需求，建立了统一的政策框架和协同行动机制。其中，最具代表性的是 2009 年成立的纽约市气候变化专门委员会（New York City Panel on Climate Change，NPCC）。该机构的主要职能是系统整合全球气候科学研究数据，为城市制定科学的气候变化适应方案提供决策支持。具体而言，NPCC 致力于开发具有实践指导价值的应对策略，以增强城市应对气候风险及其衍生影响的能力。在 2012 年“桑迪”飓风灾害后，纽约市政府实施了全面的韧性管理体制改革。作为改革的重要组成部分，纽约市应急管理体系进行了结构性调整，增设了多个专业化职能部门。其中，纽约“市长恢复与韧性办公室”（Mayor’s Office of Recovery and Resiliency，ORR）于 2014 年春季正式成立，这一机构在提升城市韧性方面发挥着核心协调作用。ORR 的主要职责包括监督执行《一个更强大更具韧性的纽约》总体计划，优化跨部门政策协调机制，完善城市恢复力建设框架。通过系统性提升城市基础设施、社会经济系统和公共服务体系的气候适应能力，ORR 致力于增强城市应对气候变化及各类新兴风险的综合韧性，为纽约在 21 世纪的可持续发展提供坚实保障。

（2）制定具有韧性价值导向的城市总体战略规划。

规划作为城市管理的重要手段，是推动纽约都市恢复力的一个重要切入点。2013 年 6 月，纽约市政府制定《一个更强大更具韧性的纽约》总体计划，计划实施超过 250 个项目。这些项目将进一步保护海岸，抵御暴风雨和海平面上升，加固纽约市民的生活和工作场所，并完善支撑这个城市生活的关键体系，包括能源、交通、公园、电信、卫生、水和食物供应等。

（3）实施海岸洪水韧性分区规划。

纽约是一座海滨城市，其滨水区的防灾减灾作用日益凸显，成为城市抵御自然灾害的重要方式。为应对日益严峻的海岸洪水威胁，纽约市立法机构于 2021 年春季通过具有里程碑意义的《海岸防洪韧性区划修正案》。该法案以洪泛区社区为重点研究对象，分别针对年洪水发生概率为 1% 和 0.2% 的高风险区域，制定系统性的滨水区韧性规划方案。修正案的核心内容主要包含两个方面：其一，对滨水区新建建筑提出了严格的技术标准和规范要求；其二，建立了完善的应急响应与风险管理机制。通过实施这一创新性区划政策，纽约市在提升沿海社区防洪能力的同时，也为其他沿海城市提供了可借鉴的韧性城市建设范式。

（4）整合性实施网络风险防范及韧性计划。

在数字化转型背景下，网络安全风险已成为影响城市韧性的关键因素。网络攻击事件、数据泄漏事故以及隐私安全威胁等新型风险源，不仅危及个人权益保护，还对政府治理效能和企业运营安全构成重大挑战。为此，纽约市在推进韧性城市建设过程中，将提升网络空间韧性作为重要战略方向。该市采取系统化的治理方法，通过建立全市统一的网络安全协调机制，整合多方资源，构建多层次的网络威胁防控体系。这种全域性、协同化的网络韧性建设策略，有效增强了城市应对数字时代新型安全风险的能力，为其他城市提供了有益借鉴。

2）东京的韧性城市实践

东京在体制上显示出了高度现代化的管理水平，它的组织结构专业化强，职责明确。在东京建立中央委员会，制定针对性强、可操作性强且效果显著的城市管理法规。与此同时，东京政府在机构设置方面也进行了科学的规划与调整，抛弃了烦琐的组织结构，采用了扁平化的管理体制，抛弃了严格的管理层次，采用了精简的管理方式，从而进一步推动了不同功能之间的资源优化配置。

东京政府在城市管理的各个领域和各个环节中，充分借助政府之外的各种力量，依托多元的民主力量，实现城市管理的现代化。其中一个极具说服力的案例，便是东京的垃圾管理，东京制定了《促进建立循环社会基本法》，针对东京的居民、企业和事业单位，提出了环境保护的责任，旨在控制生活垃圾总量，并引导他们在日常生活中养成垃圾分类和垃圾再利用的行为习惯。同时规定，企业和事业单位在产品设计和制造过程中，必须环保理念先行，创造性地在产品设计和制造阶段杜绝或减少高污染、无法循环利用的产品量。此外，在东京，民间义工组织发挥着极为重要的作用。在绿化和公园养护方面，东京设立了一个专门为个人和机构的注册登记制度，名为“绿地维护志愿者”系统。该系统负责管理后备志愿者的资料，并在政府和市民之间建立起一种联系，政府会安排好志愿者的工作，并对志愿者进行专业的培训，让志愿者能够通过这样的制度，有条不紊地参与公园的维护治理中。另外，东京还建立了公民意见反馈机制，以此建立和完善有关制度，提高公众意见的透明度、表达意见的通畅度、监督反馈的及时性，并在适当的时机举行听证会，充分发挥民间力量的作用，推动城市管理朝着一个更加现代化的良性循环方向发展。

根据 2023 年的《经济学人》（*Economics*）安全城市指数测评标准，东京是全球城市安全指数排名靠前的城市，有着极为成熟和完善的城市安全治理体系。其城市安全的主要特点是城市“秩序意识”与“社会契约”集体主义和谐共生。日本作为智慧城市建设的先驱国家，重点针对政府政务治理便捷民众需求、医疗健康远程服务民众需求和教育培训利于国民需求等方面的推进。日本在推行智慧城市建设的最初根本理念是“以人为本”，优先考虑市民的需求，其次提升城市运行能级和效率，最终能够实现市民便捷、安全、智能的生活概念。在建设智慧城市过程中，日本以企业资本为城市建设的主力军，并利用自身优势和资源，吸引社会各方企业和研究机构共同参与，着力打造智慧城市，进而协助政府改进城市管理理念。例如，日本千叶县建设智慧城市主要通过“节能 + 创新 + 蓄能”的全方位方式，打造智慧城市交通系统和环保系统，构建适合城市居民居住的智慧型社区。东京在智慧城市建设中，很多技术紧密结合市民的生活习惯和实际需求，实用性强。政府通过推动数字技术的应用，提升公众办事效率与便捷性，实现政务简单化、效率化和标准化，方便群众办事，并提升政府政务可视化平台建设水平，让市民能够更好地监督政府办事过程[18]。

根据东京政府发布的长期发展战略，东京确立了在 2030 年前实现全方位超越国际大都市的发展目标。具体而言，东京计划在社会保障体系完善度、经济创新活力、城市基础设施现代化水平以及文化软实力等关键领域，全面赶超伦敦、纽约和巴黎等全球标杆城市。在推进韧性城市建设方面，东京制定了系统性的实施规划，其中基础设施韧性提升是重点领域之一。该规划特别强调优化区域交通网络，通过强化高速公路主干线和航空枢纽连接线等战略性交通廊道的建设，显著提升城市内部及周边区域的交通可达性和应急通行能力。从经济韧性的角度来看，要贯彻低碳可持续发展的思想，规范制造企业以降低能源消耗，并鼓励新能源的开发与利用。就社会韧性而言，提升建筑物的防震抗灾能力，并做好应对突如其来的灾难的计划和准备。就体制韧性而言，政府充分发挥其在社会治安方面的保障作用，并应加强对社会治安的监管和志愿者的建设。

3）新加坡的韧性城市实践

新加坡并不存在大城市中常见的人多、楼多、车多的问题，仍然保持着丰富多样的生态环境，整体上呈现出一个生态之城、生态之国的面貌，被誉为“花园城市”，堪称世界上最适宜人类居住的城市之一。新加坡城市治理模式和方法，为城市治理现代化提供了一个良好的模板。

新加坡十分重视公共参与城市治理，并制定了各种措施以促进民众的积极参与。比如，每两个月举行一次市镇理事会，理事会成员和居民就城市管理的问题进行讨论。此外，新加坡的城市规划是开放和透明的，每年都会公布开发信息、供应和需求信息，以鼓励更多民众参与规划过程，并积极收集民众提出的反馈意见。

新加坡有着一套成熟且完善的城市安全体系，其城市安全的主要特点是“依法治国，以人为本”。新加坡的成功之处在于维持了长期的政治稳定并且实现了有效的社会治理。政治稳定的基础表现在民主选举，新加坡长期由人民行动党执政，保证了政党连续执政性。人民行动党执政以来，长期且有效地为社会治理服务，主要表现在对社会各方面要求严格管理，以法治为社会规范。新加坡完善且人性化的城市基础建设，为居民和游客提供了人性化的城市服务。他们在生活和游玩的过程中加深了对城市的好感，提升了对城市的满意度。新加坡的《内部安全法》在维护新加坡安全方面起着至关重要的作用，并且新加坡有着充分的警力和多元化的警种，保障新加坡市民的安全。新加坡不断完善和更新本地法律体系，以适应快速发展的国家治理标准。新加坡政府有着先进的管理理念，实现各部门之间的互相监督，保证公开透明的服务运行。社会组织在新加坡城市建设过程中也起到了重要作用，社会组织参与了众多的公共服务项目。新加坡通过先进的信息化制度，实现了视频网络全市覆盖、智能交通体系建设全市覆盖、公共安全体系信息化和电子化政府平台建设，同时也有效促进了智慧城市安全治理的发展[18]。

2. 韧性城市的中国实践

目前，我国的城市治理正在从传统管理模式向现代化精细化治理模式转变[19]。在国家发展战略层面，2021 年 3 月发布的《中华人民共和国国民经济和社会发展第十四个五年规划及 2035 远景目标纲要》为城市发展指明了新方向。这份纲领性文件特别强调，在“十四五”规划期内，我国城镇化建设应积极适应城市发展理念与趋势的转型升级，将韧性城市建设作为新型城镇化战略的核心内容之一。这一战略部署体现了国家对城市发展质量的高度重视，为新时期城市韧性建设提供了政策指引和实践框架。

1）深圳的韧性城市实践

深圳市在城市安全防控领域创新性地构建了“预防为主、关口前移”的监测预警体系，为城市的安全运行提供了重要保障。气象部门通过系统分析灾害发生的关键时间节点，建立了具有深圳特色的“31631”气象服务模式。该模式将灾害管理周期细分为灾前预防、临灾预警、灾中应对和灾后恢复四个阶段，实现了对城市安全风险的全过程、动态化监测与管理。这种创新性的预警机制不仅提升了城市应对极端天气事件的能力，还为构建智慧型城市安全体系提供了有益实践经验。该模式实现了对降雨提前 3 日和提前 1 日预报，提前 6 日对高风险区域进行定位，提前 3 日进行区域预警，提前 1 小时对各街区进行定量预报。深圳市的水务监测体系已形成较为完善的基础设施网络。深圳市水文监测站点布局已实现多维度覆盖：在河道监测方面，共布设 68 处河流水位观测站；在水利设施监测方面，在主要闸门区域设立 12 个水位监测站点；在城市内涝防控方面，已建成 170 个自动化积水监测点，可实时采集降雨数据和积水深度信息。这一监测网络实现了对城市水库系统、流域面积超过 10 km^2 的河流、地下水资源以及重点内涝风险区域的全方位监控，为城市水安全提供了重要的数据支撑和预警保障。对灾情进行科学有效的监控与预测，是将灾情扼杀在萌芽状态的重要保障。与此同时，深圳已经建立了一个全市统一的应急预警系统，通过手机短信、电视、广播、网站、QQ、微博、微信、手机客户端、LED 显示屏和户外广告牌等 15 种不同渠道，可以在 1 分钟内将预警信息发送至公众。

社区作为城市治理的最小单位，是人们居住的地方，也是城市防灾减灾的“最后一公里”。截至 2020 年底，深圳市的 662 个社区中，已经有 165 个被国家防灾减灾救灾委员会确定为“全国防灾减灾示范点”。按照 2021 年 3 月发布的《深圳综合减灾社区创建实施方案》，分三个阶段推进：到 2021 年，城市防灾社区比例达到 35%；到 2022 年，完成 70% 的社区建设；到 2023 年，全市所有社区都达到“安全升级”。深圳防灾减灾社区建设过程将会产生许多新的工作机制，比如：在各个社区组建常设的防灾值班队伍；各社区均配发数量不等的自动体外除颤器（AED），并安排专人负责使用；在每一个居民区周边 2 公里以内设置专用的居民区救护中心；创建“深圳第一响应人”的社区制度。深圳市应急管理局的工作人员介绍：“我们需要做一份社区灾害风险地图，一张防灾减灾明白卡，以及一张老弱病残等弱势群体的责任联系卡。”

“科技强安”是我国应急管理的必然选择。深圳市作为“科技之城”，把“智慧”融入防灾减灾工作，充分发挥科技创新的作用，充分利用物联网等新兴技术，借助智能喇叭、智能电杆和智能摄像头等设备，构建起一套“智慧化”的应急管理体制与工作机制，构筑起一道智能化、高效化的“安全屏障”。2020 年初，深圳“智慧三防”体系在全国范围内正式上线。据悉，深圳“智慧三防”系统已收集了来自水务、气象、海洋和规划等多个部门的约两千万条数据，建立了“三防”专题数据库；以强大的短期临近预测能力为基础，实现街镇级别的区域预警精准推送。通过一期工程的实施，深圳市的防洪和防风措施分别降低了 61% 和 11% 的灾害损失，取得了显著的社会效益和经济效益。

自 2016 年起，深圳市创新性地建立了“五层塔”式城市更新管理体系（图 2-4）。该体系以年度更新整备计划为纽带，在纵向维度上实现了对城市更新与土地整备五年规划目标的多维度绩效评估，在横向层面则整合了政府部门、市场主体等多元参与方的协同机制，针对不同项目实施差异化的管理模式。这一创新性的制度设计既确保了国家治理目标的刚性传导，又充分适应了存量土地开发过程中多方利益主体参与的弹性需求，体现了治理体系现代化的发展方向。

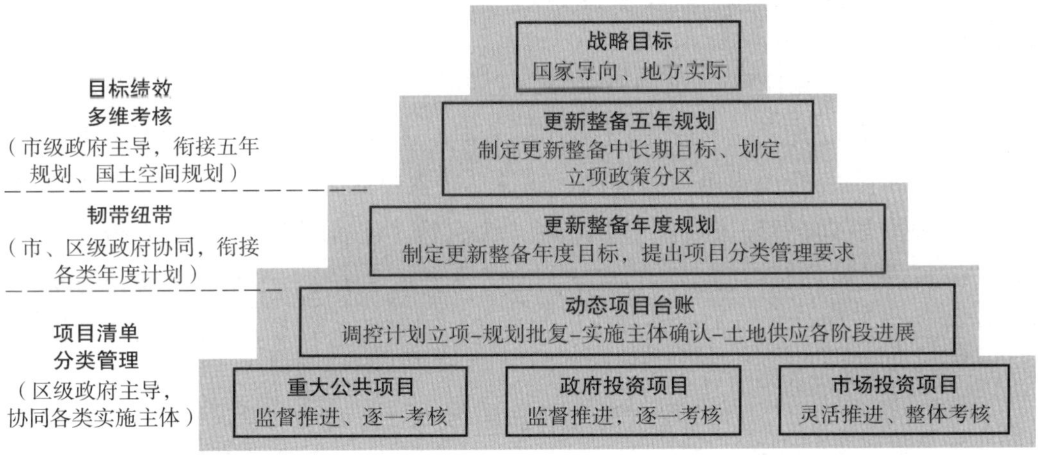

图 2-4　深圳市以年度更新整备计划为纽带的“五层塔”运作体系示意图[20]

2）广州的韧性城市实践

经济韧性是城市韧性的基础。近十年来，广州经济发展稳步增长，广州居民收入也在持续上升。对比全国平均水平，无论是城市居民还是农村居民可支配收入，广州都要明显高出很多。2021 年上半年，广州经济同比增速为 13.7%，高于同期广东省和全国的增速。

从 2020 年和 2021 年平均增速来看，广州经济增速虽然略低于新冠疫情前的正常水平，但已经非常接近，而且这个差距还在继续缩小。广州经济增长能够以较快速度从新冠疫情冲击中恢复，是其经济韧性的体现。这主要有两方面力量在发挥作用：一是以新能源汽车产业为代表的经济新动能强劲增长，二是以国际交通枢纽建设和城市更新为代表的城市新能级的快速增长。

城市公共服务是城市社会发展的韧性保障。公共医疗、教育、养老以及社会保障等，都是确保社会运行的重要方面。一旦其中某个系统脆弱，在突发事件来袭时，必定会给社会秩序产生冲击。广州持续增加医疗资源投入，已基本形成城市 15 分钟、农村 30 分钟基层医疗服务圈。广州的优质医疗资源具有领先优势，三甲医院数量位居全国前列。然而，广州的公共医疗体系也存在有待提升的地方：一是医护人员数量仍需增加；二是优质医疗资源高度集聚在中心城区；三是患者对基层首诊信任度不高。

作为城市安全体系的重要组成部分，生态环境构成了抵御自然灾害和人为环境风险的基础防线。城市环境韧性水平可以通过多个维度进行评估：首先是生态系统的质量状况，包括空气、水体和土壤等环境要素的健康程度；其次是公众对环境质量的感知体验，这在一定程度上反映了人居环境舒适度；最后是城市环境安全防护体系的完善程度，这体现了城市应对环境风险的综合能力。这些评估维度共同构成了城市基础环境韧性的评价框架，为城市的可持续发展提供了重要保障。数据显示，2020 年广州 $PM_{2.5}$ 超标天数为 0。以绿色公交项目为例，从 2013 年起，广州把全市所有的高尾气排放公交车逐步更新为新能源公交车，2018 年又更新推广了一万多辆纯电动公交车，目前广州已经基本实现了全市纯电动公交车覆盖。

3）杭州的韧性城市实践

（1）杭州建设“韧性城市”面临的短板。

城市基础设施是衡量一个城市韧性的重要标志。在生态文明建设的大背景下，城市要秉持“绿水青山就是金山银山”的理念，建设具有生命活力的“山水林田湖草沙”系统，使之与自然融为一体，真正做到“让城市融入大自然，让居民望得见山、看得见水、记得住乡愁”。目前，杭州城市与农村的基础设施还没有完全融合，不平衡不充分的发展矛盾还没有完全解决，城市面临的安全风险仍然较高。特别是在给水、排水、能源和生活垃圾等领域，存在短板。

（2）生态为先，进一步强化绿色基础设施建设。

在防洪排涝保障方面，杭州以“强堤防，快河网，大水面”为主线，着力提高城市防汛排涝的应急能力。在此基础上，充分发挥杭州丰富的“山水林田湖”自然生态优势，最大限度地还原城市河流、湖泊的浅水区，扩大雨水的蓄积空间，优化下水道的排水系统，为应对未来的暴雨灾害提供更坚实的保障。

在气候改善方面，在城市的边缘设置保护性通风走廊，以减轻“热岛效应”；在都市内，留出大面积的园林，以达到对都市小气候的调节和改善目的；在能源方面，要与国际接轨，多途径开发资源，增强能源安全的保证，打造低碳社区，建立低碳的运输体系，强化对能源的管理和智能的调度；在废物处理方面，从源头减量入手，以提高废物回收利用率为目标，以“零增长”为目标，选择更为合理的终末处置模式，逐步达到“零废弃”。

2.2　城市安全韧性的主要维度

2.2.1　城市安全韧性的五大维度

城市安全韧性需要兼顾方方面面，应具备全面支撑城市应对灾害、风险及不确定性的能力。根据研究总结城市安全需要具备组织韧性、社会韧性、技术韧性、制度韧性和职业韧性这五个关键维度。在本书第 3、4、5、6、7 章，将分别对上述不同韧性在城市安全韧性中的应用作详细阐述，本节先从概念和作用等方面进行介绍。

组织韧性，指城市管理机构的协调能力、资源整合效率及应急响应机制。这其中包括政府部门间的跨部门协作、非政府组织的参与和企业的协同配合等，强调组织结构的灵活性、决策效率和动态调整能力。组织韧性是城市安全韧性的“指挥中枢”。例如，日本东京的“灾害对策本部”在震后 1 小时内即可启动跨部门协作，协调自卫队、消防、医疗等多方资源。

社会韧性，体现为社区凝聚力、公众风险意识、社会信任度及对弱势群体的保护能力。其核心在于居民在灾害发生时的自救互救能力、心理抗压水平以及社会资本积累。社会韧性是城市韧性的“缓冲层”。例如，荷兰鹿特丹的“韧性社区计划”通过开展邻里互助培训，让居民掌握洪灾应对技能，从而降低灾害损失。此外，教育（如新西兰学校防灾课程）、社区志愿者网络（如中国“朝阳群众”参与治安联防）和包容性政策（如为老年人和残障人士设计应急避难路线）等多种方式也可强化社会韧性。

技术韧性，涵盖智能基础设施（如传感器网络）、数据分析能力（如 AI 风险预测）、抗灾工程技术（如抗震建筑）及灾后快速修复技术（如模块化桥梁重建）等方面。技术韧性是城市韧性的“硬实力”。例如，深圳运用“城市大脑”实时监测地质灾害隐患点，提前疏散高风险区域居民；东京的“地下神殿”防洪系统可储存 67 万 m^3 雨水；新加坡通过建筑信息模型（Building Information Modeling，BIM）模拟火灾疏散路径，优化建筑设计。

制度韧性，指法律法规完善性、政策灵活性和监管执行能力，具体包括应急预案的迭代机制、问责制度、跨区域协作协议（如流域防洪联合管理）等。制度韧性是城市韧性的“稳定器”。中国推行的“河长制”强化了水灾防治的地方责任；美国的《斯塔福德法案》明确界定了联邦与州政府在灾害响应中的权责，避免灾后推诿；欧盟的《城市韧性评估标准》为成员国提供了统一的韧性建设框架。

职业韧性，指专业人员（如消防员、工程师、医护人员）的技能储备、应急培训体系及职业心理健康支持，强调专业队伍的持续学习能力和灾时抗压表现。职业韧性是城市韧性的“前线防线”。例如，日本消防员每年需完成200小时以上的地震救援模拟训练，以确保在极端条件下的作业能力。纽约市设立“韧性培训中心”，为建筑工程师提供飓风防护设计课程；同时，灾后心理干预团队可减少救援人员的创伤后应激障碍（Post-Traumatic Stress Disorder，PTSD）。

城市安全韧性的各维度间还能产生协同效应。例如，新加坡通过《智慧城市法案》，强制要求新建建筑接入物联网监测系统，实现了技术应用与制度约束的结合；伦敦的“社区应急志愿者计划”由政府培训居民，使其成为第一响应者，提升了组织效率与社会参与的双重韧性；迪拜消防队使用虚拟现实（VR）技术模拟火灾场景开展训练，将技术工具与职业能力提升深度融合。

2.2.2 “应急韧性”的构建意义及其含义

传统的突发事件应急管理机制已难以有效应对复杂多变的风险。以新冠疫情为例，在防控期间，上海、石家庄、西安等城市都出现过新冠疫情暴发的情况，这体现出现有应急管理体系极具脆弱性[21]。我国突发事件应急管理实行属地管理制度，管理主体相对单一，难以对各个部门进行统一协调。对属地范围较大的地区，一旦发现重大突发事件，基层政府与社区组织会承受巨大的压力，甚至出现崩溃现象。而且在一些边缘地带，管理存在责任不清、互相推诿等问题。只有在应急管理中融入韧性理念，抵消其脆弱性，才能将突发事件造成的损失减少到最低。因此，将应急治理的“刚”与韧性治理的“柔”结合形成“应急韧性”框架，对我国应急管理体系的完善有着重要意义。

本书根据应急治理理论与韧性理论，结合应对突发事件的实际需求，认为“应急韧性”的含义是在应对突发事件时，赋予一个系统韧性。该系统在事前准备、事中处置和事后恢复的各个应急处置阶段，能够有效应对冲击，降低应急处置过程中的脆弱性，并尽快恢复正常的生产生活秩序，同时减少人员伤亡与经济损失。此外，该系统应对突发事件的能力能够呈现阶梯式增长，并为系统应对下一次突发事件做好充足准备。应急管理、韧性理论与“应急韧性”三种框架的比较如图 2-5 所示。

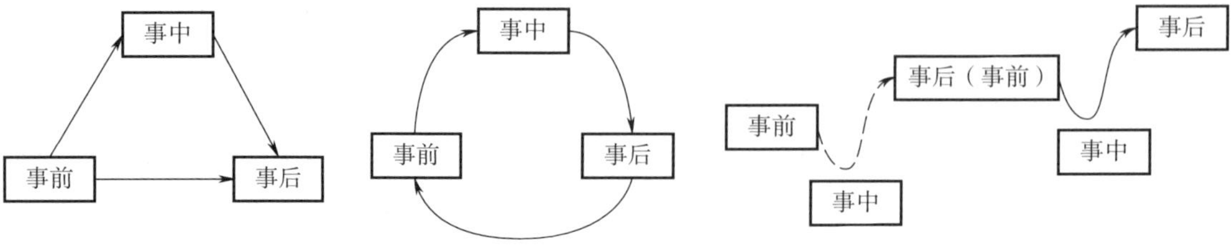

（a）应急管理框架　　（b）韧性理论框架　　（c）“应急韧性”框架

图 2-5　应急管理、韧性理论与“应急韧性”三种框架的比较

2.3 “综合应对多种灾害的安全韧性城市治理”研究框架

首先，梳理城市面临的主要灾害类型及城市综合防灾减灾救灾的意义，分析韧性城市的内涵、构建评价韧性城市的指标体系和城市安全韧性的主要维度。在此基础上，从组织韧性建设（城市综合运行管理机构）、社会韧性建设（社区治理）、技术韧性建设（数字化技术平台）、制度韧性建设（以应急物资保障为例）和职业韧性建设（城市综合应急队伍）五个维度展开调研和分析，探索其在安全韧性城市建设中发挥的重要作用。进而分析“应急韧性”的内涵，运用德尔菲法和层次分析法构建城市公共卫生“应急韧性”治理指标体系，并以上海市为例，运用构建的指标体系对其公共卫生应急管理体系建设现状进行评价。从而分析综合应对多灾种的安全韧性城市治理实施路径，提出相应的策略建议。“综合应对多种灾害的安全韧性城市治理”研究框架如图 2–6 所示。

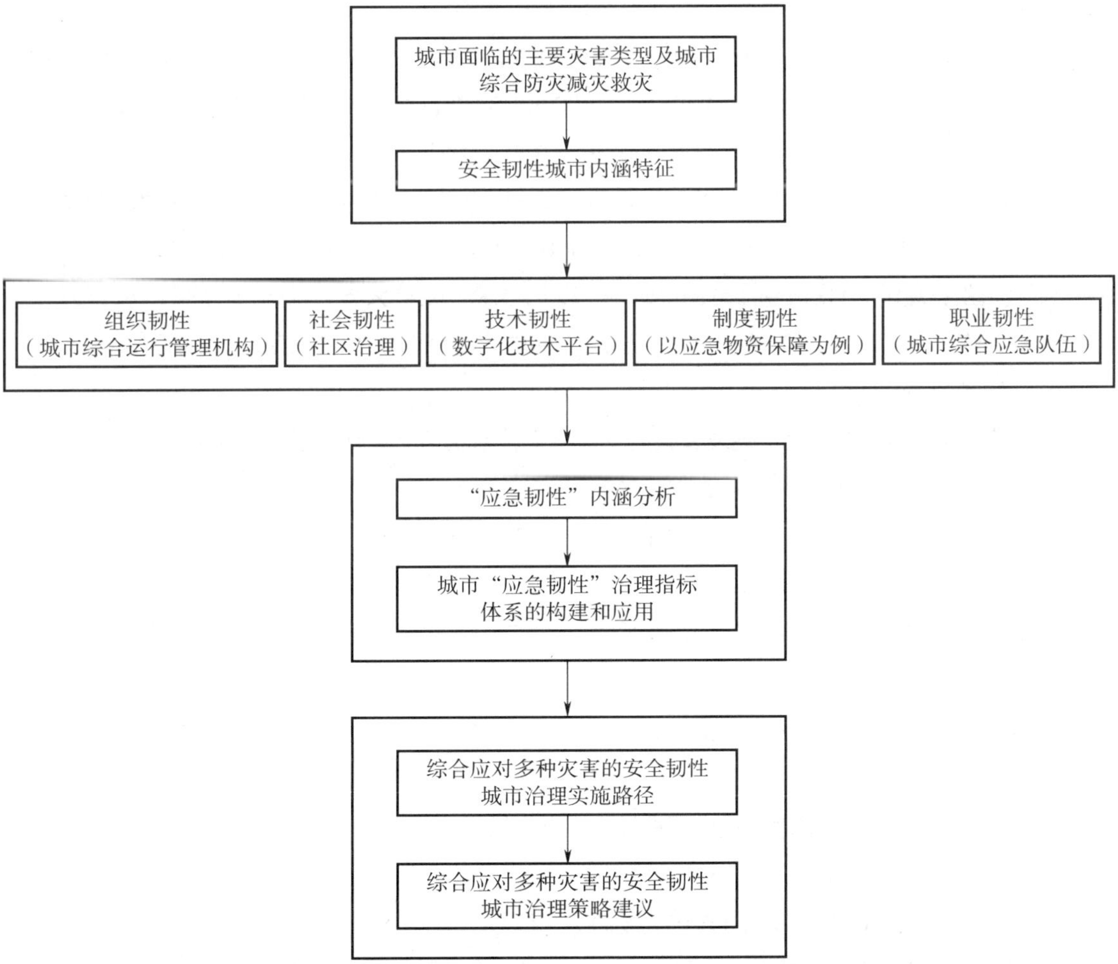

图 2–6 “综合应对多种灾害的安全韧性城市治理”研究框架

在全球城市化进程加速与风险社会叠加的背景下，城市安全面临多重不确定性的严峻挑战，城市安全问题愈发凸显，构建兼具抗逆力、适应性与恢复力的安全韧性城市，已成为现代城市治理的核心命题。为应对日益复杂的灾害风险挑战并推动城市的可持续发展，本书以“安全韧性城市”为研究焦点，结合国内外典型城市的治理经验，深入探讨韧性城市建设方案，在组织、社会、技术、制度等多个维度上持续深化安全韧性建设，进而提出本书“综合应对多种灾害”的研究框架。

参考文献

[1] HOLLING C S. Engineering resilience versus ecological resilience [J]. Engineering within Ecological Constraints，1996，31(1)：32.

[2] DJALANTE R，THOMALLA F C. Co mmunity resilience to natural hazards and climate change impacts：a review of definitions and operational framework [J]. Asian Journal of Environment Disaster Management，2011，3(3)：339-355.

[3] CASHMAN A C. Case study of institutional and social responses to flooding：reforming for resilience? [J]. Journal of Flood Risk Management，2011，4(1)：33-41.

[4] 张雨. 韧性视角下社区应急治理困境研究 [D]. 长春：吉林大学，2022.

[5] 彭翀，陈梦雨，王强，等. 长短周期下长江中游城市群经济韧性时空演变及影响因素研究 [J]. 长江流域资源与环境，2024，33(1)：14-26.

[6] 霍小森，舒鑫宇，焦柳丹. 突发公共卫生事件下城市轨道交通系统适灾韧性评估 [J]. 都市快轨交通，2023，36(5)：152-158.

[7] 桑培东，孙璇. 韧性城市建设水平评价研究：以济南市为例 [J]. 住宅与房地产，2023(33)：82-85.

[8] 葛懿夫，翟国方，何仲禹，等. 韧性视角下的综合防灾减灾规划研究 [J]. 灾害学，2022，37(1)：229-234.

[9] 吴新叶. 超大型城市社区应急治理的“韧性”路径探索 [J]. 北京社会科学，2023(9)：83-94.

[10] 赵瑞东，方创琳，刘海猛. 城市韧性研究进展与展望 [J]. 地理科学进展，2020，39(10)：1717-1731.

[11] 徐驰. 我国城市政府建设韧性城市问题研究 [D]. 哈尔滨：黑龙江大学，2019.

[12] 朱正威，刘莹莹，杨洋. 韧性治理：中国韧性城市建设的实践与探索 [J]. 公共管理与政策

评论，2021，10（3）：22-31.

[13] 梁正．数字双赋打通韧性城市建设“最后一公里”[J]．人民论坛·学术前沿，2022（Z1）：26-34.

[14] 项松林，潘莉媛．韧性城市的理念演进与发展路径：以合肥市为例[J]．湖北经济学院学报，2022，20（6）：120-127.

[15] 朱正威，刘莹莹．韧性治理：风险与应急管理的新路径[J]．行政论坛，2020，27（5）：81-87.

[16] 秦祈翔，张卫平，尹亚森．滨海城市 4R 韧性评价模型构建与提升策略[J]．风景园林，2024，32（3）：1-10.

[17] 陶希东．超大城市韧性建设：美国纽约的经验与启示[J]．城市规划，2024，48（11）：121-128.

[18] LU P. 国际智慧城市安全治理比较研究[D]．上海：上海外国语大学，2021.

[19] 张明斗，刘奕．新时代城市精细化治理的框架及路径研究[J]．电子政务，2019（9）：76-84.

[20] 赵冠宁，黄卫东，李晨，等．从“刚性计划”到“韧性计划”：深圳城市更新计划管理的制度选择[J]．规划师，2022，38（9）：31-39.

[21] 王丽芝．从脆弱性到韧性：超大城市公共卫生应急系统的建设策略[J]．领导科学，2023（5）：124-127.

第 3 章

组织韧性：基于城市综合运行管理机构的安全韧性城市治理研究

为深入贯彻习近平总书记以“绣花”功夫推进城市精细化治理的重要指示精神，全国各地积极探寻城市治理的新模式与新路径，聚焦提升城市治理的科学化、精细化与智能化水平。目前，各地正加速推进市区街镇三级城市运行管理中心建设，并加快实施城市“一网统管”重大工程。通过这些措施，全面增强城市面对灾害和突发事件时的应急处置能力，提升城市韧性，保障城市在各领域、各环节的运行更加安全、顺畅、高效和可持续。从 2017 年上海市浦东新区开始试点探索，到 2020 年上海市全面开启“一网统管”三级城市运行管理平台建设，其辐射范围和层级逐渐扩大。同时，通过省市间的相互交流，其他省市也纷纷借鉴上海“一网统管”的先进经验。全国各省（市、自治区）陆续发布了本地区的治理工作方案、“一网统管”三年行动计划，以及城市运行管理中心建设方案等。比如，广东省 2021 年参照上海模式出台了《广东省数字政府省域治理“一网统管”三年行动计划》。

在当今快速发展的城市化进程中，城市运行管理中心建设已成为城市组织韧性建设的典型代表。它犹如城市的“智慧大脑”，通过整合海量的城市数据，深度融合交通、能源、环境和公共服务等多领域系统，实现对城市运行状态的实时监测、精准分析与高效协同管理。在面对自然灾害、公共卫生事件等突发危机时，该中心能够迅速启动应急响应机制，精准调配资源，优化指挥调度，确保城市关键功能的持续运转与快速恢复[1]。

本章以上海市的城市运行管理中心为例，分析城市运行管理中心当前的运行现状，从多部门综合治理的组织架构入手，剖析城市运行管理中心现存的问题，并提出以城市运行管理中心为基础提升上海安全韧性的对策建议。

3.1 城市运行管理中心建设现状

城市运行管理是以城市日常运行系统为核心，以城市各类基础信息为支撑，借助决策、规划、组织、指挥、协调和管控等管理手段，融合法律、经济、行政与技术等多种工具，推动政府、市场与社会的协同共治，实现对城市运行管理的科学决策、规范协调、优质服务和高效运营，是一项综合性活动。区级城市运行管理中心是一个政府系统的综合性协调部门，整合了原属于区政府的总值班室、原属于区应急管理局的应急指挥系统、原属于城市执法管理局的城管执法力量、原属于区网格化中心的网格管理员队伍以及“12345”市民热线等城市综合管理相关部门的工作力量。它既要遵循政府部门日常运行的规律，又要确保部门之间协调沟通。其功能发挥是通过集合原有各相关部门的相关职责，日常工作职责和工作内容涉及多个政府行政部门，并对下属各街镇进行工作指导，在部门协同过程中涵盖多个条块的多项协同配合机制。

城市运行管理中心，既是一个行政单位，也是一个物理空间，更是一套城市运行管理的数字化平台体系。城市运行管理数字化平台依托互联网、人工智能、云计算平台、工业物联网、无人机等技术，应用于多个城市综合管理场景。通过分析处理海量数据，打破部门行业壁垒，共享共建数据资源平台，有效利用各方力量，以技术为重要手段，以数据处理为基础，打造的综合性数字化处理指挥平台。作为智慧城市建设的重要抓手，城市运行管理中心近年来在各地加速推进。根据中国信息通信研究院统计，2018—2019 年城市运管中心类项目招标连续两年增速超过 100%。截至 2020 年 8 月，财政部入库的智慧城市综合类 PPP 项目（即公共私营合作制项目）共有 68 个。其中，与城市运管中心相关的建设项目达到 34 个，占比 50%[2]。从项目实施阶段来看，大部分城市运行管理中心处于建设执行阶段，占比 65%。在建设级别方面，地市级项目占比为 18%，区县级项目占比高达 82%。2025 年，中国智慧城市管理行业市场规模突破 45.3 万亿元，占全球市场的 35%，年复合增长率达 25.2%。城市运行管理中心作为智慧城市的重要组成部分，市场规模也在不断扩大。

上海市城市运行管理中心作为“一网统管”体系的核心枢纽，承担着数据赋能、信息调度、趋势研判、综合指挥和应急处置等关键职能[3]。其主要职责是统筹、指导、协调并支持相关政府职能部门高效开展工作，并不取代或承担各部门的日常运行管理职能。以“一网统管”为引领，该中心致力于通过数字化转型推动城市治理现代化[4]。自 2021 年起，上海在系统集成、数据共享、场景驱动和机制优化等方面取得了显著进展，已成功整合上海市 50 多个部门的 198 个系统和 1 000 多个应用[5]。上海构建了“三级平台、五级应用”的组织架构，实现了城市管理的纵向打通，提升了跨部门、跨层级的联勤联动能力。2025 年 1 月 18 日，上海市人民政府发布的《2025 年政府工作报告》指出，城市运行管理中心将继续深化“一网统管”建设，提高城市精细化管理能力。具体措施包括推进“15 分钟社区生活圈”建设、优化城市空间、提升城市安全韧性等。

3.1.1　城市运行管理中心职责分配

我国城市运行管理中心的职责分配主要围绕城市运行管理的统筹协调、监测预警、指挥调度、监督考核等方面展开，具体职责因层级和区域不同而有所不同。

国家级平台主要承担全国城市运行管理服务的业务指导、监督检查、监测分析和综合评价等职能。其核心职责包括整合对接各类相关信息系统，实现与国务院相关部门的城市运行管理数据共享；汇聚全国城市运行管理服务的数据资源，开展业务指导和监督检查工作；同时，设有政策法规解读、行业动态发布、经验交流分享等功能模块，推动全国范围内的数据共享与协同治理[6]。

省级平台主要承担全省城市运行管理服务的统筹协调与监测分析职能[7]。其职责涵盖整合全省城市运行管理服务的数据资源，实现与国家平台和市级平台的互联互通；组织开展业务指导、监督检查、监测预警和综合评价工作；为城市运行风险隐患的监测、预警和处置提供有力支持[8]。

市级平台是城市运行管理的核心层级，重在"抓总体和把方向"。以上海市为例，市级平台统筹上海市三级城市运行管理平台体系顶层设计，负责城市运行管理系统整体战略规划、建设和管理运维，赋能并指导下级城市运行管理平台日常运行。平时重在"观全城"，提出"管和防"的决策建议，不替代、不包揽各市级业务部门和各区管理。在重大突发事件发生时，实施统一指挥、综合协调。其职责主要聚焦于城市运行的具体管理和服务。

基层平台（区县级、街镇级）主要负责落实上级平台的指令，处理具体的城市运行问题。在日常运行管理中，对辖区内的城市运行情况进行实时监测和管理。在突发事件中，快速响应并协调资源进行处置，同时收集基层运行数据反馈至上级平台，还要处理市民通过热线等渠道反映的问题。

区县级平台重在"联通和管理"。区县级城市运行管理平台的主要功能是实现上下高效联通、左右无缝衔接，对上打通市级城市运行管理平台，对下联通街镇级城市运行管理平台，有效整合区县级各业务部门系统，充分发挥平台枢纽作用。主要承担区县领导指挥和辅助决策研判、区县级各部门共享协同指挥、区域值班值守、市民热线、网格化管理和应急联动处置等日常管理任务。区县级城市运行管理平台提供支撑全区县"一网统管"的软硬件基础，制定全区县统一的事项目录、任务分工和操作流程，协调和赋能各业务部门和街镇，实现对城区重大风险的提前预警和高效处置，指导街镇（网格）实战能力建设，支撑基层力量对综合应急事件的就近处置。

街镇级城市运行管理平台重在"统筹和实战"。该平台既是数据信息收集的前端，又是事件处置的末端，重在统筹辖区内各方力量资源，做到问题第一时间发现、风险第一时间控制、事件第一时间处置，目标是打造反应快速、处置高效的一线实战平台。2020年，上海市215个街镇均已成立街镇城市运行管理中心，依托街镇平台发挥统资源、抓处置、强实战的作用，充分运用各类智能化手段，探索多网格合一，有效开展联勤联动处置问题。

通过各类小程序和轻应用，将“一网统管”体系延伸至网格和村居一线，为社区治理和居社互动搭建自治共治平台。例如，上海市浦东新区试点建设居村联勤联动微平台，整合辖区内人员、企业、房屋、物资等基础信息，汇聚居村干部、楼组长、党员志愿者等基层自治力量，以及公安、市场监管、城管、法律顾问等协同治理力量。在此基础上，该平台实现了社会治理的多方协同，推动社会治理难题的自动推送、掌上协同处理以及全流程闭环管理。

各级城市运行管理中心还需承担通用职责，即建立城市运行管理服务平台，实现数据共享和业务协同；开展业务培训，提升管理人员的专业能力；贯彻执行国家和地方相关政策，推动城市运行管理的数字化转型。各级城市运行管理中心职责分配如图 3–1 所示。

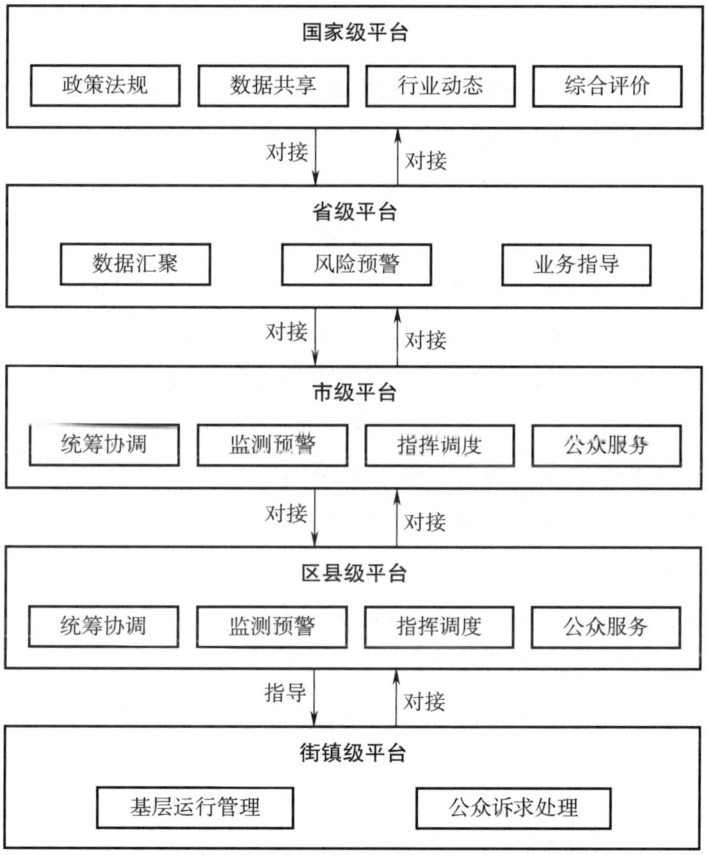

图 3–1　各级城市运行管理中心职责分配图

上海市城市运行管理中心的核心职能体系包含以下关键维度：第一，战略规划引领，统筹制定城市运行智能化管理的顶层战略，编制智能城市发展总体规划及交通、应急等重点领域专项规划，构建智慧城市建设的系统性框架；第二，系统建设运维，主导城市运行管理与应急处置系统的规划设计、建设实施及全生命周期运维管理，确保城市治理数字化平台的稳定运行与持续优化；第三，智慧监测预警，依托城市运行体征监测体系，开展多源数据融合分析，建立“监测 – 预警 – 研判”全链条工作机制，实现城市运行风险的智能感知与超前预警；第四，协同指挥调度，以“一屏观全域、一网治全城”为目标导向，创新构建“大会战”协同机制。打造跨部门、跨层级、跨区域的三维协同治理体系；集成政务数据中台与智能算法平台，实现城市事件“智能派单 – 联动处置 – 闭环反馈”全流程管理；建设智能指挥中枢，形成“数据驱动决策、视频联动指挥、资源动态调度”的现代化治理模式。该中心通过技术赋能、机制创新与流程再造，持续推动城市治理从被动响应向主动预防、从经验判断向数据决策、从分散管理向系统治理的数字化转型。

3.1.2 “一网管全城”内涵

1.“一网统管”的由来

上海早在 2005 年便率先探索网格化管理模式，将精细化理念引入城市管理领域。自 2017 年起，上海进一步推进“两张网”系统的顶层设计，将其与智慧城市建设深度结合，并通过前沿技术推动城市管理在手段、模式和理念上的全方位创新。2018 年 2 月 1 日，上海市人民政府印发了《关于加强本市城市管理精细化工作的实施意见三年行动计划（2018—2020）》[9]，进一步深化和推进上海市层面精细化管理工作。2018 年 11 月，习近平总书记视察浦东城市运行管理中心时，对浦东新区的探索实践予以高度肯定，并要求上海率先探索出一条具有中国特色的超大城市管理新路径。2019 年 2 月，时任上海市委书记李强提出“一屏观天下、一网管全城”的城市运行管理目标愿景。2019 年 9 月，在调研城市运行综合管理平台建设过程中，他首次提出“一网统管”的概念，强调要在系统集成、数据汇集、共享开放和联勤联动等方面加大工作力度，加快城市运行管理平台建设，探索具有中国特色的超大城市管理新模式。2019 年 11 月，习近平总书记在考察上海期间强调，城市治理是推动国家治理体系和治理能力现代化的重要抓手，必须紧紧抓住“政务服务一网通办”和“城市运行一网统管”这两个核心重点。2020 年上半年，上海市全面启动“一网统管”数字化治理工作。在平台建设过程中，上海着力将大应急工作做实、做细、做精，通过线上线下协同发力，实现问题的高效处置。这一模式形成了具有引领性的“上海大应急方案”，为城市精细化治理提供了有力支撑[10]。截至 2023 年，上海“一网统管”系统已整合 50 多个部门的 185 个系统和近千个应用，实现市、区、街镇三级贯通，并全面覆盖经济治理、社会治理和城市治理三大领域[11]。2021 年上线的“城市运行数字体征 1.0 版”是国内首个实现“实时、动态、鲜活”数据监测的超大城市运行数字体征系统[12]。区级平台，以普陀区为例，构建了“1+10+N”协同框架（1 个区级平台 +10 个街镇平台 +N 个专题场景），强化了区级平台的统筹协调和街镇平台的实战应用[13]。街镇级平台通过整合“块数据”“视频赋能”“一键智搜”等专题应用，实现与区级平台的联动交互。

2.“一网统管”的内涵

“一网统管”中的各个词语具有具体意义，融合形成一个完备制度与体制机制。“一”反映构建“整体性政府”需求，重在创办，系统推动城市交通体制总体改革，重视基础配套统一性、数据资料信息一致性、处理平台规范化与处理流程的协同性。其中，“一网”强调通过纵向与横向、线上与线下的协同合作，引入网络技术和大数据分析理念，打造一体化城市运营管理平台。在此基础上，进一步优化问题处置流程，提升治理效能，从而为智慧政府的建设提供有力支撑。“统”涉及系统、协调、统摄，其整合重点是整合数据资源、地理信息系统、处置权力、基础管理事务、管理平台和管理运营体系，确保协同治理有保障；统筹重点是融合各种数据、信息、权力，破除政府行政和社会管理碎片化局面，构建整体性国家政府；统摄重点是通过引进智能平台与智慧性工具，倒逼并推动政务改革与再造，统摄政务过程的革命性变革与政务改革。“管”主要指整个生命周期的治理观念与方式。坚定不移地推动政务改革，明确并做好政务应当管理、必须管理的事务，构建城市全生命周期治理，方法、科技应当管用，以科技赋能和政务重塑实现较好“放权”与有效“管理”。

“一网统管”是国家住房和城乡建设部为贯彻《中华人民共和国国民经济和社会发展第十四个五年规划和 2035 年远景目标纲要》相关要求，基于城市综合管理服务平台与城市数字化转型的深度融合，推动城市运行管理平台建设而提出的一套数字化系统。其核心在于通过政府的行政统筹，整合与城市运行管理及应急处置各类相关的系统与部门资源，构建“城市大脑”，实现海量城市运行数据的采集、汇聚、分析、研判和应用，并通过对基础数据的集成，实现对城市运行状态的实时监测。

3.“一网统管”的目标定位

“一网统管”的目标定位包括以下几个方面：一是实现“观、管、防同步”，通过数字化手段全景呈现城市运行状态，借助技术力量实现智能管理，并充分发挥数据赋能、趋势分析和应急处置等功能；二是强化“云数网端”基础设施建设，推进“一网统管”业务数据、物联网数据和地理信息数据的集中整合与统一管理[14]；三是培育智慧应用“黑土地”，包括在应急管理、生态环境、城市日常管理、智能化应用场景开发和社会面管控等方面的具体应用场景；四是聚焦精准治理体系建设。

4.“一网统管”的架构

“一网统管”坚持分层处置和分级处置，采用“三级平台，五级应用”的架构。“三级平台”是指市、区、街镇三级城市运行管理中心，分别负责统筹管理本辖区内的城市运行事务。其中，市级平台主要承担上海市重大事项的现场指挥和处置功能；区级平台发挥枢纽和支撑作用；街镇级平台则聚焦实战，及时妥善处理城市治理中的具体问题。“五级应用”要求市、区、街镇、网格、社区（楼宇）五级单位通过应用城市运行管理系统，履行各自职责，协同保障城市的安全运行。

“一网统管”以成立三级城市运行管理中心为核心，在不改变原有政府职能部门机构编制、法定职责的前提下，构建了“王”字形三级城市运行管理平台体系架构（图 3–2）。

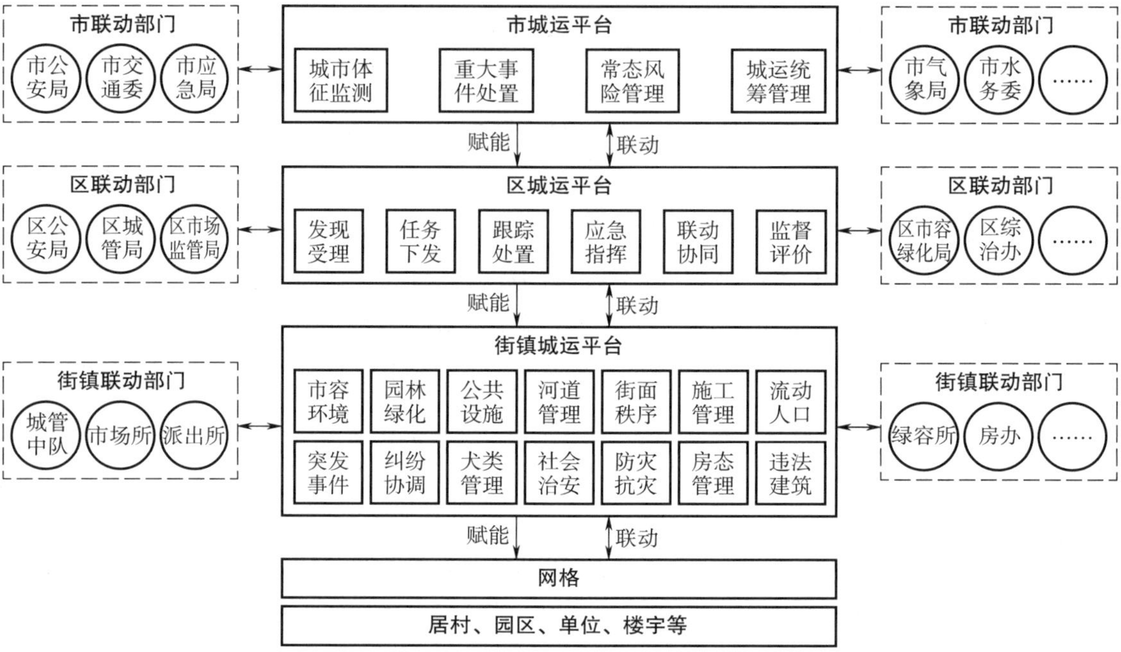

图 3–2 “王”字形三级城市运行管理平台体系架构图[15]

线下，“王”字形架构的“三横”代表以市、区、街镇三级城市运行管理中心为核心，以及相互协同联动的各城市运行管理相关部门、单位。目前，市级已形成“1+16”的联动协同体系，市城市运行管理中心成立市城市运行管理总指挥中心，公安、应急、消防、海事、气象、水务、电力、燃气和申通地铁等 16 个部门（单位）根据职能设置 16 个城市运行管理专业分指挥中心。“一竖”代表以三级城市运行管理中心为实体核心的三级联动指挥体系。

线上，“王”字形架构的“三横”代表将同级各部门系统连接成一个整体的三级城市运行管理技术平台系统，“一竖”代表连通三级技术平台的信息交换管道。

这种架构把三级城市运行管理平台打造成为各级线上线下协同的核心枢纽节点，统筹同级城市运行管理事项的跨部门（单位）协同共享。

特别要指出的是，上海“一网统管”的三级城市运行管理平台建设坚持以“全链接、松耦合、紧平台”和“不包揽、不替代”为基本关系准则，明确了各级城市运行管理中心与同级城市运行管理职能部门之间的技术衔接、联动指挥、协同整合、责任与分工等关系，为政府内部推进整体性治理提供了基本遵循。所谓的“全链接”，是指以三级城市运行管理平台为核心，链接和打通与城市运行相关的指挥体系和全部管理系统；所谓“松耦合”是指各部门、单位日常仍按照职能分工，在上海市标准框架下，线下做好处置工作，线上做好本单位系统运行维护；所谓“紧平台”是指各城市运行管理部门都要围绕三级城市运行管理平台发生业务、信息和数据关联，形成整体性的“平台政府”，尤其是在重要紧急情况应急处置时，以三级城市运行管理平台为指挥中枢，统筹做好各部门协同联动。以市城市运行管理平台为例，其与各城市运行职能部门的关系见图 3-3。

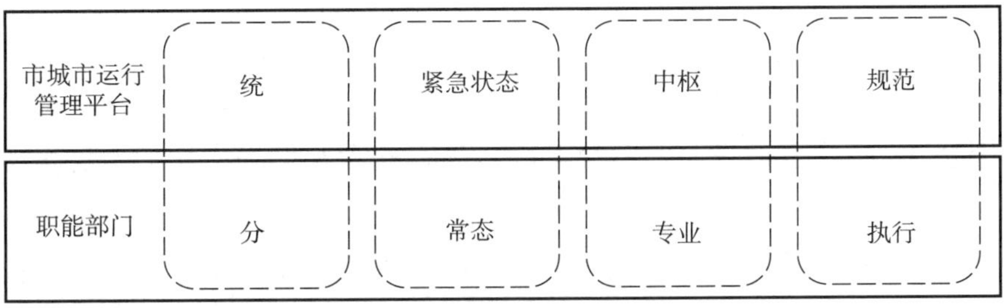

图 3-3　市城市运行管理平台与各城市运行职能部门的关系[15]

（1）“统”与“分”的关系。市城市运行管理平台主要以高度汇聚和共享的数据流为基础，实现“观、管、防”功能，并给各城市运行管理职能部门赋能，当涉及城市运行管理各类事件的处置时，仍根据法律授权以各职能部门为主，但市城市运行管理平台具备平急转换功能，重大突发事件发生时有权随时形成统一指挥调度的工作格局。

（2）“应急状态”与“常态”的关系。市城市运行管理平台更多地涉及和处理协调“三跨”型的事务，即“跨部门、跨区域、跨层级”的事务或事件，需理顺部门边界和协同规范；同时，应急状态下对于影响较大或需要快速“三跨”处置的事件，由市城市运行管理中心统一指挥、调度和协调；但日常状态下，城市运行管理事务及一般事件处置仍由各职能部门各自承担和负责，市城市运行管理平台提供数据支持和系统支撑。

（3）“中枢”与“专业”的关系。市城市运行管理平台是作为数据和资源交互的平台，是各城市运行管理职能部门联动协同的中枢；而各职能部门按照职责分工，是具体专业事务处置的承担者和响应者。

（4）“规范”与“执行”的关系。市城市运行管理平台以机制规范和标准建设为主线，规范各城市运行管理部门之间的协同联动模式；而各职能部门根据城市运行综合管理的需要，依照统一的标准规范和运作机制做到任务的“协同执行”。

5.“一网统管”的建设手段

技术上，三级城市运行管理平台是依托“六个一”的整体性“云数网端”支撑体系。所谓“六个一”就是治理要素“一张图”，将城市空间、城市部件、城市运行动态数字化，呈现在一张图上，为计算机精确认知城市创造可能；互联互通“一张网”，将业务专网、政务外网等合并，使各类信息交互更便捷、更快速、更及时；数据汇聚“一个池”，打破信息壁垒、数据烟囱，推动全量数据按需汇聚，为大数据应用提供支持；城市大脑“一朵云”，统筹算力、存储、云资源，更好地满足各类应用的数据处理和指挥调度；系统开发

“一平台”，推进公共插件建设，鼓励各部门、各单位在统一的线上“一网统管”技术平台开发智能化应用场景，避免重复建设、低效利用和人为隔断；移动应用“一门户”，借助政务微信等栏目，突破物理位置、固定屏幕的局限，打通一线应用的“最后一公里”，实现移动化部署。

业务上，三级城市运行管理平台主要通过管理流程再造、标准规范重塑和数据赋能来实现“一屏观天下、一网管全城”的目标。通过线上智能化提升效能，实现线下管理流程化、事件处置标准化。针对不同领域和问题，推动相关城市运行管理部门之间的数据共享、协同联动，构建事项发起、资源调度、过程监管和结果应用的全过程智能化工作链条。

（1）通过汇聚政务系统、神经元系统以及第三方等多维、海量、全息数据，打造城市运行生命体征指标体系，利用大数据、人工智能等现代科学技术手段对经济、社会、生态环境、城市日常管理等领域的风险隐患进行分析研判，实时掌握城市运行动态，设定安全阈值，提前预测预判预警。更加突出“管、观、防”中的“防”，把管理端口最大限度前移，更好地防范“黑天鹅”与“灰犀牛”事件，推动城市管理从被动应对向主动发现转变。

（2）通过数据共享与赋能，将管理要求和经验转化为算法模型，利用后台数据分析实时发现问题并自动派单，优化工作流程，实现城市管理从经验判断向数据分析转变。传统管理模式下，各部门各自为政，难以协同。通过智能化手段，整合行业管理数据，聚焦管理难点和痛点，借助感知网络和大数据分析算法实现智能推荐与反馈，并结合勤务与执法办案系统，实现及时预警、协同处置和闭环管理。

（3）改变传统的以“人海战术”为主的管理方式，充分利用现代科技手段，弥补因城市发展更精密、更复杂带来的管理力量不够、管理能力不足的问题，以线下业务管理需求为导向，推动线上智能化应用场景建设；同时，通过对线上信息流和数据流的赋能，反向驱动线下业务流程的全面优化与创新，做到线上线下高度协同，实现由人力密集向人机交互变革。

6.“一网统管”的价值

数据赋能，大数据让基层“使臂如指”，做到实战实用，并强化城市运行重大风险源管理，防范化解重大风险。做到上海市统一，联勤联动，聚焦跨部门、各层级、各区域协同管理，横向纵向进行整合。

上海市城市运行管理中心作为上海城市运行实时动态数据汇聚共享、资源调配和统一指挥的核心枢纽节点，平时由市政府总值班室、市应急管理局指挥中心和预案管理处联合值守，通过“1+16+16+215”（1 个市城市运行管理总指挥中心，16 个市级专业指挥中心，16 个区城市运行管理指挥中心，215 个街镇城市运行管理指挥中心）的“王”字形三级城市运行管理平台指挥体系，将感知触角延伸到城市运行的各个角落，第一时间发现问题，并进行可视化、扁平化的协调与调度，全力发挥三级城市运行管理平台线上线下高效协同联动作用，初步达到了“四早”（即早发现、早预警、早研判、早处置）要求。市城市运行管理平台在建设过程中，不断在上海市运行的态势感知、趋势预判、资源统筹、人机协同上下功夫，赋予城市更多的自我感知、智能研判，甚至是自动调整的能力，协同上海市各部门、各区、各街镇在实战应用中发挥了“观全面、管到位、防见效”的一体化作用。

同时，实时动态数据的共享汇聚和融合使用是上海“一网统管”最显著的特点[16]。上海围绕城市全周期管理的“人、物、动、态”四个方面，在城市原有的动态、交通、环境、保障供应、基础设施五个维度近百个一级指标的基础上，进一步梳理政务系统的实时动态数据，同时从神经元系统、网络舆情系统、12345 市民热线等接入多维感知端数据，从相关企业挖掘接入第三方数据，基于多维、全息数据打造城市运行生命体征系统，从宏观、中观、微观三个维度、1 万多个体征指标，生动鲜活地刻画反映城市运行的总体态势，有力支撑了“一屏观天下”和“一网管全城”。

7.“一网统管”的建设规划

加强基础设施建设，实现线上线下联动。同时，新建、提升、完善、整合业务系统，开发智能化的应用场景[17]；不断提升数据汇聚的质量，进一步强化数据汇聚的效率；汇聚社会力量，实现社会治理的公众参与[18]。

打造“三大基座”作为三级城市运行管理平台的技术底座。所谓的“三大基座”即“新基建大基座”“数据大基座”和“系统大基座”，其中“新基建大基座”侧重于资源支持，“数据大基座”侧重于数据赋能，“系统大基座”侧重于能力共享，三者有效形成了从硬件到软件、互相支持、互相促进的一体化大智慧基座。作为三级城市运行管理平台运行的技术基础底座，“三大基座”有力支撑了城市运行管理部门、单位线上线下协同履行管理服务职能，提升了对城市公共管理和服务的精细感知、精确认知、精准行动能力。

（1）依托“新基建大基座”筑牢三级城市运行管理平台发展的硬基础。“网云端”作为数字时代数据流通的重要载体，是三级城市运行管理平台系统建设的重要基础。“网”方面：以上海市“互联互通一张网”为目标，打造网络可持续提升的综合应用承载能力，已完成市级政务外网升级改造，强化了组网架构、安全防护等能力，完成对 14 张市级专网的撤网并入和联通整合，解决专网纵横带来的网络烟囱多、业务协同难、基层负担重等问题，为三级城市运行管理平台系统“全链接”打下了网络基础。“云”方面，市政务云建设由阿里云、华为云两个先进的云计算平台相互融合互补，电信、移动、联通 3 家云服务商共同参与，与上海市 6 个高品质数据中心形成统筹合理的布局。目前，上海市政务云资源配置总体已可满足三级城市运行管理平台系统各项业务需求。各区城市运行管理平台在充分依托本区现有政务云资源的基础上，根据实际需求申请，并按照实际使用情况付费，共享市级政务云资源。“端”方面，政务微信作为“移动应用一门户”，已成为通用移动端。上海市各类政务微信用户已超 15 万人。基于政务微信平台，大力推动研发快、成本低、易上手的各类微信轻应用，更好为一线处置人员赋能。

（2）以“数据大基座”为依托，加速推进数据治理与共享赋能。通过进一步沉淀和完善数据资源，构建更为完备的“数据大基座”，并依据统一标准开展数据治理工作。聚焦数据资源开发利用，合力推进上海市统一的大数据资源平台建设。据统计，截至 2021 年 8 月，大数据资源平台已实现跨部门数据共享 65.33 亿条，跨层级数据交换 330.72 亿条。每日可通过“两张网”归集静态数据 4 000 万条、采集超过 3 400 万条实时动态的鲜活数据。按照“市级谋划、两级建设、三级应用”的层级架构，依托地名地址标识解析服务，建立政务地图与互联网地图联系，建设治理要素“一张图”[19]。已上线地名地址专题库，有效支撑热线服务，公安、消防接警工作中的地址搜索定位、级联查询等应用场景，为城市管理中自然人、法人在空间上关联提供了锚点，有效解决了上海各部门、各层级空间地理底图不统一的问题，也为城市运行所需的数据奠定了基础。

（3）依托“系统大基座”打通跨部门联勤联动的信息纽带。“系统大基座”是将政府部门具有共性需求的功能汇聚整合，形成基座型系统，支撑城市运行管理主系统及部门专业应用。创新建设了“系统间联接枢纽”，既为城市运行管理专业系统的耦合对接提供支撑，又为本部门和其他部门提供服务，进一步促进了跨部门信息系统的数据交换和能力共享，初步实现相关部门“一家能力大家用”，推动“高效处置一件事”的实现。目前，已形成了视频、交通、气象、舆情、应急联动指挥、人口管理等系统基座[20]。

8.“一网统管”的建设路径

秉持“人民城市人民建，人民城市为人民”的城市建设理念，充分调动社会各界力量，广泛参与“一网统管”工作，构建多元主体协同共治的良好格局。目前，上海的“一网统管”范围已经扩展到了各市直机关、各相关部门以及部分区、街道、乡镇。这一体系是上海“城市大脑”的一个重要组成部分，包括“城市动态”“城市环境”“城市交通”“城市保障供应”“城市基础设施”五个维度，共 86 项一级指标，能够直观反映城市的宏观状况。

9.“一网统管”的建设成效。

以三级城市运行管理平台为支撑，部门联动协同管理能力倍增。以上海市为例，“王”字形三级城市运行管理平台投入实战后，随着各部门间数据相互共享赋能，线上、线下协同处置效率显著提升，城市运行管理现代化、智能化水平得到极大提高。

（1）提升了科学预判和实时反应能力。小到街面占道的快速发现和处置，大到大客流管理力量的精准调度，有了三级城市运行管理平台的支撑保障，实时动态数据为导航，对城市运行的各种状况有了科学预判和快速反应能力。以景区大客流研判为例，通过景区预约和大客流管理系统，提前预判和实时研判游客饱和度情况，对景点客流与历史客流、最大承载客流等进行对比，设定不同的预警阈值。一旦超过相关阈值，城市运行管理平台会加强监控、调配力量。

（2）共同履职、协同联动能力大幅提升。传统的跨部门协同是以部门职能或权力为中心的协同方式（图 3–4）主要分为基于正式的组织协同，即委员会制或由涉及部门的上级分管领导、主要领导或领导小组进行指令协同；基于非正式组织的协同，即协同部门之间人员的信任和熟悉程度并进行非正式沟通，形成“法约尔天桥”。“法约尔天桥”是由法国管理学家亨利·法约尔（Henri Fayol）提出的一种管理理念。在组织管理中，为了在坚持统一指挥原则的同时，有效缩短信息传递的路径，法约尔建议在需要沟通的两个部门之间建立直接的联系渠道。这种设计既能确保组织的层级结构和指挥系统的统一性，又能提高信息传递的效率，避免因逐级上报和下达而导致信息的延误和失真。传统的协同方式存在协同成本高、协同效果较差等问题。

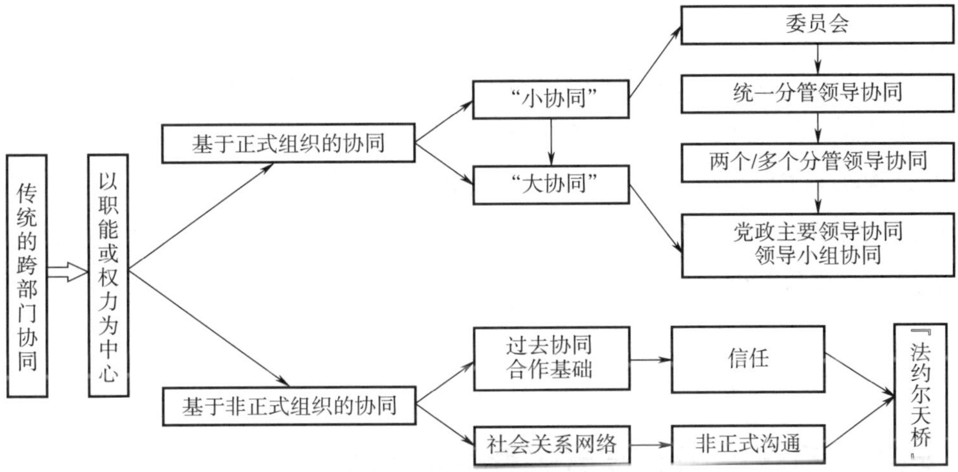

图 3–4　传统的跨部门协同示意图[15]

三级城市运行管理平台体系下的新型部门协同方式是以高效处置事件为中心（图 3–5），除了正式的组织协同外，日常更多的是基于三级城市运行管理平台，通过智能化手段预警预测、实时进行数据共享，依托标准的处置流程自动派单，统筹调配人员力量和资源，形成跨部门、跨区域、跨层级的数字化“法约尔天桥”，达成“高效处置一件事”的目的。

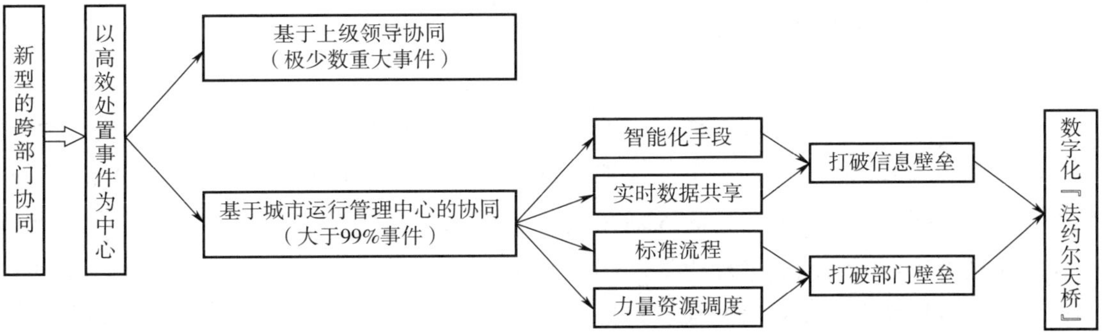

图 3–5　新型的跨部门协同示意图[15]

2021 年全年，上海市城市运行管理平台完成了元旦、春节、五一等重大节日保障以及庆祝建党百年、花博会等重大活动的保障工作。2021 年 1 月至 7 月，市城市运行管理平台共处置各类城市运行事件 2 365 起，成为市领导掌握城市运行状况和决策指挥的首选平台。同时，实现了市城市运行管理总指挥中心与 16 个市级专业分指挥中心、16 个区级城市运行管理分指挥中心的全面联通，为市城市运行管理总指挥中心的统筹调度、现场指挥部的决策指挥以及移动指挥车的灵活指挥提供了有力支撑，从而构建前线指挥部、后方指挥部和专业指挥部之间的跨区域联动指挥体系。

（3）推动基层勤务模式再造。区和街镇城市运行管理平台整合基层力量，高效承接一般事件的全程处置以及重大突发事件的先期处置。特别是在街镇城市运行管理平台上推动警务网格、综治网格、城市运行管理网格等多格合一，整合派出所、市场监管所、城管中队、房屋管理局、绿化市容所、物业公司等多支队伍联勤联动，高效处置一件事[21]。

上海市各区结合实际积极开展实践，浦东新区作为最早进行联勤联动探索的示范区，十分重视联勤联动体制建设，建立了区、街镇、联勤联动站三级联勤联动体系，并制定了标准化的联勤联动工作规范。黄浦区城市运行管理平台实行“六格合一”，十支队伍协同管理；徐汇区城市运行管理平台按照“云、格、人、事”有机协同的目标推进建设；虹口区嘉兴街道城市运行管理平台通过综合联勤执法改革，将热线平均办理时长从 8 天缩短到 4.4 天，取得实效。

3.2 城市运行管理中心发展中存在的问题

上海市城市运行管理中心“一网统管”的精细化城市管理创新“前无古人”，特别是三级城市运行管理平台建设没有现成的模式可循，探索全球一流城市治理方案没有标准答案。就城市管理而言，要求如“绣花”般精细管理，同时也是“中国之治”的上海模式样板，但在快速发展的过程中，也不可避免地面临一些困境。

3.2.1 线上管理边界线模糊

三级城市运行管理平台建设最大的创新点在于利用整体性治理理念，将线上的智能化方法、实时动态数据和线下的精细化管理手段有机协同，形成闭环，高效解决城市运行中的实际问题。在常规形态下，行政区划在线下有明确的地理边界，与此相对应的是各个政府部门在线下也都有明确的管理边界和部门条块分工。但在现实建设中，由于线上流程扁平化，加之数据共享、业务协同和流程整合的复杂性，线下层级化、碎片化的管理机制与线上整体化、一体化治理要求还不适应，故存在部门利用信息化、标准化手段推动自身职能优化和流程再造的主动性有待提高等问题。同时，大量应用场景仍只停留在“观”，与线下的处置流程并没有很好地结合，并未有效地形成管理闭环，常常出现线上有预警，线下无人处置的尴尬情况。

因此，将线下纵向分割的管理模式转移到线上，必然面临一个重构过程，即需要对部门职能进行调整与重构，并推动部门之间的深度融合[22]。

3.2.2　数据共享和开放依然不足

目前，受顶层设计、权力运行、激励与制约等因素的影响，导致存在数据共享与开放不足的困境。在系统的顶层设计方面，没有统一的技术标准、数据标准和界面标准，导致系统在初始阶段不能很好地兼容。部分政务数据存在多头归集、完整性不足、时效性差等问题，影响了数据在业务中的应用深度。三级城市运行管理平台按照“全链接”的原则，已基本全量接入城市运行管理各专题应用系统，但这些应用系统分散在不同部门，所采用的标准、端口、规范不一致，使得这些不同系统之间各种信息数据的共享、传输、融合存在障碍，在许多底层数据方面并没有完全做到互联互通，并未形成有效完整的数据中台，有碍数据要素价值最大化。

数据治理和应用的重要性未被充分认识，数据汇聚和流动的安全风险防范不到位，导致数据共享和协同应用存在瓶颈。“一网统管”需要运用大量的实时动态数据来预判、预警风险，及时发现城市运行中存在的问题。实时动态数据就像新鲜血液，决定着三级城市运行管理平台运行是否顺畅、反应是否灵敏。但在推进过程中，由于系统新旧不一，数据获取方式各异，存在静态数据偏多、动态数据不足，结构化数据偏多、非结构化数据不足，延迟数据偏多、实时数据不足等问题。

3.2.3　信息安全管控面临不确定性

在信息共享过程中，往往会出现信息安全的隐患，信息安全是信息共享的先决条件，安全是“1”，其他都是“1”后面的“0”。信息安全不仅事关国家的安全，也事关每一个人的利益，只有在确保数据管理规范的前提下，数据要素的价值才能被最大程度地发挥出来。因此，实施“一网统管”，必须在提高效率的同时，确保安全。随着网络从相对封闭和孤立状态向互联和开放状态过渡，网络的边界日益模糊，网络的安全控制也日益复杂化。而城市运行管理中心的“一网统管”平台构建于各种复杂网络之上，这无疑对其安全管理提出了更高的要求。

目前，有关数据共享开放和数据产权的法律规定还不完善，数据的共享开放有可能引发信息安全、社会舆论和个人隐私等问题。

（1）数据采集权有可能被滥用。在三级城市运行管理平台体系中，对于哪些人或组织有权采集，以及采集哪些人的哪些数据尚未有明确的法律规定，还处于各自为政的状态。

（2）数据应用的边界还不明确，特别是不同场景下公共数据和私人数据的应用边界尚未明确。例如，在重大突发公共卫生事件中，重点地区人员、密切接触者、疑似患者和确诊患者等相关人员的数据具有一定公共属性，在人员排摸、流调等环节被调用，为有效控制疫情发展发挥了重要作用。但在事件结束后，在非应急状态下，如何区分公共数据和私人数据的边界还需依法明确。此外，数据泄露和滥用的问题依旧突出，特别是在基层工作中，为了追求立竿见影的效果，往往忽视对数据和隐私的保护，存在很大的数据安全风险。

（3）部分数字化应用对老年人、残障人士等特殊群体的包容性不足，存在数字鸿沟问题，导致这些群体的体验感和满意度较低。在没有足够的激励机制和环境风险的情况下，各个政府部门基于“理性计算”，极易在各自的部门之间建立起数据保护壁垒。

3.3 基于城市运行管理中心提升城市安全韧性的对策建议

本节将从法治、体制、机制等方面提出基于城市运行管理中心提升安全韧性城市治理的对策建议。

3.3.1 推进法治保障，加强顶层设计

完善相关法规，确保依法运行管理。推动研究制定“一网统管”立法工作的地方规章或规范性文件，对三级城市运行管理中心及相关城市运行管理部门的职责分工、运行管理、安全管理等制定相关规范。可从宏观层面到微观层面逐步增加、调整和修改相关法律法规、行政规章及相关具体管理细则，在三级城市运行管理平台体系这一新型管理模式下，对行政部门的权责分工、行政权的行使与边界、基层综合执法管理人员权限等进行明确，确保“一网统管”下政府管理行为有法可依、有规可循。

统筹考核指导。市、区、街镇三级城市运行管理中心，因层级的侧重点不同，职能必然不完全对应，层级越低，城市运行管理中心的职能必然越综合。针对“多头考核、指挥”的问题，市、区两级应将涉及城市运行管理事项进行统筹考核，可探索联合考核机制。以上海市为例，对各区城市运行管理中心的考核，可由市城市运行管理中心牵头成立“一网统管”考核工作领导小组，分别赋予不同职能相应分值，统筹进行联合考核，相关市级部门不再单独对城市运行管理中心进行考核，只进行日常业务指导，从而避免“多头考核”的问题。

3.3.2　推进体制机制改革，强化城市协同治理效能

城市精细化管理需要系统性思考，加强系统协调，通过全程管理来提高城市的管理水平。要实现“一网统管”，实现“高效处置一件事”，就必须进一步加强部门功能的整合，加强城市管理的各个环节之间的密切配合。

推进城市运行管理平台迭代升级。落实“1+4+N”城市运行管理平台板块、模块建设和整体版面调整。强化基础数据的采集和归集能力，聚焦城市运行安全，汇聚公安、应急、消防等各类城市运行相关数据的接入，梳理城市运行数字体征，完善城市运行管理平台风险预警模块建设，进一步提升平台风险预警的监测水平。深化城市运行管理平台实战能力，进一步调整实战界面，根据不同时段监测重点，落实城市运行管理平台通用版、夜间版和专题版三种模式的建设。

同时，加强问题智能发现闭环处置。推进 20 个以上新增自动发现算法建设，提升 AI 算法、视频感知端的实战能力。落实城市运行管理问题线上交互平台部署运用，为各类感知、应用智能发现及人工巡查发现，建立有效闭环处置通道。构建“物联感知 + 平台轻应用”模式，夯实智能发现和高效闭环处置，落实“四早五最”要求。

此外，还要推动城市运行管理平台可视化建设。增强城市运行管理视频平台的并发能力、输出能力，强化数据能力可视化，全面保障城市运行管理平台可视化实战能力，确保城市安全有序运行。深入推进移动单兵、无人机设备及管理平台部署，建立“15 分钟单兵工作圈”，确保城市运行管理网格均落实单兵配备。落实城市运行管理单兵体系和城市运行管理平台地图的视图联动，实现基层社会治理、城市综合管理、应急指挥处置等方面的综合应用。同时，深化重点应用场景建设。聚焦场景建设，配合派驻制梳理城市体征，以 AI 算法全覆盖为牵引，推动城市治理场景线上智能化全覆盖，建设深化城市运行管理综合指挥和派单系统、渣土数字化服务管理系统、智慧环保、危险化学品监管专题应用、防汛防台专题应用等一批聚焦重点、实战管用的跨部门联动应用场景[23]。针对夜间经济，建设夜市经济支持服务系统，切实做到实战管用。

强化联合指挥协调能力。作为一个政府综合性协调部门，在协同管理层面关键是要自上而下构建完整的协同组织体系，行政命令自上而下，避免发生同级部门互相扯皮情况，减少政府内部消耗，发挥协同组织成效。以“白天、夜间、应急”为分界，以“8+16+ 应急”派驻模式，积极打造及时感知、快速反应的区城市运行管理指挥体系。建立部门派驻联合办公机制，实现“三种模式”即白天（派驻）、夜间（值班值守）、应急（重大活动处置）。同时，进一步明确派驻部门工作职责，强化对常驻部门的管理及人员的考核激励。白天 8 小时，聚焦应用场景建设、重点事项管控，建立社区管理、街面治理、工地管理、社会安全等重点领域的四个工作组。各派驻部门基于城市运行管理平台，合力开展各组应

用场景建设、数字化监管、联动协调处置等工作。落实区应急局、区建设管理委、区交通委、区城管执法局、区房管局、区绿化市容局、区水务局、区市场监管局、区公安分局等部门在指挥大厅的有效派驻，实现日常值守保障、城市运行监测、全域巡查发现、问题协调处置等功能。夜间 16 小时，重点关注夜间经济、矛盾纠纷、安全隐患等问题，运用数字化监管手段，强化对夜间经济社会面整体势态管控。区城市运行管理中心、区应急局落实夜间值守工作，坚持值守日报制度，各派驻部门压实各自条线街镇处置力量责任，强化基层城市运行管理快速联动处置能力，落实 12345 紧急工单、110 非警情、重大舆情等问题的快速有效解决。全时段应急，在防汛防台、公共卫生事件、生态环境突发事件、清明祭扫等重大突发事件、重要节点、重大活动期间，由相关职能部门作为指挥部门、涉及部门作为联席部门，入驻区城市运行管理中心负责指挥协调，落实跨部门联合会商、处置，也为区领导应急指挥协调提供平台支撑。

加快城市运行管理协同大数据融合。城市运行管理中心推进协同治理的核心在于引入协同技术，提升协同治理的环境支撑力。为此，需积极采用新技术和新手段，打造协同治理的技术体系。具体而言，就是要加快数字化布局，强化协同大数据的融合应用[24]。在现有数据管理体制的基础上，需要进一步深化对数据管理职能的整合与梳理，探索将城市运行管理中心的直属机构赋予更明确的职能定位和更高的行政层级。

以信息化推进城市运行管理协同数字化。数字化是当前社会形态下政府部门协同治理的关键抓手，利用好数字化手段是建立城市运行管理协同机制的重要内容[25]。按照上海市城市运行管理中心“三级平台、五级应用”顶层设计要求，积极构建区级平台主架构，围绕基础供应、综合执法、社会民生等重点领域，通过梳理区城市运行管理中真实的体征指标，结合信息化技术手段，以数字化立体化方式全面呈现城市运行全域全景，为城市运行管理中心综合平台科学决策提供数据支撑。同时，以搭建“快速发现、统筹资源、高效处置”的实战应用平台为目标，利用信息大数据分析、人工智能感知、图形视频采集等技术，随时掌握各类事件的情况，确保能够实现城市运行管理指挥中心与事件处置现场互联互通，开展融合指挥、统筹调度。其目的是打造城市综合管理过程中的全流程闭环处置，也能更好地为基层提供实战数据。通过“一网统管”系统，提升城市综合治理效率，解决城市管理难点，解决数字治理“最后一公里”问题。①构建智慧鲜活的数据中台。综合汇聚各方城市微观要素数据，聚焦数据与场景的融合协同，加强数据治理与智能化建设，注重平台的能力输出，推进城市运行管理数据中台建设，进一步实现各类信息资源和业务功能的调度管理和跨部门的高效协同。②进一步打造数字化智能城市运行管理平台。基于“三级平台，五级应用”的架构，按照“全链接、紧平台、松耦合”思路，推动区、街镇两级城市运行管理平台的智能迭代，进一步打造数字化智能城市运行管理平台，实现精准预判、迅速预警、流程再造、人机协同、过程可控。③实现城市运行管理治理数据互联互通。④加强感知神经元基础建设。充分利用“智慧公安”“雪亮工程”等现有资源，完善社会治理感知神经元覆盖，进一步优化网络基础设施布局，积极推动计算、存储资源的调整优化与升级扩容，提升平台算法能力。

以数字化推进城市运行管理协同智能化。①扩大“感知端”的应用价值。一是加快感知神经元规划布点建设，扩大实时动态感知数据的应用，探索视频监控和物联感知在城市治理问题解决中的参与度，提升城市管理问题的智能化发现水平；二是拓展城市运行管理平台管理范围，以精细化管理平台为基础，将多渠道城市管理问题数字化发现手段汇聚到城市运行管理平台，深化平台安全生产、“创全”等问题的发现与处置；三是强化“移动端”的实战能力，将多渠道城市管理问题通过城市运行管理移动端汇聚到城市运行管理平台，深化平台在公共安全、公共管理领域中问题的发现和处置。②建立场景统筹机制。以需求牵引、业务驱动为原则，开发体系化应用场景。征集创新性强、示范效果好、赋能基层的公共安全、公共管理相关应用场景，挖掘场景赋能城市运行综合管理能力。由城市运行管理专班统筹区城市运行“一网统管”各部门提出的应用场景需求，并形成场景建设清单报区数字化转型工作领导小组研究决议。

以智能化推进城市运行管理协同精准化。①深化线上线下数字化人机协同，一是构建城市运行管理平台网格坐标系，建立基本管理单元，实现“多格合一”，落实城市运行管理网格在城市运行管理平台的上线上图，推进党建网格、城市运行管理网格的互相融合、赋能，形成覆盖全面、边界清晰、力量到位、要素齐全的城市运行管理平台网格坐标系；二是推进城市运行管理数字化联勤联动，聚焦人机协同，推进业务流程数字化再造，实现更多业务线上线下真正联动，打造 7×24 小时全天候响应处置“数字队伍”，绘制城市运行管理“人物画像”，实现队伍精准管理，提升联勤联动处置效能；三是推进最小单位数字化治理，强化社区治理数字化赋能，加强数据动态更新、共享复用、双向互通。②强化信息系统问题处置互联互通。城市运行管理中心需要进一步体现三级城市运行管理体系中的枢纽作用，在日常工作中要真正发挥好综合指挥和协调辅助作用，要真正成为分析决策研判的大数据平台，真正做到部门共享协同平台，区城市运行日常管理平台。并借助物联网、大数据、云计算等新技术手段，落实对数据的处理和分析，实现向上数据对接，向下数据赋能。

3.3.3　强化协同联动，打破部门与层级壁垒

面对城市运行管理中心事件处置的复杂性，尤其是跨层级、跨部门联勤联动的迫切需求，必须对现有的跨部门合作机制进行全面优化和系统性重构，并重塑精细化治理的业务流程。在此过程中，应秉持全局站位、统筹协调和可持续发展的理念，进一步优化事项标准，夯实责任清单，强化考核问效。同时，通过构建统一高效、互联互通的管理体系，打破层级壁垒，实现自上而下的指挥决策与自下而上的执行上报的高效协同，从而提升城市运行管理的整体效能。

1. 构建应急预警协同体系

（1）要高度重视安全风险的防控。转变重事后应急，轻事前预防的安全管理理念。城市运行管理中的风险管控一定要把关口前移，管理的重点是放在预防和风险的管控。要移到前端来做好预防和整改的工作，预防工作一定要得到有效落实；要加强风险情报的收集、数据分析、风险预测和预警；要早发现、早诊断、早治疗，重视体检；要算长远账、综合账、政治账；要重视科技赋能，利用一些人工智能技术进行计算、评估；要牢固树立风险管控排摸的意识，转变思想观念理念。

（2）要高度重视科技的赋能。在整个城市运行管理体系中，一方面，要充分利用现代化的信息技术，从发现机制、巡查到后面的整个处置，加强感知设备的规划运用，利用在线监测、远程监测、移动监测、智能化的网络设备，提前做好预警预判，要把危害到城市安全领域的突出问题，进行一些专题的研究，进行专项突破。另一方面，要运用“一网统管”平台更新风险分布图，逐步建立应用场景，利用模型和算法实现在线监测。继续推动和完善社区消防安全指数数据的设计、分析和判断。

（3）要高度重视多元共治。整个城市运行的大安全，仅靠政府部门远远不够，个人也要对个人的安全负责，单位和企业也要对安全负责。要秉承人民城市人民建、人民城市为人民的理念，进行全社会动员发动，抓好安全教育和培训。在城市运行管理协同机制下的各个相关部门都要齐抓共建，齐抓共管。不断优化舆情监测相关系统的功能，紧盯新闻网站、移动端、微博微信等新媒体中的各类舆情信息和社情民意，强化对预警性、苗头性、倾向性问题信息的收集、研判、跟踪，加强与网信、公安等部门的工作联动，形成高效的预警和闭环管理。

2. 构建风险处置协同体系

以职责清单化、资源可视化、指挥体系化、处置流程化为目标，从城市运行管理数字化转型工作的要求出发，深入分析城市常见突发事件应急预案的可操作性、适用性与规范性，全面梳理全区应急预案的实际应用情况。在此基础上，优化联动条件的分类管理，明确触发条件的核心要素，并构建清晰的预案联动关系拓扑图，厘清层级与类别的关联。同时，结合我国应急预案体系的现状与发展趋势，探索适应新时代发展要求的应急预案形态及应用趋势，实现总体预案、专项预案的智能化分析和应用，确保在突发应急事件处置过程中，区城市运行管理应急指挥平台可根据突发应急事件要素信息，从电子预案库中智能匹配出最优应对预案，实现主责和支持部门的快速确认和行动程序的精准匹配。

（1）城市运行管理指挥中心需与事件处置现场实现互联互通，开展融合指挥与统筹调度，以构建城市综合管理全流程闭环处置机制。要整合利用好现有物联感知设备，加强新技术的融合应用，以机器换人力，以智能增效能，积极构建泛在互联感知网络和物联感知体系，不断提升智能预警、风险洞察和有效处置水平。聚焦城市有机体、生命体，构建城市数字体征，统筹全区资源，加快神经元感知端规划布点建设，扩大实时动态感知数据的应用。推进物联感知端的实战能力，探索视频监控和物联感知在解决城市治理问题中的参与度，提升城市管理问题的智能化发现水平。

（2）强化条块队伍的整合、机制的融合。夯实“多格合一”工作基础，实现城市运行管理网格内的定人、定岗、定责；要健全 7×24 小时联动运行机制，日常工作要紧紧围绕综合管理，在节假日、重大活动期间重点做好保障，应对重要紧急情况时，在解决跨部门疑难问题上，要进一步强化联动指挥机制，发挥就近处置的实战功能，推动实现“高效处置一件事”；要聚焦人机协同，落实城市运行管理移动端的全量部署，构建城市运行管理“数字队伍”，绘制城市运行管理“人物画像”，实现队伍精准管理，提升联勤联动处置效能。将多渠道城市管理问题通过城市运行管理移动端汇聚到城市运行管理平台，使各类城市管理问题的管理流程落实全面上线，并强化流程监管力度，扩展巡查发现类别，深化平台在公共安全、公共管理领域中问题的发现和处置。

本章以城市运行管理中心为研究对象，深入探讨了其在提升城市安全韧性中的作用、现状、存在的问题以及改进对策。通过对上海市城市运行管理中心的案例进行分析，揭示了城市运行管理中心在城市治理现代化进程中的重要地位和作用，并提出了有针对性的建议，以期为城市安全韧性建设提供理论支持和实践参考。

城市运行管理中心作为城市治理的重要抓手，通过整合多部门资源和数据，实现了对城市运行状态的实时监测、精准分析与高效协同管理。以上海市为例，其“一网统管”体系通过三级平台架构，显著提升了城市应急处置能力和精细化管理水平。这种模式不仅增强了城市在复杂环境下的自我调节能力，还为城市可持续发展提供了有力支撑。城市运行管理中心通过数字化平台体系，实现了对城市运行的全景式管理，提升了城市治理的科学化、精细化与智能化水平。

“一网统管”强调通过数字化手段实现城市治理的系统性与协同性，其核心在于打破部门壁垒，构建整体性政府。通过数据共享、智能预警和协同指挥，城市运行管理中心能够实现“观全面、管到位、防见效”的一体化治理目标。这种模式不仅提升了城市管理效率，还推动了城市治理从被动应对向主动预防的转变。通过“一网统管”，城市运行管理中心能够实现对城市运行状态的实时监测、风险预警和高效处置，为城市安全韧性建设提供重要保障。

尽管城市运行管理中心取得了显著成效，但在实际运行中仍面临诸多挑战。首先，线上管理边界模糊，导致线下管理机制与线上治理要求不匹配。其次，数据共享和开放不足，影响了数据要素价值的最大化利用。最后，信息安全管控面临不确定性，数据采集权滥用、数据边界不明等问题亟待解决。这些问题制约了城市运行管理中心的进一步发展，影响了城市治理的精细化水平。

针对上述问题，本章从法治、体制和机制三个方面提出了改进建议。首先，推进法治保障，完善相关法规，确保城市运行管理中心依法运行。其次，强化体制机制改革，通过优化平台功能、提升数据治理能力和协同联动水平，打破部门与层级壁垒，提升城市协同治理效能。最后，构建应急预警与风险处置协同体系，强化科技赋能，推动城市治理向智能化、精准化方向发展。通过这些对策建议，可以有效解决城市运行管理中心在发展过程中面临的问题，进一步提升城市的安全韧性。

城市运行管理中心的建设是城市治理现代化的重要标志。通过整合资源、优化流程和强化协同，城市运行管理中心在提升城市安全韧性方面发挥了重要作用。然而，随着城市化进程的加速和城市治理需求的不断变化，城市运行管理中心仍需不断优化和升级。未来，随着数字化技术的不断进步和治理理念的深化，城市运行管理中心将在提升城市安全韧性方面发挥更为关键的作用。通过持续优化治理模式、完善数据共享机制和强化协同联动能力，城市运行管理中心将进一步推动城市治理向精细化、智能化和可持续方向发展，为建设安全韧性城市提供坚实保障。

参考文献

[1] AZZAM A，IBRAHIM D. Development of an integrated sustainability model for resilient cities featuring energy，environmental，social，governance and pandemic domains [J]. Sustainable Cities and Society，2023，92（2）：104439.

[2] 蔡雨晴 .2020 年城市运行管理中心市场发展现状分析 项目数量达 34 个 [EB/OL]. [2020-09-25]（2025-02-19）. https：//www.qianzhan.com/analyst/detail/220/200924-b25e66fc.html.

[3] 魏乐霞 ."一网统管"助力社会治理实践研究 [J]. 智能建筑与智慧城市，2024（6）：13-15.

[4] 李耀东 . 城市运行"一网统管"建设探索与研究 [J]. 中国信息化，2024（8）：110-112.

[5] 上海发布 . 牵好城市治理"牛鼻子"，李强调研"一网统管"运行情况 [EB/OL]. [2021-08-26]（2025-02-19）. https：//dt.sheitc.sh.gov.cn/cms/slddt/732.jhtml.

[6] 电子政务网 . 住建部《城市运行管理服务平台建设指南（试行）》[EB/OL]. [2022-03-30]（2025-02-19）. http：//www.e-gov.org.cn/egov/web/article_detail.php? id=180527.

[7] 杨俊芳，张国业，张国珍 . 城市运行"一网统管"省级平台建设思路探索 [J]. 中国信息化，2024（11）：113-114.

[8] 住房城乡建设部网站 . 如何搭建城市运行管理服务平台？：《城市运行管理服务平台技术标准》解读 [EB/OL]. [2022-03-18]（2025-02-19）. https：//www.gov.cn/zhengce/2022-03/18/content_5679639.htm.

[9] 上海市安全生产监督管理局 . 上海加强城市管理精细化“三年行动计划”明确 13 项重点任务和 42 个实施项目 [EB/OL] . [2018-02-28](2025-02-20) . https: //yjglj.sh.gov.cn/aqzd/yhbc/gzdt/20180202/0037-31618.html.
[10] 孙建平 . 超大城市风险治理 [M] . 上海：上海人民出版社，2021.
[11] 上海市人民代表大会常务委员会公报 . 关于“一网通办”“一网统管”两网建设推进情况的报告 [EB/OL]. [2023-03-17](2025-02-20). https://www.shrd.gov.cn/n8347/n8407/n9531/u1ai254463.html.
[12] 殷梦昊，许文嫣，王烨捷 . 复旦学者解码上海城市运行“一网统管” [EB/OL] . [2023-03-21](2025-02-20) . https: //news.qq.com/rain/a/20230321A091CR00.
[13] 上海市普陀区人民政府 . 上海市普陀区人民政府办公室关于印发《2024 年普陀区城市运行“一网统管”工作要点》的通知 [EB/OL] . [2024-08-02](2025-02-20) . https: //www.shpt.gov.cn/zhengwu/qtzcwj-qfbzcwj/2024/247/191648.html.
[14] 傅贤惠，徐健，寇志宏，等 . 基于一网统管的城市运行数字体征平台设计 [J] . 物联网技术，2024，14 (10)：65-69.
[15] 徐观峰 . 整体性治理视阈下上海“一网统管”建设路径研究 [D] . 上海：中共上海市委党校，2022.
[16] 王一峰，奚建武 . 五统融合：城市运行“一网统管”的统合力构建：以上海市松江区为例 [J] . 党政论坛，2024 (6)：47-49.
[17] 钟国威，邹梦良 . “人工智能 + 城市治理”一网统管平台设计与关键业务环节研究 [J] . 信息通信技术与政策，2024，50 (9)：26-31.
[18] KANGANA N，KANKANAMGE N，SILVA D C，et al. Bridging community engagement and technological innovation for creating smart and resilient cities: a systematic literature review [J] . Smart Cities，2024，7 (6)：3823-3852.
[19] 束平，张春敏，宋科峰，等 . “一网统管”城市运行一张图设计与实现 [J] . 城市勘测，2024 (4)：34-37.
[20] 丁昕彤 . 上海市气象局：“一网统管”赋能上海数字化转型 [N] . 中国气象报，2024-12-16.
[21] MEDURI Y，SINGH R，MANOHARAN G. Key networks to create disaster resilient smart cities mission: a case for remodeling India’s smart cities mission to include disaster resilience [J] . Resilient Cities and Structures，2024，3 (4)：52-62.
[22] 赵来军 . 上海安全韧性城市建设面临的问题和对策 [J] . 科学发展，2022 (2)：66-74.
[23] XIANG H，HENG X，ZHAI B，et al. Digital and culture: towards more resilient urban community governance [J] . Land，2024，13 (6)：758-776.
[24] 房毓菲 . 推动协同治理　健全数据治理体系 [J] . 中国信息界，2023 (1)：44-47.
[25] LI W. Research on the construction of smart，safe and resilient cities [J] . Journal of Civil Engineering and Urban Planning，2024，6 (1)：92-97.

第 4 章

社会韧性：基层社区的安全韧性研究

基层社区作为城市系统的基础单元，是人们赖以生存的活动场所，也是承受风险冲击的前沿防线。2024 年 3 月 28 日发布的《中共中央办公厅 国务院办公厅关于加强社区工作者队伍建设的意见》指出“强化履职能力培训，注重加强群众工作、组织动员、依法办事、矛盾调解、应急处突、协调沟通、信息技术应用等方面的能力训练，提高社区工作者社区治理和服务能力”[1]。2024 年 7 月，中国共产党第二十届中央委员会第三次全体会议通过并发布《中共中央关于进一步全面深化改革、推进中国式现代化的决定》提出“强化基层应急基础和力量，提高防灾减灾救灾能力”“健全党组织领导的自治、法治、德治相结合的城乡基层治理体系，完善共建共治共享的社会治理制度”等要求[2]。韧性城市的建设，归根到底要落实到基层，只有每一个基层单元都具备韧性，才能确保城市安全韧性的整体提升，因此，需更加关注微观尺度的基层社区韧性建设。而街道作为行政系统的末梢和基层社会治理的主体，是基层社区公共安全韧性建设的落脚点。为打造强韧性的基层社区，需夯实韧性根基，克服短板效应，动员社会各主体一同参与安全韧性建设，围绕基层政府、居委会、物业企业、社会组织、居民等主体形成风险防控的合力，对冲外部风险冲击扰动。由于目前我国各省市街道的条线分布、职能设置基本相同，所以结合上海市杨浦区长白新村街道这一典型案例，深入探讨了基层社区在消防安全、安全生产、社会治安、法治建设、公共卫生管理等方面的安全韧性建设现状，分析了存在的问题，并提出了相应的对策建议，旨在为基层社区安全韧性治理提供理论支持和实践指导，以期提升基层社区应对各类风险的能力，构建更加安全、和谐、宜居的社区环境。

4.1 基层社区安全韧性建设的现状分析

社区是进行治理的前沿阵地，然而，在应对突发事件的过程中，社区治理显露出多种问题，包括治理模式的僵化、主体角色定位模糊、自组织秩序的紊乱、恢复力的不足、治理体系的适应性问题，以及利益相关方协同力量的薄弱[3-5]。部分研究者将中国面临的重大公共卫生事件及其向常态化防控转变的战略过程作为研究背景，深入探讨了社区应急治理中的关系互动，特别是社区共同体建设的理论框架。黄心如等从基层微观角度，关注治理的韧性，对社区治理结构、运作规范以及多方协同的效能问题进行了研究，旨在探讨社区多元化韧性治理机制（图 4–1）[6]。

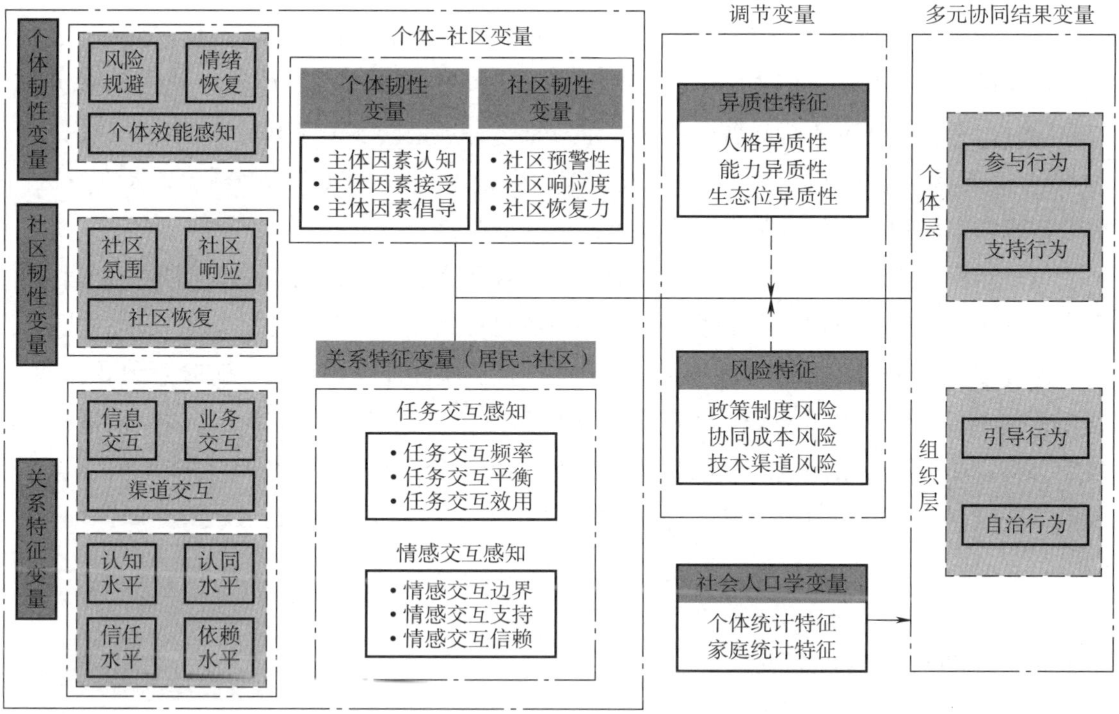

图 4–1　社区多元韧性治理机制解析图[6]

上海市杨浦区长白新村街道牢固树立安全发展理念，围绕消防、生产、治安、法治等方面开展大平安建设，以平安办、安监站、司法所、治安队为中坚力量，吸纳社会组织一同参与安全治理、与辖区商铺签订安全契约，向社区居民压实安全责任，提升社区整体安全韧性水平。长白新村街道在 2020 年荣获“上海市平安社区”“上海市反邪教优秀社区”称号，目前，长白新村街道社区安全总体运行情况良好。为提升社区安全韧性，长白新村街道采取了诸多建设措施。因此，本节在阐述基层社区安全韧性建设现状的同时，将结合长白新村街道的相关典型案例进行具体分析。

4.1.1　筑牢消防安全保障

一是基础设施建设逐步完善。许多社区加大了对消防设施的投入，配备了必要的消防器材，并定期进行维护和更新。一些地方还建设了微型消防站，构建了“15 分钟应急救援圈”，提高了火灾初期的扑救能力。二是宣传教育不断加强。通过多种方式开展消防安全宣传教育，如在社区内设置应急疏散指示牌和安全急救图示，将安全文化元素融入社区的各个角落；组织居民到安全文化教育体验基地参观体验，提升居民的安全意识和避险技能。三是智慧消防技术应用逐渐推广。部分地区依托传感器技术、数字技术、智能技术等，加快消防领域灾害要素监测，打造全灾种、多源数据融合的数据管理平台，提升了火灾隐患的识别和预警能力。

长白新村街道平安办在2020年持续进行消防隐患的排查和治理，在这一年里，总共出动了1 632名巡视员，对2 000多个单位进行了检查，并一直保持着一种高压的状态。与此同时，平安办还带头指导各个社区，继续推进各项消防实事项目，在松花大厦内，增加40台灭火器，维护和维修800多台灭火器，建设16个“微型消防站”，以及在社区内推进智能停车场和充电桩的建设，实现了社区的全覆盖。

长白新村街道消防委指导各社区发挥属地管理作用，由社区自行商讨制定各类消防专项行动方案，与成员单位、各居委、周边单位签订责任书512份，夯实每家每户的消防责任，连续多年实现烟花爆竹“零燃放”。此外，为了提升社区居民防火避险意识和初期火灾扑救能力，消防委结合重要节点开展消防宣传活动，并开展了覆盖中心组、街道机关、居委会、物业企业、微型消防站队员等层面的法律法规宣传、消防知识宣传活动，消防演练覆盖全社区。2021年1 ~ 5月，长白新村街道发生小型火灾6起，较2020年同期下降50%。

4.1.2 营造社区宜居环境

一是基础设施建设不断加强。加大对社区基础设施的投入，改善了社区的道路、供水、供电、供气等条件，提高了居民的生活质量。二是环境治理成效显著。加强了对社区环境卫生的整治，开展了垃圾分类、污水治理等工作，改善了社区的环境卫生状况。一些地方还推行了“街长制”“巷长制”等管理模式，提高了环境治理的精细化水平。三是社区服务不断完善。建立了社区服务中心、便民服务站等服务设施，为居民提供了便捷的服务。同时，加强了社区医疗服务、养老服务、文化服务等建设，满足了居民多样化的需求。四是居民参与度不断提高。通过开展社区自治、居民议事等活动，鼓励居民参与社区建设和管理，提高了居民的归属感和认同感。一些地方还建立了社区志愿者队伍，组织居民参与社区服务和公益活动。

当前，群租、黄赌毒、非法客运是影响长白新村街道社区治安的主要危险因素。长白新村街道治安队持续进行安全隐患排查和治理，对重点区域的“非正规”建筑，包括闲置的厂房、工地、街边的店铺、出租房等进行了彻底排查，截至2023年10月底，总计对1 766个单位进行了检查，涉及群租单位18个，以及“三合一”生产场所2个，整治完成率高达99%。

在社区特殊人群管控方面，截至 2023 年 4 月，长白新村街道登记在册的特殊人群主要有戒毒人员 347 名、安置帮教对象 142 名、新接收刑满释放人员 33 人。长白新村街道对 347 名在册戒毒人员进行风险评估，共尿检 134 人次，尿检执行率均达 100%。在特殊人群的帮扶转化工作上，街道还依托第三方组织向安置帮教对象提供再社会化的课程活动，对刑满释放人员进行普法教育等。

4.1.3　建设基层法治队伍

一是人员配备不断加强。许多社区配备了专职的法治工作人员，如社区法律顾问、人民调解员等，为居民提供了法律咨询和服务。一些地方还建立了法治人才库，储备了一批法律专业人才。二是培训教育不断深化。定期组织基层法治队伍参加业务培训，提高了他们的法律素养和业务能力。培训内容包括法律法规、执法程序、调解技巧等，使他们能够更好地适应工作需要。三是执法力度不断加大。加强了对社区内的违法违规行为的执法力度，维护了社区的法治秩序。一些地方还建立了联合执法机制，整合了公安、城管、市场监管等部门的力量，提高了执法效果。

长白新村街道 2020 年度通过系统整合辖区法治资源，创新性地引入专业法律服务力量，显著提升了基层法治治理效能。具体而言，街道与上海百合花法律服务中心建立战略合作，成功吸纳 9 名具有专业资质的社区法治专员加入基层治理队伍。这一人才引进举措有效强化了街道行政执法能力建设，同时构建起了覆盖广泛的法律服务网络。法律服务网络辐射辖区内 16 个居委会法律服务工作室、2 个社区邻里中心以及 131 家企事业单位，为其提供专业化、全方位的法律支持与保障，切实推动了基层法治建设的提质增效。2020 年度，长白新村街道累计提供了 1 659 次法律咨询服务，服务人数超过 2 500 人次。同时，长白新村街道法治建设委员会还承担起街道的普法主体责任，开展以讲座和巡展为主要形式的法治宣传活动 20 余次，参加居民共计 500 余人次。在协调推进延东居民区高层建筑加装电梯、指导解决居民楼道乱堆放难题、化解韵都城停车难问题等方面，街道法治专员作出了重要贡献。

4.1.4　建设智慧公安系统

随着物联网、云计算、移动互联网的发展，我国城市管理及公安机关的警务管理也朝着“智慧公安”方向发展。针对浙江省公安厅局在运维管理信息化方面存在的普遍问题，如信息化水平不高，缺乏大型的集中监控与告警系统以及运维数据分析工具，结合现有系统设备与应用状况，浙江省构建了一套集智能化、可视化和数据化于一体的智慧运维管理系统（图 4–2）[7]。国外的智慧公安建设起步较早，学者们普遍将研究重点放在基层执法部门实际业务应用和未来发展方向上，而对智慧警务全局性建设规划和整体性架构塑造的研究则相对缺乏[8，9]。

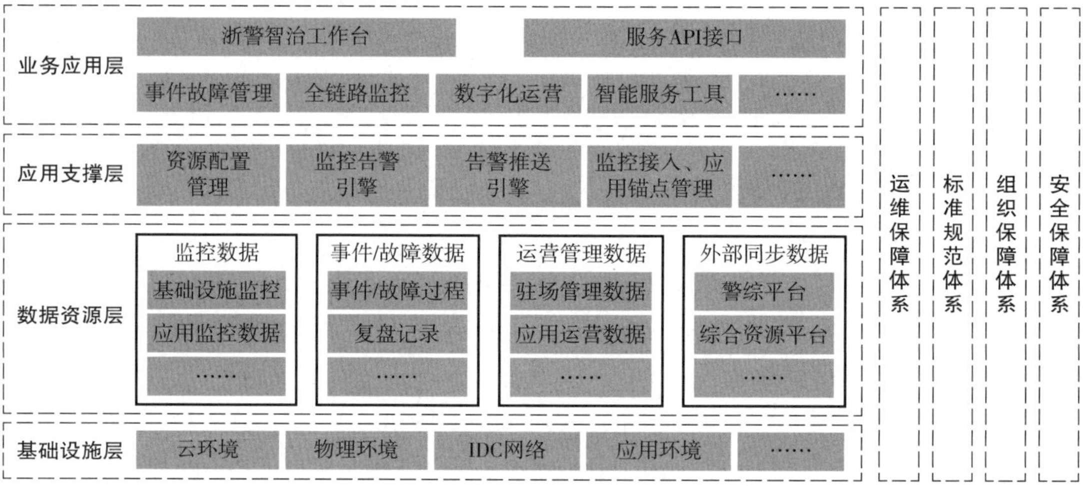

图 4-2　浙江省公安智慧运维管理系统总体架构[7]

上海市公安系统自 2017 年开始，一直在积极推进“智慧公安”建设，运用先进的技术和信息技术，协助警察进行智能决策、社会治安防控、警务处置和疫情防控等方面的工作，大大提高了警察的工作效率，以及防范和化解各种治安风险的能力，帮助警察坚守社会治安的底线，使人民群众的获得感、幸福感、安全感得到了充分满足，得到了更多保障。目前，“智慧公安”建设主要体现在智能监控、智能信息化算法、数据存储分享等方面。

（1）在智能监控方面，以上海市某派出所辖区为例，截至 2021 年，共有 26 410 路视频监控，其中 1 万多个探头为区“综治办”服务，其余为社区民警、交通民警以及其他民警服务。可以通过手机、电脑获取相关数据。在与江苏交界处还设置了水域感知检测仪器以检测水污染情况。智能监控、智慧决策极大地促进了把灾害风险化解在萌芽之时、成灾之前。

（2）在智能信息化算法方面，上述派出所辖区配备了 6 500 路人脸识别智能监控和 1 800 路人体识别智能监控，主要使用“商汤科技”的技术，通过前端截图、后端人脸识别和比对，来监控辖区人口流动情况。辖区在滨江带还布置了前端带计算能力的智能监控设备，未来会作进一步推广。

（3）在数据存储分享方面，上述派出所辖区积累大量的结构化数据和非结构化数据，共 3 300 TB，主要包括人员车辆数据 750 TB 和社区数据（包括部分小区门磁开关）978 TB。数据不仅供警察系统内部使用，还能与区政府共享。区公安分局的信息平台提供给该区城市运行管理中心，同时城市运行管理中心也会给公安局提供数据。

4.1.5　基层社区公共卫生资源

1. 社区卫生服务中心的应急队伍建设概况

浦东新区是上海这一超大规模城市中人口最多、经济总量最大的区，且拥有浦东国际机场、外高桥码头、洋山深水港等重要口岸。在新冠疫情期间，浦东新区的防控形势最复杂、难度最大，该区组建的社区公共卫生应急预备役在此次疫情防控中发挥了重要作用。历年来，浦东新区疾病预防控制中心（浦东新区卫生健康监督所）遵循国内疾控系统的常规做法，按照病种和事件数量进行突发公共卫生事件的管理。2020 年 7 月，随着新冠疫情防控形势和要求的变化，该中心对突发公共卫生事件的管理模式也有了新变化。其中最具特色的创新做法是从浦东新区当时的 48 家社区卫生服务中心每家抽取 2 人（以来自预防保健科、专业背景是公共卫生类的医生为主），组建了一支近百人的社区公共卫生应急预备役，参与浦东新区的疫情防控工作。该预备役经过浦东新区疾病预防控制中心（浦东新区卫生健康监督所）的专业化带教指导培训，迅速开始新冠疫情防控的流行病学调查、环境样本采样分析、本土及口岸入境重点人群筛查和专业人员、检测技术、装备的储备等工作，特别是在 2020 年 11 月浦东新区几起突发散发疫情的应急处置、精准防控中发挥了重要作用。但同时应注意到，浦东新区社区公共卫生应急预备役的建设存在以下方面的明显不足：一是参与该预备役的人员来源单一，仅是社区卫生服务中心的医生，没有来自各级疾病预防控制中心、其他医院和医疗急救中心、社区工作者的加入，因此在专业背景和知识技能等方面与现实工作场景需求有一定差距；二是组织架构松散，有待理顺与优化；三是管理模式为面向所辖各社区卫生服务中心简单平均地下达人员召集指标、组织定期集中培训的形式，有待完善。

2. 基层社区村（居）委会的公共卫生科普和志愿服务概况

自 2021 年起，上海市在全国范围内率先推出了由财政经费全力支持的健康科普专项计划。这一开创性的举措，不仅彰显了上海市对于提升全民健康素养的坚定决心，也标志着我国健康科普事业迈入了一个崭新的发展阶段。迄今为止，该计划已连续四年稳健实施，其影响力与成效日益显著。2024 年度上海市健康科普专项计划经过严格遴选，共推出了 45 个旨在普及健康知识、提升公众健康意识的健康科普专项，以及 31 个特别面向全市社区卫生服务中心的社区健康科普专项[10]。这些专项计划的实施，不仅丰富了健康科普的内容与形式，还在全社会范围内掀起了一股健康科普的热潮。在这一系列专项计划的推动下，上海市涌现出了一大批优秀的健康科普作品、人才与品牌。这些作品以科学严谨的态度、生动有趣的形式，向市民传递了健康生活的理念与方法，有效加强了健康科普优质资源的供给。

其中，金山区朱泾镇社区卫生服务中心牵头的《基层糖尿病足“闭环管理”专项科普行动》尤为引人注目。该项目通过建设预防、诊疗、康复、护理、自我健康管理的全过程健康科普“闭环管理”，为基层糖尿病足患者提供了全方位、全周期的健康服务。黄浦区打浦桥街道社区卫生服务中心则推出了《打浦智慧科普家族拯救“特困生”》项目。该项目以“互联网 +”漫画形象为载体，打造了一个多学科联合的健康科普品牌。通过图文、视频等多种形式，该项目生动形象地普及了健康知识，让居民在轻松愉快的氛围中学习到了实用的健康技能。徐汇区枫林街道社区卫生服务中心的《结合桌面游戏的社区多元化高尿酸血症健康科普》项目同样别具一格。该项目将桌面游戏与健康科普巧妙结合，设计出了含有高尿酸血症健康教育内容的游戏。居民在游戏中不仅能够体验到高尿酸血症预防、诊疗、康复、疾病自我管理的全过程，还能在寓教于乐中加深对健康知识的理解与记忆。

3. 村（居）公共卫生委员会建设概况

1982 年 12 月公布实施的《中华人民共和国宪法》中就有明文条款指出，居民委员会、村民委员会设人民调解、治安保卫、公共卫生等委员会，此款保留至今未变。2010 年 10 月修订的《中华人民共和国村民委员会组织法》中，明确指出村民委员会可根据需要下设公共卫生委员会。这些均为村（居）公共卫生委员会建设提供了有力的法治保障。2021 年末，民政部等四部门联合印发的《关于加强村（居）民委员会公共卫生委员会建设的指导意见》提出，力争用两年左右的时间，实现公共卫生委员会机制全覆盖、能力普遍提升、作用有效发挥，初步建立起常态化管理和应急管理动态衔接的基层公共卫生管理机制。2022 年 11 月 30 日，上海市民政局、市卫生健康委员会、市中医药管理局联合印发了《上海市加强居（村）民委员会公共卫生委员会建设实施方案》，明确了居（村）公共卫生委员会的建设目标、主要职责等。随后，各区、街（镇）落实相关建设工作。有关资料显示，截至 2023 年末，上海全市 6 409 个居（村）委会已全部设立公共卫生委员会，实现了全覆盖。

上海市浦东新区鹤沙航头社区卫生服务中心参与的村（居）公共卫生委员会建设主要由航头镇人民政府牵头，在组成成员方面，由村（居）委会的主任或书记兼任其主任，社区卫生服务中心防保科的医生或全科医生兼任其副主任，还有村（居）委的卫生干事和村（居）民志愿者参与其中。目前，该社区卫生服务中心防保科的副主任，需一人兼任辖区内 26 家村（居）公共卫生委员会。关于村（居）公共卫生委员会的培训等工作，该中心暂时选取辖区内配合默契的少数社区试点，未能覆盖全部辖区。该中心的实践反映出了村（居）公共卫生委员会的成员大多为兼职人员的问题，这些人员平时的本职工作就已十分繁忙，兼顾村（居）公共卫生委员会的时间和精力通常十分有限；在专项培训方面也存在人员、师资短缺的问题。

上海市杨浦区民治路居民委员会（以下简称“居委会”）开展的村（居）公共卫生委员会建设，由长白新村街道办事处牵头。2023 年初，该街道办事处向辖区内村（居）委会提出了村（居）公共卫生委员会建设的要求，经该街道辖区内的 16 个居委会共同商议，推选社区中有医疗背景的退休人员参与村（居）公共卫生委员会。由于该社区的村（居）公共卫生委员会成立时间不长，且成立后未发生突发公共卫生事件，所以暂时未在具体实践中发挥作用。另外，该街道的“三环”党建工作作为特色举措为村（居）公共卫生委员会建设打下了良好的基础。“三环”即环绕社区、高校和企业组成的三个圈层，街道打通“社、校、企”各个圈层，形成“街道抓总、科室协作、单位落实”的“三环”工作格局。这些单位通过签署“三环”党建的联建协议实现联动。“三环”党建的参与单位可以联合组织活动，实现资源整合。这种街道党工委、社区居委会、企事业单位之间的联动机制，为加强村（居）公共卫生委员会建设打下了良好的基础。

4.2　基层社区安全韧性建设中存在的主要问题

4.2.1　消防设施维护责任不明

责任划分不清晰。在基层社区，消防设施的维护管理责任往往不明确，导致各社区对其重视程度和管理力度不一致。例如，一些社区的消防设施由街道投资兴建，但后续的维护管理却未明确具体责任主体，使得消防设施的维护工作难以有效开展。这种责任划分的不清晰，使得在实际工作中，当消防设施出现问题时，容易出现相互推诿的现象，导致问题得不到及时解决。同时，由于责任不明，也难以对消防设施的维护管理进行有效的监督和考核，进一步影响了消防设施的维护效果。

维护管理不到位。由于责任意识不强，部分社区的消防设施存在老化、损坏等问题，却未能及时进行维修和更新。这不仅影响了消防设施的正常使用，还在火灾发生时无法发挥应有的作用，给居民的生命财产安全带来严重威胁。例如，一些老旧小区的消防设施由于长期缺乏维护，普遍存在灭火器失效、消火栓损坏等问题，一旦发生火灾，这些消防设施无法正常使用，将严重影响火灾的扑救效果。

委托经营模式的弊端。许多社区将消防设施的维护管理委托给经营单位，但这些单位可能更注重经济效益，而忽视消防设施的维护和保养。例如，一些经营单位为了节省成本，减少对消防设施的投入，导致消防设施的性能下降。这种委托经营模式的弊端在于，经营单位可能缺乏对消防设施维护管理的专业知识和技能，难以确保消防设施的维护质量。

4.2.2　社会治安力量缺乏有效整合

治安力量分散。基层社区的社会治安力量包括社区民警、保安、志愿者等，但这些力量往往各自为政，缺乏统一的指挥和协调。例如，在一些社区，社区民警、保安和志愿者之间缺乏有效沟通和协作，导致治安防控工作难以形成合力。这种分散的状态使得治安力量无法充分发挥作用，难以对社区内的治安问题进行有效的预防和处理。例如，社区民警可能在处理治安案件时，缺乏与其他治安力量的协作，无法及时获取案件的相关线索，导致案件侦破难度增加。

信息共享不畅。基层社区的治安力量之间缺乏有效的信息共享机制，导致“信息孤岛”现象严重。这种“信息孤岛”现象不仅影响了治安案件的侦破效率，还可能导致治安问题的扩散和恶化。例如，保安人员在巡逻过程中发现的可疑情况，如果没有及时与社区民警共享信息，可能会错过最佳的处理时机。

资源整合不足。基层社区在整合社会治安力量方面存在不足，未能充分发挥各方力量的作用。例如，一些社区虽然有志愿者参与治安巡逻，但由于缺乏对志愿者的培训和管理，使得志愿者的作用未能得到充分发挥。这种资源整合不足的问题，不仅影响了治安防控工作的效果，还可能导致治安力量的浪费。例如，志愿者如果没有接受专业的培训，在参与治安巡逻时，可能无法有效识别和处理治安问题，从而影响治安防控的质量。

4.2.3 公共卫生安全风险应对机制不健全

公共卫生安全的风险治理作为现代社会治理体系中的重要一环，对组织的能动性提出了前所未有的高质量要求。基层社区是社会治理的基本单元，其机制建设的完善与否直接关系到公共卫生安全风险的防控效果。特别是在面对如新冠疫情这样的重大突发公共卫生事件时，基层社区的作用更加显著[11]。

然而，当前社区公共卫生安全的风险应对机制还存在诸多不足。从法律法规和建设规划层面来看，虽然《中华人民共和国城市居民委员会组织法》对居委会的任务进行了规定，但对于社区内不同治理主体之间的职责分工却缺乏明确的规范。这导致在突发公共卫生事件发生时，各主体之间的协同作战能力受限，难以形成合力。另外，在城市规划，尤其是社区公共设施的规划过程中，对于突发公共卫生事件的专门考量明显不足。当前规划主要集中于抗震、消防、民防、排水防洪以及安全生产等传统安全方面。即便是国务院安全生产委员会办公室印发的《国家安全发展示范城市评价细则（2019 版）》，也未对公共卫生安全提出明确的规范要求。这种情况无疑加剧了社区在公共卫生安全风险治理方面所面临的挑战。

在针对公共卫生安全的风险评估过程中，基层社区同样遭遇了难题。在常规的突发事件应急管理体系中，风险评估通常由上级管理机构和专业人员负责执行。这种模式虽然在一定程度上确保了预警的科学性与精确性，却未能充分考虑基层社区的具体情况和实际需求。在现实社会活动中，即便基层社区遭遇公共卫生安全风险，它们常常因为规模较小、潜在损失较低而未能得到上级部门的充分关注。同时，社区居民可能出于对日常生活干扰的顾虑，不愿意积极参与风险评估相关活动，这一现象使得社区在公共卫生安全风险管控方面面临的挑战更为严峻。

从社区风险应对实践的角度来看，社区在公共卫生安全的宣传及演练、民众的风险认同与参与积极性调动、社区弱势群体的救助等方面也存在诸多不足。例如，公共卫生应急演练往往因为缺乏足够的组织和资源支持而难以开展。通过参与演习，公众能够减轻对突发事件的恐惧感，确立正确的应对策略，增强相互援助的意识。然而，由于缺乏演练，这些目标往往难以实现。此外，在风险认同与参与积极性调动方面，社区也面临着不小的挑战。部分民众对于公共卫生安全风险的认识不足，缺乏足够的参与意识，这在一定程度上影响了社区公共卫生安全风险治理的效果。

社区公共卫生安全的风险治理是一项复杂而艰巨的任务，需要基层社区在法律法规、建设规划、风险评估、应对实践以及预后工作等多个方面进行全面而深入的探索和实践。只有这样，才能不断提升社区公共卫生安全风险治理的能力和水平。

4.2.4　应急演练方案有待完善

1. 预案内容缺乏针对性和可操作性

社区应急预案往往缺乏详细的风险评估和应急能力需求分析，这一现象导致预案内容趋于表面化，难以触及实质。应急能力需求的忽视则使得预案在资源配置、人员培训、技术准备等方面显得捉襟见肘，难以应对复杂多变的紧急情况。因此，预案内容往往显得过于简略，难以全面覆盖所有可能发生的紧急状况，并提供相应的应对措施，从而降低了预案的实用价值和应对效率。同时，还存在预案针对性不强的问题。许多预案在制定过程中未能紧密结合社区自身的风险特点和危害发生概率，导致预案内容泛泛而谈，缺乏针对性和全面性。每个社区都具有其独特的地理环境、人口结构、经济活动等因素，这些因素共同影响着潜在风险的类型、规模和影响范围。因此，一个缺乏针对性的预案，就如同无头苍蝇般盲目，难以精准识别并有效应对社区面临的具体风险，进而在紧急情况下难以发挥应有的作用。此外，预案的可操作性差，也是制约其效能的关键因素之一。在制定预案时，如果未能充分考虑实际情况，如人员配备、物资储备、通信条件等，那么预案中的应急措施和操作流程可能显得过于理想化，难以在紧急情况下迅速、准确地被执行。

2. 演练流于形式，缺乏实战性

部分基层社区管理者和居民对于应急预案演练的重要性缺乏深刻认知，这种认识上的不足导致社区在组织和准备预案演练时显得力不从心，缺乏必要的规划、资源和动力。预案演练往往流于形式。在一些社区，预案演练并未得到应有的重视和投入，组织者可能出于种种原因，如资源有限、时间紧迫或重视程度不足等，而采取敷衍了事的态度，导致演练缺乏真实性和实战性。此外，社区居民和志愿者参与度低。由于缺乏对演练重要性的认识，以及缺乏必要的培训和指导，许多居民和志愿者在演练中显得无所适从，无法有效发挥作用。这种低参与度不仅削弱了演练的整体效果，也影响了社区应急管理体系的完善和居民自救互救能力的提升。

3. 预案修订和完善不及时

首先，社区环境、人口结构、基础设施等因素时刻在发生变化，这些变化可能包括新建筑的建设、居民年龄结构的调整、特殊人群的增加等，都可能对社区的应急响应需求产生深远影响。然而，部分应急预案在制定后，往往未能及时跟上这些变化的步伐，导致预案中的部分信息已经过时或失效。其次，责任分工不明确也是预案修订过程中一个常见的问题。在预案制定初期，各责任主体的分工可能相对清晰。然而，随着社区面临的公共卫生安全风险的发展和变化，原有的责任分工不适应新的应急需求。如果预案修订时未能及时调整责任分工，那么在紧急情况下，就可能出现责任不清、推诿扯皮的情况。这不仅会延误救援时机，还可能影响团队协作，降低应急响应效率。最后，缺乏评估机制。应急演练是检验预案有效性和实用性的重要手段。然而，如果缺乏对应急预案演练效果的定期评估和反馈机制，就无法及时发现和纠正存在的问题。因此，建立定期评估和反馈机制对于应急预案的持续改进至关重要。

4.2.5 公共卫生安全风险意识有待提升

英国社会学家安东尼·吉登斯（Anthony Giddens）指出，现代社会的复杂性是其固有特征，这种复杂性不仅催生了多种多样的风险，而且使得风险成为现代社会发展中不可或缺的伴生物[12]。生活在这样一个瞬息万变、充满不确定性的时代，个体和社会整体都必须培养起一种高度敏锐的风险意识，以应对可能随时到来的挑战。公共卫生安全作为现代社会风险的一个重要方面，其实际发生往往对社区的核心价值体系和生活维持系统构成严峻威胁。这些核心价值，包括但不限于社区成员的安全感、福祉水平、健康状况、社会整合度以及公平正义感，都可能因公共卫生事件的冲击而变得脆弱和不稳定。

在面对公共卫生风险时，我国政府机构和卫生健康系统展现出了高度的组织性和专业性。依据 2006 年 2 月国务院发布的《国家突发公共卫生事件总体应急预案》和 2025 年 2 月中共中央、国务院发布的《国家突发事件总体应急预案》，迅速启动应急响应机制，确保资源调配、信息传递和防控措施的有效实施。然而，在这一体系中，社区作为公共卫生安全应对的基层行动主体，其风险感知能力往往滞后。社区对公共卫生安全风险的最初认识，通常依赖于公共卫生专业机构的通报和指导。

在日常工作中，公共卫生安全往往没有作为社区治理的优先事项加以重视。由于缺乏系统性的风险识别和预警机制，社区难以主动发现潜在的公共卫生安全风险，并采取适当的预防措施。此外，社区工作人员在公共卫生安全知识方面的学习和应对训练不足，限制了其在紧急情况下的应变能力和决策效率。

在信息获取方面，社区主要依赖于上级组织和网络媒介。然而，网络媒体尤其是自媒体，在突发公共事件后，往往会出现信息传播混乱和失真的现象。这些媒体平台上的信息真假难辨，信息的快速传播不仅加剧了信息的不对称性，还可能引发民众对基层社区的不满和信任危机。正如有观点所言，“新媒体时代让谣言有了更快传播的平台，使这个时代的造谣成本更低”[13]。这种信息环境的恶化，无疑增加了社区治理的难度和复杂性。

现代社会复杂性带来的公共卫生安全风险，要求政府、社区和民众共同提升风险意识，加强信息沟通，完善应急预案，以提高应对公共卫生事件的能力和效率。对于社区而言，更需要强化公共卫生安全知识的学习和训练，提升风险感知和应对能力，以确保在关键时刻能够迅速、准确地采取行动，保护社区成员的生命安全和身体健康。

4.2.6　现代科技应用与智能化水平较低

在应对重大突发公共卫生事件期间，基层社区暴露出了现代科技应用较弱与智能化水平较低的问题。与传统安全领域相比，突发公共卫生事件往往涉及广泛的人群、复杂的传播机制和迅速变化的疫情形势，需要高效、精准的信息处理和防控手段来应对。然而，基层社区作为公共卫生安全的第一线，往往面临着人力、物力以及技术等多方面的限制，这在一定程度上制约了其应对公共卫生安全风险的能力。

在人力方面，基层社区的工作人员数量有限，且往往缺乏专业的公共卫生知识和技能。因此，在应对突发公共卫生事件时，他们很难在短时间内作出准确判断和有效应对。此外，由于突发公共卫生事件的突发性和不确定性，基层社区往往需要投入大量的人力进行排查、登记、宣传等工作，这进一步加剧了其人力不足的问题。在物力方面，基层社区的资源配置相对有限，很难满足突发公共卫生事件应对的全部需求。例如，在疫情防控期间，基层社区需要配备足够的防护用品、消毒设备等物资来保障工作人员和居民的安全，但往往因为物资短缺而难以做到。在技术方面，基层社区在运用上还存在明显的短板。一方面，基层社区缺乏专业的技术支持和人员培训，难以充分发挥现代医疗科技和信息技术的优势；另一方面，由于技术更新迅速，基层社区在技术更新和升级方面往往滞后于实际需求。

为了缓解基层社区在人力、物力以及技术等方面的不足，智能化应用成为一个重要的解决方案。通过智能化应用，基层社区可以更加高效地开展公共卫生安全知识的宣传、防护以及治理过程中的组织工作。例如，利用微信等手机 App 和各种小程序，基层社区可以及时向居民发布疫情信息、防控措施和注意事项。同时，智能化应用还可以帮助基层社区实现疫情信息的快速收集和整理，提高信息的准确性和时效性。

然而，值得注意的是，基层社区智能化应用的发展还存在不平衡的问题。在一些农村地区和城市的落后社区，由于基础设施落后、居民信息素养不足等原因，智能化应用的发展受到了很大限制。这些地区在应对突发公共卫生事件时，往往更加依赖于传统的手段和方法，难以享受到智能化应用带来的便利和优势。在启动全国范围内的突发公共卫生事件一级响应机制之后，基层社区在精确传递疫情相关信息数据方面遭遇了重大挑战。倘若仅使用上门或电话登记排查等传统方法，不仅效率低下，而且难以迅速识别出隐瞒信息的人员。鉴于此，必须借助信息技术和大数据分析，以提升工作效率和数据准确性。通过运用大数据分析和人工智能技术，基层社区可以实现对疫情信息的实时监测和预警，及时发现潜在的风险点并采取有效的防控措施。

此外，缺乏智能技术对社区各处的监控和双向反馈，也是基层社区在突发公共卫生事件应对中的一个重要短板。如果社区工作人员无法实时获取和分析各种信息数据，就很难做好信息的收集、整理、分析和更新等工作。这样的做法既不利于有效满足社区居民的需求和关注，也影响了各类数据和突发状况的及时上报，为应对突发公共卫生事件带来了诸多困难和挑战。

4.3 提升基层社区安全韧性的对策建议

4.3.1 开展消防安全韧性评估

聘请安全评估专家。为了全面了解社区的消防安全状况，聘请专业的安全评估专家对街坊老式住宅楼、高层建筑的消防安全韧性进行评价。这些专家通过专业的评估方法和工具，对建筑的消防设施、疏散通道、防火分区等进行详细检查和评估，找出存在的安全隐患和不足之处。例如，他们可以利用先进的检测设备对消防设施的性能进行测试，确保其在火灾发生时能够正常运行。同时，他们还可以根据评估结果提出针对性的改进措施和建议，为社区的消防安全提供科学依据。

全面检查和完善消防设施。在安全评估专家的指导下，社区对消防设施进行全面检查和完善，包括对灭火器、消火栓、火灾报警器等消防设施的检查和维护，确保其完好有效。例如，对灭火器进行定期检查，及时更换过期的灭火剂，确保灭火器在火灾发生时能够正常使用。同时，对消火栓进行维护保养，确保其在火灾发生时能够提供足够的水源。此外，还对火灾报警器进行测试和校准，确保其能够及时准确地发出火灾报警信号。

加强主要消防设施的抗灾功能。为了提高社区的消防安全韧性，加强主要消防设施的抗灾功能。例如，对高层建筑的消防设施进行升级改造，增加备用电源和消防水池，确保在火灾发生时消防设施能够正常运行。同时，对老式住宅楼的消防设施进行加固和维护，提高其抗灾能力。例如，对消防管道进行加固，防止在火灾发生时因管道破裂而影响灭火效果。

按照因地制宜、方便实用的原则，分阶段地建立露天分散的充电桩或充电柜。这些充电桩或充电柜分布在社区的不同位置，方便居民使用。例如，在社区的停车场、楼道口等位置设置充电桩或充电柜，居民可以将非机动车停放在这些位置进行充电。同时，充电桩或充电柜配备有安全保护装置，确保充电过程的安全。

坚持网格化的消防隐患排查。社区坚持对消防隐患进行网格化的排查，确保消防工作无死角。社区被划分为多个网格，每个网格都有专人负责消防隐患的排查和整改。例如，网格管理员定期对网格内的单位、居民楼进行检查，发现消防隐患及时上报并督促整改。同时，社区建立消防隐患排查的长效机制，定期对消防隐患进行复查，确保隐患得到彻底消除。

提高居民的火灾应急能力。为了提高社区居民火灾的应急能力，社区定期组织居民参加消防培训和演练。例如，邀请消防专家为居民讲解火灾预防、灭火方法、逃生技巧等知识。同时，组织居民进行火灾应急演练，模拟火灾场景，让居民在实践中掌握火灾应急技能。此外，社区还建立了消防志愿者队伍，居民可以自愿加入，参与社区的消防工作，提高社区的自我救护能力。

4.3.2　强化社会治安综合治理能力

积极落实联防联控、群防群治思想。在基层社区层面，积极推行联合预防和联合治理、群众预防和群众治理的理念，动员社会各界力量投身于社会治安维护工作。充分利用综合治理和社区保安队伍成员、网格管理员、社区志愿者等多种角色，建立起一个结合点与面、线上与线下的全方位动态社会治安防控体系。

加快乡镇级综合行政执法机构建设，并尽早与“一网统管”相结合。通过建立综合行政执法机构，可以整合乡镇级的执法力量，提高执法效率。同时，与“一网统管”相结合，可以实现信息共享和资源整合，进一步提升基层社区的治理能力。

组建精简高效的综合治理社会工作队伍。组建一支精简、高效的综合治理社会工作队伍，全面提升综合治理人员的整体素质，确保综合治理社区保安队的待遇落实工作。通过加强综合治理人员的培训和管理，可以提高他们的专业素养和工作能力，更好地履行社会治安防控职责。同时，确保综合治理社区保安队的待遇落实，可以提高他们的工作积极性和稳定性。

建立特殊人群服务管理体系。对矫正对象、吸毒人员、严重精神障碍患者等各类特殊人群开展服务管理工作，建立由居委会干部、离退休人员和居民积极分子组成的“三位一体”的关怀帮扶体系，并落实帮扶工作责任制，积极有效地做好特殊人群的帮扶和安置工作。这种方式可以为特殊人群提供更好的关怀和帮助，促进他们融入社会。

利用科技赋能长白新村街道平安建设，构建覆盖街道的信息互通、资源共享的电子安防监控报警系统，并与街道治安的安防监控网络有机结合，做到“人眼”“天眼”“电子眼”互动，街道、综治办、派出所协同监管。通过这种方式，可以提高社区治安防控的科技含量和智能化水平，增强治安防控的精准性和有效性。

有效利用社区警务室的功能，优化社区治安资源的整合，构建起一个由相关部门紧密协作、社区居委会主导、社会各界力量辅助、居民广泛加入的治安管理架构。通过这种方式，可以有效整合社区内的各种治安力量，形成强大的治安防控合力，以提高社区治安防控的整体效能。

4.3.3 自上而下配置法治资源

努力营造良好的社区法治环境。为了努力营造良好的社区法治环境，街道、居委会、司法所要紧密配合，通过举办法治讲座、法律知识竞赛和法治文艺演出等多种形式，提高社区居民的法律意识和依法维护自身权益的能力。例如，可以邀请法律专家或律师到社区举办讲座，讲解与居民生活密切相关的法律法规，如《中华人民共和国民法典》《中华人民共和国消费者权益保护法》等。通过电话、网络等渠道，为居民提供便捷的法律咨询服务，确保居民能够及时得到法律帮助。

强化基层法治建设，以“全国民主法治示范社区”的创建为重点，推进基层民主法治建设的制度化和规范化，实现从上到下配置法治资源。推进基层民主法治建设，制定和完善社区居民自治章程、居民公约等规章制度，明确居民的权利和义务，保障居民依法参与社区事务的管理和决策。同时，建立健全社区居民代表大会、居民议事会等民主决策机制，确保社区事务的决策过程公开、透明、民主。合理配置法治资源，确保社区法治建设有足够的人力、物力、财力支持。例如，可以加大对社区法治建设的投入，改善社区法治宣传设施，提高社区法治工作人员的待遇、优化其工作条件。

提高居民的法治观念，以法治思维和法治方式解决纠纷。加强法治宣传教育。通过多种渠道，如社区宣传栏、微信公众号、法治讲座等，向居民宣传法律法规，提高其法治观念。例如，可以定期发布法律知识和案例分析，让居民了解法律的重要性，增强他们依法办事的意识。培养居民的法治思维，通过举办法治培训、法律知识竞赛等活动，培养居民的法治思维，使他们能够运用法律知识和法律方法来解决生活中的问题。例如，可以邀请法律专家或律师到社区举办培训班，教授居民如何运用法律武器维护自己的合法权益。

促进“三驾马车”的法治化与社区建设。律师队伍下沉到居委、物业、业委会，促进“三驾马车”的法治化与社区建设，帮助社区更好地发挥其作用。组织律师队伍下沉到社区，为居委、物业、业委会提供法律服务。律师可以为社区居民提供法律咨询，帮助他们解决法律问题；可以为居委、物业、业委会提供法律意见，指导他们依法开展工作；还可以参与社区事务的决策和管理，为社区法治建设提供专业支持。通过律师队伍的参与，促进居委、物业、业委会的法治化建设。例如，律师可以帮助居委、物业、业委会制定和完善规章制度，确保他们的工作有法可依；可以指导他们依法处理社区事务，避免因违法操作而引发纠纷；还可以为他们提供法律培训，提高他们的法律素养和依法办事能力。

司法所协助社区开展工作，对社区事务进行法律咨询，以达到社区依法治理的目的。例如，居民可以就房屋买卖、劳动纠纷、家庭矛盾等问题，向司法所的法律专业人士咨询，获取专业的法律意见和建议；参与社区事务的决策，为社区提供法律意见和建议。例如，在社区制定规章制度、处理重大事务时，司法所可以提供法律支持，确保社区事务的决策过程合法、合规。

4.3.4　强化社区安全文化认同

积极推进内容丰富、形式多样的安全主题社区文化活动。这类活动是提高居民安全文化素养、降低犯罪率的关键手段。通过开展丰富多彩、形式多样的安全社区文化活动，可以吸引更多的居民群众参与其中。例如，可以举办安全知识竞赛、安全主题演讲比赛和安全文艺演出等活动，让居民在参与活动的过程中学习安全知识，增强安全意识。

加大宣传教育力度。可以邀请法律专家或社区民警到社区举办讲座，讲解安全知识和法律法规，提高居民的安全意识和法律意识。同时，还可以通过社区宣传栏、微信公众号等渠道，定期发布安全知识和案例分析，让居民了解社区安全工作的重要性。

打造街道的安全文化品牌。安全文化品牌是提升居民对社区文化认同感的重要载体。通过打造街道的安全文化品牌，可以增强居民对社区文化的认同感。例如，可以设计平安健康社区的系列品牌纪念品，如安全知识手册、安全主题 T 恤和安全主题徽章等，让居民在日常生活中能够随时感受到社区安全文化的氛围。同时，还可以通过举办安全文化品牌活动，让居民在参与活动的过程中增强对社区文化的认同感。

深挖国内基层社区安全建设经验。基层社区安全建设经验是提升社区安全治理水平的重要借鉴。通过深挖国内基层社区安全建设经验，可以整合现有安全建设工作中的亮点和经验，融合法治、德治、自治、共治理念，再挖掘、培育一批可推广、可复制的平安建设经验，讲好平安故事。例如，可以组织社区工作人员到其他优秀的社区进行学习交流，了解优秀社区的安全建设经验和做法，结合本社区的实际情况进行借鉴和应用。同时，还可以通过举办安全建设经验分享会、安全建设成果展示会等，让居民了解社区安全建设的成果，增强他们对社区安全建设的信心。

4.3.5　“医科高校 – 附属医院 – 基层社区”三联动开展基层社区公共卫生应急预备队建设

我国有超过 11.7 万个社区和 48.8 万个行政村[14]，社区卫生服务中心数量仅有 3.7 万个左右[15]，很难做到快速响应和满足应对突发公共卫生事件的需求[16]。截至 2022 年 10 月，重庆市 41 个区县都组建了本级的卫生应急队伍，并依托医疗卫生机构组建了背囊化的应急小分队，是区县级应急队伍重要的组成部分[17]。2024 年 12 月，上海市浦东新区重新构建了“1（疾控业务科室）+6（疾控分中心）+47（社区应急队伍）”的全区公共卫生应急处置工作网络，依托公共卫生应急指挥中心，实施基于事件应急相关信息的一体化报告与管理，实现全域应急事件的分级快速应急响应，进一步夯实了“区 – 社区”两级公共卫生现场应急处置骨干力量，优化了浦东新区公共卫生应急处置网格化布局[18]。该区还曾抽调辖区内 47 家社区卫生服务中心医务人员组建了一支近百人的社区公共卫生应急预备役，在 2020 年 11 月浦东新区几起突发散发疫情的应急处置、精准防控中发挥了重要作用。截至 2023 年 7 月，国家卫生健康委员会指导全国各省建立了 6 500 支涵盖了省、市、县三级的卫生应急队伍[19]。

“9·11”事件以后，美国对国家灾难医疗系统（National Disaster Medical System，NDMS）进行了数次调整，形成了联邦、州、县、市和社区 5 个层次的应急管理与响应机构，各层次均有自己的紧急救援专业队伍，是实施应急救援的主要力量[20]。卫生应急队伍的行动资金由启动系统的联邦政府机构提供，包括设备、培训和人员等[21, 22]。民间各种社会团体是日本灾害事故紧急医学救援的重要力量，除消防与灾害健康应急支援队外，其他队伍基本由志愿者组成，政府或机构作为各类应急物资的提供方[23]。

“医科高校 – 附属医院 – 基层社区”三联动模式组建基层社区公共卫生应急预备队应以村（居）公共卫生委员会成员为基础，积极招募社区有医学背景的居民作为志愿者共同参与。其根本目的是在基层社区组建起一支具有一定专业化水准的公共卫生应急辅助队伍，为专业化队伍到达现场之前提供有利条件。在三联动模式下，政府部门应履行监督评估职责，各级疾控中心提供专业指导，医科高校和附属医院通过资源共享和人才培养提升基层社区的应急能力，基层社区通过反馈机制提出需求，促进系统的持续改进（图 4–3）。各单位具体职责详见表 4–1。

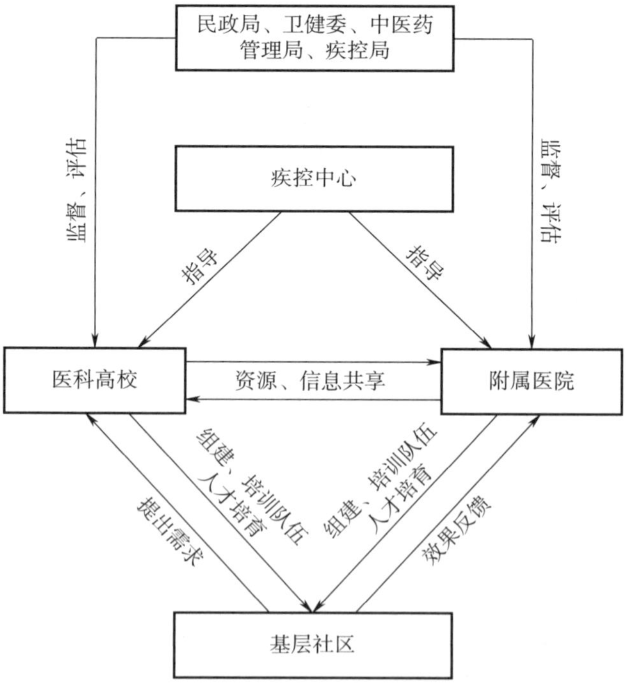

图 4–3 “医科高校 – 附属医院 – 基层社区”三联动模式运行机制

表 4-1 “医科高校 - 附属医院 - 基层社区”三联动模式下各单位职责

序号	责任主体	主要职责
1	民政局、卫健委、中医药管理局、疾控局等政府部门	对三联动模式下的各单位进行监督，评估基层社区公共卫生应急预备队建设、培训等成效
2	疾控中心	在课程设计与培训、演练方案制定等方面为医科高校及附属医院提供公共卫生专业指导
3	医科高校	承担人才培养、科研攻关及技术指导职责，为附属医院和基层社区提供理论支持和创新技术（如队伍管理办法、应急演练方案等）
4	附属医院	作为临床实践和应急响应的核心枢纽，负责接收基层社区转诊的重症患者，提供专家支援，同时与医科高校联合开展培训与演练
5	基层社区	作为防控第一线，负责日常健康监测、风险预警、初步处置及健康宣教，通过信息平台实时上报数据，并通过接受医科高校及附属医院的优势资源不断提高自身应急能力

建立并强化联动机制。首先，建立联席会议制度。该制度旨在清晰界定医科高校、附属医院及基层社区在公共卫生应急预备队建设中的具体职能与角色定位。通过定期召开联席会议，确保各参与方对其所承担的责任有深入且明确的理解，进而促进跨机构间的有效协同与合作。其次，搭建信息交流平台。这一平台应充分利用现代信息技术的优势，如开发专用网站、移动应用程序（App）或建立即时通信群组（如微信群）等，以实现疫情动态、医疗资源分布、科研成果等关键信息的实时共享。最后，制定详尽的联动协议与合作框架。在明确各自职责与建立信息平台的基础上，应进一步细化在应急响应、资源优化配置、人员专业培训等方面的合作机制与操作流程。联动协议应明确界定各方在紧急情况下的协作模式、资源调配原则及快速响应机制，以确保在公共卫生突发事件发生时，能够迅速启动并有效运行三联动模式，共同应对挑战。

制定基层社区公共卫生风险清单进而优化培训课程。医科高校及其附属医院作为教育与科研的重要力量，应承担起梳理基层社区公共卫生风险全面清单的责任，这一清单需详尽涵盖各类潜在风险及其特性。以此风险清单为基石，对现有应急培训课程进行系统性评估与优化，深化课程内容，确保其与基层社区的实际需求高度契合。进一步，依据风险清单的具体内容与社区人员职责的多样性，精细化设计基层社区公共卫生应急预备队的培训体系，包括制定通识性课程和专项课程，前者旨在提升全体队员的基本应急知识与能力。专项课程则是依据不同岗位与职责进行制定，确保培训内容既具广泛性又具针对性，能够精准对接不同角色在应急响应中的具体需求。

制定适合基层社区的卫生应急预备队演练方案。通过“医科高校－附属医院－基层社区”三联动，以医科高校科研人员的视角，借鉴现有的市、区级公共卫生应急演练相关方案，结合基层社区实际情况，从与现行法律法规、应急预案的衔接一致性、情景设计的逻辑合理性、指挥体系的健全顺畅性、各参与部门的配合协同性、响应行动的规范有效性、硬件保障的完备可用性等方面出发，通过情景构建等方法，帮助基层社区编制出一套既能与已有政策有效衔接，又能满足基层社区具体需求，行之有效、可复制、推广性强的基层社区公共卫生应急预备队演练方案。鉴于社会环境的动态变化与风险类型的不断演进，还需根据实践反馈与风险评估结果，及时对方案进行更新与完善，以确保其始终能够适应新的形势与挑战，保持其可复制性与可推广性的优势地位。

加强院校基层卫生应急人才培养。基层公共卫生人员存在着绝对数量少、学历偏低的问题，并且基层公共卫生人员职能单一造成专业能力弱化、容易被全科医护人员取代[24]。目前，卫生职业教育是培养基层公共卫生人员的主要途径，但其存在着理论多于实践、课程和教材无法满足卫生应急教育需求、卫生应急专业招生比例较小等问题[25]，是造成上海市乃至我国基层卫生应急人才队伍人员短缺和专业能力不足的主要原因。中高职院校与本科院校应进一步完善高本“3+2”培养模式，明晰培养目标，采取合理的教学方式，优化课程设置，实现各层次卫生应急人才培养的有效衔接。本科院校也可以制定基层公共卫生应急人才的定向培养计划，为有意愿前往基层就业的学生提供就业保障。同时，早期专业实践也能使公共卫生专业学生对本专业的认知更加清晰，增强学习的内生动力[26]。

本章深入探讨了基层社区在消防安全、安全生产、社会治安、法治建设和公共卫生管理等方面的安全韧性建设现状，通过对上海市杨浦区长白新村街道的案例进行分析，揭示了基层社区在安全韧性建设中取得的成效和存在的问题。研究发现，尽管基层社区在基础设施建设、制度完善和技术应用等方面取得了一定进展，但仍面临诸多挑战，如消防设施维护责任不明、安全生产监管存在隐患、社会治安力量缺乏有效整合、公共卫生管理与服务能力有待加强等。针对这些问题，本章提出了开展消防安全韧性评估、建立安全生产长效监管机制、强化社会治安综合治理能力、自上而下配置法治资源、强化社区安全文化认同、“医科高校－附属医院－基层社区”三联动开展基层社区公共卫生应急预备队建设等对策建议，旨在提升基层社区应对各类风险的能力，构建更加安全、和谐、宜居的社区环境，为基层社区安全韧性治理提供理论支持和实践指导。

参考文献

[1] 中国政府网 . 中共中央办公厅 国务院办公厅关于加强社区工作者队伍建设的意见 [EB/OL]. [2024-04-10](2025-02-21). https://www.gov.cn/zhengce/202404/content_6944455.htm.

[2] 中国政府网 . 中共中央关于进一步全面深化改革 推进中国式现代化的决定 [EB/OL]. [2024-07-21](2025-02-21). https://www.gov.cn/zhengce/202407/content_6963770.htm.

[3] 闵锐，柳佳鑫，方鹏骞 . 突发公共卫生事件应对中社区联防联控机制面临的挑战及改进策略分析 [J]. 中国卫生事业管理，2023，40(5)：343-346.

[4] 李敬，唐昌敏，方鹏骞 . 法治视野下的突发公共卫生事件社区联防联控机制研究 [J]. 中国卫生事业管理，2023，40(5)：340-342.

[5] 张伟，陈琪伟，朱宇霁，等 . 重大公共卫生事件背景下社区韧性影响因素模型研究 [J]. 公共管理学报，2022，19(3)：96-109.

[6] 黄心如，王昕，陈雪，等 . 突发公共卫生事件视阈下基层社区多元协同韧性治理研究 [J]. 中国卫生事业管理，2024，41(7)：730-735.

[7] 龚登高，庄君丰，丁钧，等 . 公安智慧运维管理体系的研究与实践 [J]. 中国安防，2024(12)：12-16.

[8] EGGERS W D，SCHATSKY D，VIECHNICKI P. AI-augmented government：using cognitive technologies to redesign public sector work[J]. Deloitte Insights，2017(4)：6-7.

[9] RAU H. Measuring What matters：data analysis and the future of police reform [J]. UCLA Criminal Justice Law Review，2019(3)：121-122.

[10] 央广网 . 首次设立社区专项 上海市 2024 年健康科普专项正式推出 [EB/OL]. [2024-07-15](2025-02-23). https://news.qq.com/rain/a/20240715A03JZ200? suid=&media_id=.

[11] 高其才 . 自我卫护：习惯法视野下非常时期的城市社区管控规范——以 2020 年初防控新冠肺炎疫情为对象 [J]. 法学杂志，2020，41(4)：1-11.

[12] 孟晓梵 . 基层社区公共卫生安全治理的问题与路径选择 [J]. 湖北警官学院学报，2020，33(6)：122-130.

[13] 曹礼海 . 突发公共危机事件中的多元舆论博弈与政府舆情引导 [J]. 湖北警官学院学报，2020，33(3)：135-140.

[14] 求是网 . 中国共产党党内统计公报 [EB/OL]. [2024-07-30](2025-02-22). https://www.gwgpac.org/page91? article_id=2768&pagenum=2.

[15] 国家统计局 . 中国统计年鉴 2024 [M] . 北京：中国统计出版社，2024.
[16] 于宏杰，李倩，邵钰清，等 . 上海某区社区卫生服务中心公共卫生应急能力现况研究 [J] . 实用预防医学，2024，31 (2)：237-242.
[17] 彭莹，贺炜，晏丽，等 . 重庆市区县级卫生应急队伍建设现状及能力提升对策的研究 [J] . 中国急救复苏与灾害医学杂志，2023，18 (7)：954-958.
[18] 浦东疾控 .【中心要闻】浦东新区举行区—社区公共卫生应急队伍拉动 [EB/OL] . [2024-12-15] (2025-02-23) . https：//mp.weixin.qq.com/s/GhCyW-1w_jSfYtvDTyjlOg.
[19] 李宣璋 . 我国已建成 40 支国家级医疗应急队伍 [N] . 每日经济新闻，2023-07-05.
[20] 冯琼，许建阳 . 国外国家救援队组成及其装备要览 [J] . 中国医学装备，2017，14 (6)：171-175.
[21] STOPFORD B M. The national disaster medical system：america's medical readiness force [J] . Disaster Manag Response，2005，3 (2)：53-56.
[22] STEHLING-ARIZA T，LEFEVRE A，CALLES D，et al. Establishment of CDC global rapid response team to ensure global health security [J] . Emerging Infectious Diseases，2017，23 (13)：S203-S209.
[23] ANAN H，KONDO H，AKASAKA O，et al. Investigation of japan disaster medical assistance team response guidelines assuming catastrophic damage from a nankai trough earthquake [J] . Acute Medicine Surgery，2017，4 (3)：300-305.
[24] 廖嘉曼，黄浩，黄雪良，等 . 新时代基层医疗卫生机构公共卫生医师职能定位探析 [J] . 中国公共卫生管理，2023，39 (2)：170-173.
[25] 王国桥，赵乐萌 . 卫生职业教育加强基层卫生应急人才队伍的策略探讨 [J] . 现代职业教育，2021 (11)：226-227.
[26] 陈朝琼，舒璟茜，曾源鸿，等 . 早期专业实践对公共卫生专业学生专业认知的作用及影响因素研究 [J] . 中国卫生事业管理，2023，40 (11)：867-871.

第5章

技术韧性：基于数字化技术平台的基层社区韧性研究

在当今快速城市化和复杂多变的社会环境中，城市基层社区面临着诸多前所未有的挑战。随着城市规模的不断扩大和人口密度的持续增加，社区的复杂性也在显著提升。一方面，自然灾害的频率和强度似乎在不断增加，洪水、地震、台风等灾害对社区的基础设施和居民生活造成了严重威胁。另一方面，公共卫生事件的突发性也给社区带来了巨大的压力，例如，传染病的传播不仅考验着社区的应急响应能力，还对居民的心理健康和社会秩序产生深远影响。此外，社会矛盾的多样化和复杂化，如邻里纠纷、资源分配不均等问题，也对社区的和谐稳定构成了挑战。在这样的背景下，社区韧性建设的重要性愈发凸显。它不仅是提升社区应对风险能力的关键，更是保障居民生活质量和促进社区可持续发展的核心。社区韧性建设的目标是通过增强社区的自我恢复能力和适应能力，使其在面对各种外部冲击时能够迅速恢复，并在恢复过程中实现更高水平的发展。

本章将以上海“社区云”为例，研究基于数字化技术平台的基层社区技术韧性建设。“社区云”作为一种新兴的数字化技术平台，为社区韧性建设提供了全新的思路和手段。它利用云计算、大数据、物联网等前沿技术，打破了传统社区管理中“信息孤岛”和资源分散的困境。通过整合社区内的各类资源，包括公共服务设施、社会组织、志愿者力量以及居民个人资源等，“社区云”能够实现资源的高效配置和协同利用。同时，它优化了信息流通机制，使得社区管理者、社会组织、居民之间能够实时共享信息，从而提高决策效率和应急响应速度。此外，“社区云”还通过提供便捷的线上参与渠道，极大地提升了居民的参与度和社区的凝聚力。居民可以通过平台参与社区事务的讨论、提出建议、反馈问题，甚至参与社区的治理过程，从而增强他们对社区的归属感和责任感。

城市技术韧性是指城市在面对内外部冲击时，能够通过技术手段维持基本功能、快速恢复并实现可持续发展的能力。主要体现在以下几个方面：城市基础设施（如交通、能源、通信）在灾害面前的稳定性和恢复能力；城市信息系统的实时性、准确性和协同能力，能够为决策提供支持；通过技术手段实现资源的高效分配和协同利用；通过技术平台提升居民参与城市治理的意愿和能力。

“社区云”能够通过数字化平台整合社区内的各类资源，这种资源整合能力不仅提升了资源的利用效率，还增强了社区在面对突发事件时的协同能力。例如，在自然灾害发生时，“社区云”可以快速调配应急物资、救援队伍和医疗资源，实现资源的高效配置和协同管理。这种资源整合能力是城市技术韧性的重要体现，提升了城市基层社区的抗灾能力。“社区云”平台利用云计算、大数据和物联网技术，实现了社区信息的实时采集、传输和分析。通过智能传感器监测社区内的环境数据（如空气质量、水位、火灾隐患等），平台能够实时掌握社区运行状态，并通过数据分析提前预警潜在风险。这种高效的信息系统不仅为社区管理者提供了决策支持，还为居民提供了及时、准确的信息服务。例如，在公共卫生事件中，“社区云”可以实时发布疫情动态、健康防护知识和就医指南，提升居民的安全感和应对能力。这种高效的信息系统是城市技术韧性的重要支撑，它通过数字化技术优化了信息流通机制，提升了城市基层社区的应急响应能力。同时，“社区云”平台通过大数据分析和人工智能技术，为社区管理者和居民提供智能化服务和决策支持。例如，通过对社区居民需求的分析，平台可以优化公共服务设施的布局和资源配置；通过对社区运行数据的分析，管理者可以提前发现潜在问题并制定解决方案。这种智能化服务不仅提升了社区管理的效率和精准度，还为居民提供了更加便捷、个性化的服务体验。例如，“社区云”可以根据居民的出行需求优化公共交通线路，根据居民的健康数据提供个性化的健康管理建议。这种智能化服务是城市技术韧性的重要体现，它通过数字化技术提升了城市基层社区的治理能力和居民的生活质量。此外，“社区云”平台还为居民提供了便捷的参与渠道，居民可以通过手机应用程序或网页端随时了解社区动态、参与社区活动、反馈问题和建议。这种互动性不仅增强了居民对社区事务的参与度，还提升了社区的社会凝聚力。例如，社区可以通过“社区云”平台组织志愿者活动、邻里互助活动等，促进居民之间的交流与合作。这种居民参与和社会凝聚力的提升是城市技术韧性的重要体现，它通过数字化技术优化了社会参与机制，提升了城市基层社区的自我恢复能力和可持续发展能力。智慧社区管理云平台基本架构如图 5-1 所示。

图 5-1　智慧社区管理云平台基本架构

5.1　数字化技术平台在城市基层社区韧性治理的使用现状

“社区云”作为典型的数字化技术平台，是随着信息技术的快速发展和智慧城市建设的推进而逐渐兴起的一种社区治理与服务平台。它的出现并非一蹴而就，而是多种技术发展、社会需求和政策推动共同作用的结果。云计算技术的成熟为“社区云”的出现提供了技术基础。云计算能够提供强大的计算能力、数据存储和处理功能，同时支持弹性扩展和按需分配资源。这种技术特性使得社区能够以较低的成本搭建高效、灵活的数字化平台。大数据和人工智能技术的发展为社区治理提供了更精准的决策支持。通过对社区内各类数据的分析，管理者可以更好地了解居民需求、优化资源配置、预测潜在风险，从而提升社区治理的科学性和有效性[1]。物联网技术使得社区内的各种设备（如智能传感器、监控设备、智能门禁等）能够实现互联互通、实时采集和传输数据。这些数据为“社区云”平台提供了丰富的信息来源，支持了社区的智能化管理和应急响应。随着智能手机的普及和移动互联网的广泛应用，居民对数字化服务的接受程度和需求不断提高。移动互联网为“社区云”平台提供了便捷的接入渠道，使得居民能够随时随地参与社区事务。智慧社区概念框架如图 5-2 所示。

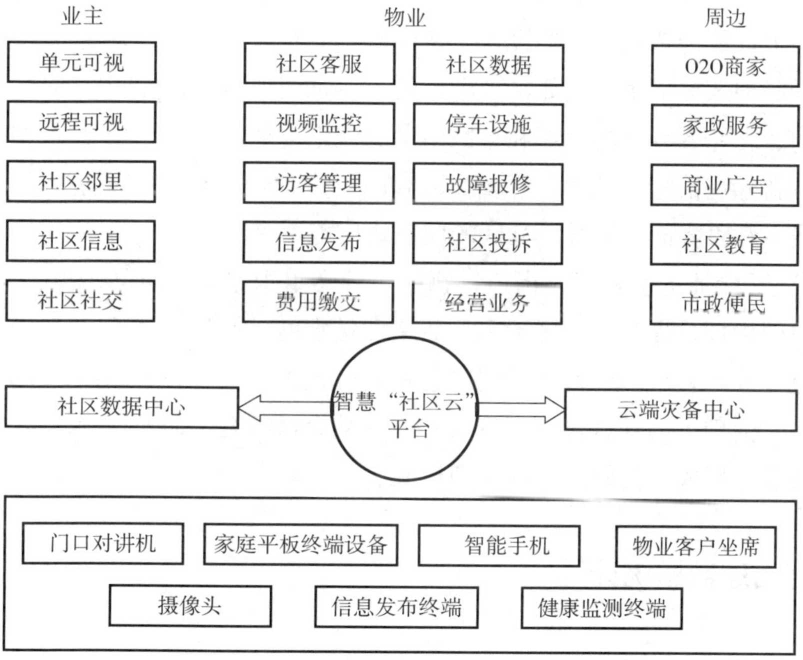

图 5-2　智慧社区概念框架[2]

智慧城市是现代城市发展的新趋势，其核心是通过数字化技术提升城市的运行效率和治理水平。社区作为城市的微观单元，是智慧城市建设的重要组成部分。“社区云”作为社区数字化治理的核心平台，得到了政府的高度重视和政策支持。各级政府出台了一系列政策文件，鼓励社区开展数字化转型，推动“社区云”平台的建设与应用。同时，政府通过财政补贴、项目扶持等方式，为社区提供资金和技术支持，加速了“社区云”的落地和推广。

2010 年以前为早期探索阶段，社区数字化主要以简单的信息化系统为主，如社区网站、电子政务系统等。这些系统功能较为单一，主要用于信息发布和简单的事务处理，尚未形成完整的社区治理平台。2010 年至 2015 年为初步发展阶段，随着云计算和移动互联网的兴起，一些城市开始探索“社区云”平台的建设。例如，2012 年 8 月，上海启动了“智慧社区”试点项目，初步构建了“社区云”平台的雏形，整合了社区政务、公共服务、居民互动等功能[3]。2015 年至 2020 年属于快速发展阶段。在此阶段，大数据、物联网和人工智能技术逐渐成熟并广泛应用，为“社区云”的功能完善提供了技术支持。许多城市开始大规模推广“社区云”平台，平台功能不断丰富，涵盖了资源管理、风险监测、应急指挥和居民互动等多个方面。2020 年至今为深化应用阶段。在突发公共卫生事件防控等重大事件的推动下，“社区云”平台的应用场景进一步拓展，其在应急响应、资源调配、居民服务等方面的作用愈发明显。同时，随着技术的不断进步，“社区云”平台的智能化水平不断提升，用户体验和治理效率也得到了显著改善。

随着智慧城市建设的推进，越来越多的城市开始重视社区基础设施的数字化改造[4]。许多社区安装了智能传感器、监控设备、智能门禁等物联网设备，并通过“社区云”平台实现设备的联网和数据采集。例如，上海市的一些社区通过“社区云”平台实现了社区服务的线上预约、志愿者活动的组织和社区活动的线上直播等功能，极大地方便了居民的生活。特别是在新冠疫情防控期间，许多社区利用“社区云”平台发布防疫信息、组织核酸检测、开展线上健康咨询，提升了社区的应急响应能力[5]。

“社区云”平台促进了社区、街道、物业、社会组织之间的协同治理。通过平台实现信息共享和协同指挥，提升了社区治理的效率和精准度。例如，一些社区在应对暴雨洪涝灾害时，通过“社区云”平台快速调配应急物资、组织志愿者救援队伍，实现了多部门协同作战。在日常治理中，社区通过平台与物业、社会组织合作，开展社区环境整治、垃圾分类宣传等活动，形成了良好的协同治理机制。

5.1.1 社区治理数据统计

多地通过“社区云”平台实现了基层治理系统的整合与精简，通过“社区云”，各地实现了数据的汇聚和共享，减轻了基层重复填报的工作负担，并且实现了对居民信息、房屋信息等基础数据的动态管理。一些地区通过整合公安、网格和物业等多部门数据，形成全市互联互通的监控图像数据库，为社区治理提供全面的数据支持[6]。例如，上海市将面向居村的信息系统从 38 个精简至 15 个，并通过“社区云”实现一站式登录和一体化查询。同时，上海市建立了统一的基层治理主题数据库，推动市、区、街镇从数据库获取数据。上海市青浦区大盈社区通过网格片区每周更新人口和房屋变动信息，确保数据的实时性和准确性。

1. 提供个性化服务

通过“社区云”平台，社区能够根据数据精准定位居民需求，提供个性化服务。“社区云”平台通过多种渠道收集居民的行为数据、偏好信息及反馈，例如，居民在平台上的浏览记录、服务使用频率、参与社区活动的情况等。通过对这些数据的深度挖掘和分析，社区管理者可以构建居民的“数字画像”，从而精准把握不同群体的需求。基于数据分析的结果，社区能够为居民提供更加精准的服务。例如，通过识别高龄老人、残疾人等特殊群体的需求，社区可以针对性地提供上门服务、健康监测或紧急救援等支持。此外，社区还可以根据居民的偏好和需求，优化资源配置，如调整公共设施布局、增加热门服务的供给。在一些社区，“社区云”平台结合 AI 技术，为居民提供智能化的个性化服务。例如，通过智能健康监测系统为居民提供个性化的健康管理建议；根据居民的生活习惯和偏好，推送定制化的社区活动信息。这种精准服务不仅提升了居民的满意度，还增强了社区的凝聚力。同时，社区管理者还可以利用“社区云”平台的标签化管理功能，将政策精准推送给目标人群。例如，通过为高龄独居老人、失业人员等群体打上标签，社区可以快速定位政策对象，并及时向他们传达相关信息。通过“社区云”平台，社区管理者能够快速响应居民的需求和反馈，减少信息不对称性，提升治理效率。例如，居民可以通过平台随时反馈问题，系统自动分类并快速处理，这种实时互动机制大大提高了问题解决的速度。

2. 智能化工具与场景应用

“社区云”平台的相关智能化工具与场景应用在各地得到了广泛开发和整合，不仅提升了社区治理的效率，还为居民提供了更加便捷、高效的服务，推动了社区治理的数字化转型。

（1）电子投票功能。电子投票是“社区云”平台中一项重要的智能化工具，广泛应用于社区公共事务的决策中。例如，成都温江区的恒大城小区通过电子投票系统，成功选举了业委会，解决了线下投票时间难统一、投票率低、统计烦琐等问题[7]。此外，上海也开发了类似的电子投票工具，支持业主通过手机小程序快速完成投票，同时确保投票过程的透明性和可追溯性[8]。

（2）物业报修功能。物业报修功能是“社区云”平台中提升居民生活便利性的重要应用之一。居民通过平台一键报修，物业收到提醒后能够快速派单并上门维修，大大提高了物业服务的响应速度和服务质量。例如，“合家云社区物业管理”平台通过整合报修、投诉、资产管理等功能，全面提升了社区服务的效率。

（3）津贴提醒功能。为了更好地服务居民，“社区云”平台还开发了津贴提醒功能。通过大数据分析和标签化管理，平台能够自动识别符合津贴政策的居民，并及时推送相关信息，确保政策精准落实[9]。这种“免申即享”的提醒方式，不仅提高了政策的知晓率，也减轻了社区工作人员的负担。

（4）“应用超市”板块。各地“社区云”平台还设立了“应用超市”板块，整合了多种特色应用。例如，上海的“社区云”平台整合了业委会电子投票、社区救助顾问、津贴提醒和文明养宠等68个居村层面的特色应用，居民可以根据自身需求选择使用。这种“超市化”的应用模式，不仅丰富了社区服务的内容，也提升了居民的参与度和满意度。

（5）智慧社区的其他场景应用。“社区云”平台结合物联网、大数据等技术，开发了多种智慧社区场景应用。例如，智能安防系统通过人脸识别门禁、智能摄像头等设备，提升了社区的安全性[10]；智能停车系统实现了车牌自动识别和无人值守缴费，优化了社区交通管理。此外，一些社区还通过平台开展“随手拍”“随时办”等活动，鼓励居民参与社区治理。

（6）提升治理效率与居民参与度。通过“社区云”平台的智能化工具和场景应用，社区治理效率得到了显著提升。例如，上海市杨浦区通过“社区云”平台实现了基层治理系统的精简整合，社区工作者从烦琐的事务性工作中解脱出来，有更多时间和精力与居民沟通。同时，平台的便捷性和高效性也吸引了更多居民参与社区事务，增强了社区自治的活力。

3. 居民参与互动

我国多地通过推广“社区云”小程序，显著提高了居民的“上云率”，并借助平台的多样化功能，增强了居民参与社区事务的积极性和互动性。例如，长宁区通过持续推广“社区云”平台，居民家庭“上云率”已达到24%，居民通过平台参与社区事务的积极性显著提升。

在具体实践中，社区通过“社区云”的“议事厅”功能，引导居民在线上参与社区事务讨论，推动社区治理的民主化和透明化。例如，长宁区虹桥机场新村通过“社区云”平台，将精品小区改造、停车位规划等重要议题发布到“议事厅”，居民们可以随时发表意见，参与讨论，极大地激发了居民的参与热情。此外，杨浦区的公交新村居民区也通过“社区云”平台，将“如何设计一个更让人满意的花园”等议题上传至“议事厅”，广泛征集居民的意见和建议，并将其融入项目的全阶段，彰显了全过程人民民主。

同时，为了进一步提升居民的参与度，社区还通过多种方式推广“社区云”平台。例如，徐汇区康健街道通过“楼组长＋志愿者”的模式，线上线下结合，广泛宣传“社区云”小程序，同时针对老年居民提供手把手指导，帮助其顺利“上云”。此外，静安区石门二路街道恒丰居民区的“上云率”更是达到了91.57%，居民不仅可以通过平台获取社区公告，还能随时参与互动交流。

通过“社区云”平台，居民能够更便捷地获取社区动态、参与社区活动、反映问题和建议，真正实现了社区治理的“云参与”和“云协商”，进一步提升了社区治理的效能和居民的满意度。

4. 数据可视化与管理

在“社区云”平台的建设和应用中，数据可视化与管理正逐渐成为提升社区治理效能的重要手段。

（1）可视化管理的实现与应用。一些地区通过“社区云”平台实现了社区治理的可视化管理，极大地提升了治理效率和透明度。例如，奉贤区金海街道通过“一屏观社区”模块，实时展示社区的基础信息和工作内容。这一模块不仅整合了社区的房屋、人口、设施等基础数据，还能动态呈现社区工作人员的走访情况、问题处置进度等信息。通过这种方式，社区管理者可以直观地掌握社区运行状态，快速响应居民需求，减少重复填报和层层上报的现象。

此外，金海街道还将“四百”大走访（即访百家、知百家情、解百家难、暖百家心）内容“上云”，通过“社区云”平台直接查看走访情况和问题处置进度，方便各部门及时了解居民需求，进一步推动社区治理的精细化[11]。

（2）数据标签体系的建设。上海市通过编制市、区、街镇三级“基础标签＋动态标签”目录，进一步规范了社区治理数据的管理。这一目录体系将面向基层采集的数据任务统一纳入综合采集任务池，根据“一标三实”（标准地址、实有人口、实有房屋、实有单位）的采集字段及居村高频使用的字段，持续更新数据。通过这种方式，社区可以实现“一次走访、综合采集、平台留存”，减少重复采集工作量，提升数据的准确性和可用性。

（3）数据共享与协同治理。“社区云”平台还通过数据共享和协同治理，打破了部门之间的信息壁垒。例如，奉贤区金海街道通过“社区云”整合了 13 个市级的信息系统，实现了信息互通。这种数据共享机制不仅提高了社区治理的效率，还为跨部门协同提供了便利。

（4）居民端的可视化互动。除了面向社区管理者的可视化功能，“社区云”平台也为居民提供了直观的信息获取渠道。例如，居民可以通过“社区云”平台查看社区活动通知、报名情况等信息，提升了居民对社区事务的参与度。这种从线下到线上的转变，不仅提高了信息传播的效率，还增强了居民与社区之间的互动性。

5.1.2　社区治理台账记录

“社区云”平台在社区治理台账记录建设方面取得了显著进展，通过数字化手段实现了台账管理的高效化、智能化和精准化，不仅提升了社区工作者的工作效率，还增强了居民的参与感和满意度，为基层治理的数字化转型提供了有力支撑。

（1）台账记录的数字化与精简整合。“社区云”平台通过系统集成和数据共享，显著减轻了社区工作者的台账记录负担。例如，上海市杨浦区通过新版“社区云”平台，将原本分散的 29 个录入项目精简为 10 个，实现了社区业务办理“一键登录”、信息填报“一个入口”、数据核查“一键确认”，将线下繁杂的台账管理整合为线上“一本台账”，极大地提升了工作效率。

（2）数据共享与实时更新。“社区云”平台实现了市、区、街镇三级数据的共享与协同，为社区治理提供了全面、实时的数据支持。例如，上海市杨浦区通过“社区云”平台，为街道提供了400余个数据共享接口，归集了近600张数据库表和2.2亿条数据，实现了市、区两级“一本账”。这种数据共享机制不仅减少了重复录入的工作量，还确保了台账数据的准确性和时效性。

（3）智能化台账管理功能。“社区云”平台引入了智能化功能，如“智能报表”和“一键外呼”，进一步提升了台账管理的效率。例如，上海市杨浦区殷行街道通过“一键外呼”功能，在半小时内就能完成以往需要大半天的通知任务，且无一遗漏。此外，平台还支持动态标签管理，社区工作者可以根据居民需求和特征生成个性化台账，实现精准服务。

（4）台账记录的动态化与可视化。“社区云”平台支持台账记录的动态化管理，社区工作者可以通过移动端实时更新人和房的信息，并结合市区街居四级标签库建立精准画像。同时，平台还提供可视化功能，如“一屏观社区”，社区管理者可以实时查看社区基础信息、工作动态和问题处置情况。

（5）居民参与和互动。“社区云”平台不仅优化了社区内部的台账管理，还通过居民端的互动功能，提升了居民参与社区治理的积极性。例如，上海市长宁区通过“社区云”平台发布社区信息、活动和议题，居民可以通过平台参与讨论、反馈问题，形成了良好的居民与居委会之间、邻里之间的居社互动。又如，虹桥机场新村通过“社区云”平台的“议事厅”功能，实现了社区事务的线上协商，提升了居民的参与度。

（6）基层治理效能的提升。通过“社区云”平台的台账记录功能，社区工作者从烦琐的事务性工作中解脱出来，有更多时间和精力服务居民。例如，上海市杨浦区的社区工作者通过“社区云”平台，将居民需求和问题快速记录并分类处理，提升了社区治理的精准性和效率。

5.1.3 居民—社区工作者互动平台

“社区云”的“居社互动”平台建设取得了显著进展，成为社区治理与居民参与的重要桥梁，不仅提升了居民的参与度和满意度，还为社区工作者提供了高效的工作支持，推动了社区治理的数字化转型[12]。

（1）平台功能与应用。“社区云”平台通过整合多种功能，为居民和社区工作者提供了便捷的互动渠道。平台分为“社区治理端”和“居社互动端”，其中“居社互动端”开通了社区公告、议事厅、身边事、邻里互动等功能。居民可以通过微信扫码实名注册，参与社区事务讨论、提出建议或反馈问题。

（2）信息共享与互动。“居社互动”平台打破了传统线下信息传播的局限，提升了信息传递的效率和覆盖面。例如，奉贤区金海街道通过“社区云”平台发布社区活动通知，居民可以实时查看活动名额、报名情况等信息。此外，平台还支持“邻里敲门”功能，居民无须加微信即可直接沟通，打消了隐私顾虑。

（3）居民参与度提升。“社区云”平台的推广显著提高了居民的参与度和社区事务的透明度。例如，长宁区通过“社区云”平台发布社区信息、议题和活动，居民家庭“上云率”达到 20%，居社互动指数显著提升。虹桥机场新村的“上云率”更是达到了 65%，居民通过平台积极参与社区事务讨论和治理。

（4）社区治理效能提升。“社区云”平台为社区工作者提供了实时掌握社情民意的工具，提升了治理效能。例如，静安区共和新路街道通过“社区云”平台及时发布社区动态，居民可以随时留言反馈问题，社区工作者能够快速响应并解决问题。此外，平台还支持“议事厅”功能，居民可以在线上参与社区事务的协商和决策。

（5）技术与政策支持。为推动“社区云”平台的广泛应用，各地采取了多种措施。例如，徐汇区康健街道通过“楼组长 + 志愿者”模式，线上线下结合推广“社区云”平台，同时为老年人提供手把手指导。长宁区还建立了“社区云工作自治交流群”，为居民提供 24 小时技术与政策指导。

（6）未来发展方向。“社区云”平台将继续深化数字化赋能，推动社区治理的精细化和智能化。未来，平台将进一步优化功能，提升用户体验，吸引更多居民参与社区事务，实现“实战中管用、基层干部爱用、群众感到受用”的目标。

5.2　数字化技术平台推广应用存在的主要问题

5.2.1　基础数据库标签不标准、数据不权威、系统不协同

1. 基础数据库标签不标准

目前，“社区云”平台的基础数据库标签缺乏统一标准[13]，导致数据采集和管理存在诸多困难。不同部门和系统对数据字段的命名、定义和取值范围不一致，例如“同名不同义”或“同义不同名”的现象较为普遍。这种不一致不仅增加了数据整理和分析的难度，还导致数据质量参差不齐，难以发挥其在社区治理中的最大价值。

具体表现包括数据字段不一致、数据采集重复、数据更新不及时、数据共享困难等。各部门在数据采集过程中，对相同信息的命名和定义存在差异。例如，人口信息中的“户籍人口”和“常住人口”可能在不同系统中定义不同，导致数据整合时难以匹配。由于缺乏统一标准，多个部门可能重复采集相同数据，不仅增加了基层社区的工作负担，还可能导致数据不一致。部分社区数据更新机制不完善，导致数据时效性差，难以满足社区治理

的实时需求。不同部门的数据系统之间缺乏协同，数据难以共享和整合，制约了社区治理的效率[14]。

这些问题严重影响了“社区云”平台的使用效果。数据质量不高导致社区管理者难以通过平台获取准确信息，影响决策的科学性和及时性。同时，数据采集的重复性和复杂性也增加了基层工作者的负担，降低了工作效率。

2. 数据不权威

“社区云”平台的数据来源多样，但部分数据缺乏权威性。由于数据采集手段较为原始，依赖手工填表和拍照，数据的准确性和时效性难以保证。此外，基层社区缺乏统一的数据库，数据留存困难，导致社区在日常管理和服务中“无数可用”。例如，一些社区在疫情防控等场景中，难以快速获取准确的居民信息[15]。

具体问题表现包括数据来源分散且缺乏权威性、数据采集手段原始、缺乏统一数据库、数据共享和整合困难等。“社区云”平台的数据来源广泛，包括社区走访、手工填表、拍照上传等，这些数据来源缺乏统一标准和权威性。例如，部分社区的数据采集依赖于居民自行填报，导致信息不准确或不完整。目前，许多社区仍依赖手工填表和拍照上传的方式采集数据，这种方式不仅效率低下，还容易出现错误。例如，在新冠疫情防控期间，社区工作人员需要逐户走访登记居民信息，不仅耗时耗力，还容易出现信息遗漏[16]。基层社区普遍缺乏统一的数据库，数据留存和更新机制不完善。这导致社区在日常管理和服务中难以获取准确、及时的数据支持。例如，在重大突发公共卫生事件期间，一些社区因缺乏统一数据管理，无法快速掌握居民健康状况和流动情况。不同部门之间的数据系统缺乏协同，形成“信息孤岛”。社区治理平台与公安、民政等部门的数据未能有效对接，导致社区工作者需要在多个系统中重复录入数据。此外，数据质量不高也影响了社区治理的科学性和精准性，增加了基层工作者的负担。这些问题严重影响了“社区云”平台的使用效果。

3. 系统不协同

“社区云”平台在系统协同方面仍面临诸多挑战。不同部门的信息系统之间存在壁垒，数据难以共享和互通，导致“信息孤岛”现象。

具体表现包括部门壁垒与数据分散、基层治理效率受限、系统协同难度大等。各部门独立建设信息系统，缺乏统一规划和数据共享机制。例如，民政、住建、政法等部门各自为政，导致数据标准不一致，呈现碎片化。这种分散的数据管理模式使得社区工作者需要在多个系统中重复录入和核对数据，增加了工作量。不同系统之间缺乏互联互通，导致业务流程割裂。例如，一些社区的物业管理、政务服务和居民互动等功能分散在不同平台，难以实现信息共享和协同工作[17]。

这些问题严重影响了“社区云”平台的使用效果。一方面，基层工作人员需要在多个系统之间切换，增加了工作负担；另一方面，数据不一致和共享困难导致社区治理的精准性和科学性不足。

4. 其他相关问题

（1）基础设施薄弱。部分社区的基础设施薄弱，缺乏足够的技术支持和资金投入，难以实现“社区云”平台的高效运行。例如，一些老式社区由于网络覆盖不足、设备老化等问题，无法充分发挥“社区云”平台的功能。此外，社区在数字化转型过程中，还需要投入大量资金用于硬件升级和软件维护。

（2）平台功能设计有待完善。平台功能设计不够完善，用户体验不佳，导致居民参与度较低。例如，部分社区居民反映，“社区云”平台的操作界面不够友好，功能模块不够清晰，导致居民使用意愿不强。此外，一些社区的“社区云”平台缺乏针对老年人的适配功能，进一步降低了老年群体的使用率。

（3）居民参与度低。尽管一些社区通过“社区云”平台发布了大量社区信息和活动，但由于平台交互性不强，居民参与度仍显不足。此外，部分社区的“社区云”平台缺乏有效的激励机制，难以吸引居民主动参与社区事务。

5.2.2　应用平台工作量增加、权限不足、卡顿崩溃

1. 应用平台工作量增加

（1）多系统数据填报任务繁重。“社区云”平台的推广使得社区工作人员需要应对多个系统的数据填报任务，重复录入现象严重，导致工作效率低下。例如，上海市在推广“社区云”平台时，曾面临市级部门面向居村的信息系统多达 38 个，社区工作者需要在多个系统中重复录入数据[18]。尽管后续通过整合精简至 15 个系统，但数据填报的复杂性依然存在。

（2）基层治理数据碎片化。各部门之间信息不互通，基础数据库难以共享，导致数据碎片化、标准不一致，许多应用程序无法通过统一的信息平台对基层治理进行支撑。例如，上海市徐汇区的衡复地区老房屋较多，人员情况复杂且流动性大，社区工作者需要花费大量时间和精力进行数据排摸、填写各种表格和核对数据台账，但实际工作效率并不高。

（3）数据更新与维护压力大。社区数据的动态性要求社区工作者频繁更新信息，尤其是在疫情防控等场景中，数据的实时性和准确性至关重要。然而，由于缺乏统一的数据更新机制，社区工作者需要手动核对和更新数据，增加了工作量。

（4）平台功能复杂导致操作难度增加。“社区云”平台虽然功能强大，但部分功能模块的操作复杂，需要社区工作人员花费时间学习和适应。例如，一些社区工作者反映，平台的某些功能模块设计不够人性化，导致操作效率低下。

（5）系统集成不足导致协同困难。“社区云”平台与现有系统的集成不足，导致社区

工作者需要在不同系统之间切换操作，增加了工作负担。这种“信息孤岛”现象不仅增加了基层工作人员的负担，还影响了社区治理的整体效能。

2. 应用平台权限不足

“社区云”平台的权限管理问题较为突出，部分用户在使用过程中会因权限不足而无法完成某些操作。例如，用户角色权限不足可能导致无法访问或操作特定功能模块。此外，部分社区工作人员在使用“社区云”平台时，可能因权限设置错误或资源范围限制，无法访问或操作某些数据。

具体问题表现包括用户角色权限不足、权限设置错误、资源范围限制、临时会话失效等。在“社区云”平台中，不同用户角色被赋予不同的权限，但部分用户可能因角色权限不足而无法访问或操作特定功能模块。例如，社区工作人员可能需要访问某些敏感数据或执行特定操作，但由于角色权限限制，无法完成这些任务。权限管理的核心是确保用户只能访问其工作所需的最小权限范围。然而，在实际操作中，权限设置错误较为常见。例如，管理员可能在分配权限时出现失误，导致用户无法访问所需资源或执行必要操作。部分社区工作人员可能因资源范围限制而无法访问某些数据或使用某些功能。例如，某些权限可能仅适用于特定项目或资源，用户在尝试访问不属于其管辖范围的资源时，会遭遇权限不足的问题。云平台通常对用户的登录会话存在时间限制，若用户的会话失效，可能会出现权限不足的现象。

这些问题不仅影响了用户的使用体验，还可能导致工作效率低下。例如，社区工作人员在处理居民事务时，可能因权限不足而无法快速获取所需信息，影响服务效率。

3. 应用平台卡顿崩溃

“社区云”平台在使用过程中还存在一些卡顿甚至崩溃问题，这些问题严重影响了用户体验。这些问题可能源于平台负载过高、网络不稳定或系统设计缺陷。例如，类似DeepSeek这样的平台，在用户量激增时，会出现服务器压力过大导致的卡顿和崩溃。类似问题也可能出现在“社区云”平台中，尤其是在社区活动高峰期或数据交互频繁时。

具体问题表现包括平台负载过高、网络不稳定、系统设计缺陷等。在用户访问高峰期，如社区活动举办或重要信息发布时，“社区云”平台可能因服务器负载过高而出现卡顿或崩溃。这种情况下，平台响应速度变慢，甚至无法处理用户的请求。部分社区的网络基础设施薄弱，导致网络连接不稳定。用户在使用“社区云”平台时，可能会遇到频繁断线、加载缓慢等问题。平台在设计时可能未充分考虑高并发场景，导致在实际使用中出现性能瓶颈。例如，数据处理效率低下、资源分配不合理等问题都可能导致卡顿。

这些问题不仅影响了用户的使用体验，还可能导致社区工作人员在处理居民事务时效率低下，影响社区治理的整体效能。

5.2.3 居民使用率低、在线互动交流少

“社区云”平台在推广应用过程中，确实存在居民使用率低、在线互动交流少的问题。这些问题不仅影响了平台的推广效果，也制约了社区治理的数字化转型和居民参与度的提升。

1. 居民使用率低

（1）宣传推广不足。部分社区在推广“社区云”平台时，宣传力度不足，导致居民对平台的功能和优势了解有限。例如，一些社区未能充分利用线上线下结合的方式进行宣传，居民对平台的认知度和使用意愿较低。

（2）平台功能设计不够友好。“社区云”平台的功能模块设计不够友好，操作复杂，尤其是对老年群体不够友好。例如，部分平台未充分考虑老年群体的使用习惯，操作界面不够简洁，导致老年居民难以快速上手。此外，平台功能模块的用户体验和易用性仍有待提升。

（3）缺乏激励机制。平台缺乏吸引居民主动参与的激励机制，居民对平台的依赖感和信任感不足。例如，部分社区未能通过积分奖励、荣誉表彰等方式激励居民参与社区活动，导致居民参与度较低。

（4）互动功能不足。平台的互动功能不够丰富，未能充分满足居民的多样化需求。例如，部分社区的“社区云”平台仅限于信息发布，缺乏邻里互动、社区留言、议事等功能，导致居民参与度不高。

2. 在线互动交流少

（1）互动功能不够丰富。“社区云”平台的互动功能设计较为单一，未能充分满足居民的多样化需求。例如，部分平台仅限于信息发布和简单的留言功能，缺乏邻里互动、在线议事、问卷调查等多样化的互动模块。这种功能设计的不足导致居民参与度较低，难以形成良好的社区互动氛围。

（2）信息更新不及时。部分社区未能及时更新平台上的信息，导致居民对平台的活跃度和关注度降低。例如，一些社区的“社区云”平台存在信息更新滞后的问题，居民无法及时获取最新的社区动态和通知公告。这种现象不仅影响了居民对平台的使用体验感，也削弱了平台作为社区治理工具的有效性。

（3）社区工作者引导不足。社区工作者未能充分引导居民参与线上互动，缺乏有效地组织和动员。例如，部分社区工作人员对“社区云”平台的操作不够熟练，无法有效利用平台功能组织居民参与社区事务。此外，一些社区缺乏系统的培训和宣传，导致居民对平台的知晓度和使用意愿较低。

5.3 基于数字化技术平台提升社会治理韧性的对策建议

5.3.1 建立基础数据库的动态标准化更新机制

1. 明确“社区云”的主平台作用

“社区云”作为基层治理的核心平台，应充分发挥其在数据整合、信息共享和社区互动中的关键作用。通过明确其在社区治理中的主导地位，可以更好地推动多部门信息系统的融合，提升社区治理的整体效能[19]。

（1）数据整合。打破“信息孤岛”，实现数据互联互通。“社区云”平台通过整合社区内各类数据资源，打破不同部门之间的信息壁垒，实现数据的互联互通。例如，社区可以将人口信息、房屋信息、公共服务信息等整合到一个统一的数据库中，避免数据重复采集和多头管理。这种整合不仅减少了基层工作人员的重复劳动，还提高了数据的准确性和时效性。通过数据整合，“社区云”能够为社区治理提供全面、精准的数据支持，为科学决策提供依据。

（2）信息共享。提升治理协同性，优化资源配置。“社区云”平台通过信息共享机制，实现了社区内部各部门之间以及社区与外部机构之间的高效协同。例如，社区工作人员可以通过平台实时查看居民的需求和反馈，及时协调相关部门解决问题；社区与公安、民政、卫生等部门也可以通过平台共享数据，实现资源的优化配置。在疫情防控等应急场景中，“社区云”平台能够快速整合各方资源，提升应急响应速度和治理效能。

（3）社区互动。增强居民参与感，提升社区凝聚力。“社区云”平台的“议事厅”功能可以让居民在线上讨论社区事务、提出建议；“邻里互动”功能则促进了居民之间的交流和互助。通过这些互动功能，“社区云”不仅提升了居民对社区的认同感，还增强了社区的凝聚力和自治能力。

（4）推动多部门信息系统融合。明确“社区云”在社区治理中的主导地位，有助于推动多部门信息系统的融合。例如，通过建立统一的数据标准和接口规范，“社区云”可以与公安部门的人口管理系统、民政部门的社会救助系统、卫生部门的健康管理系统等实现无缝对接。这种融合不仅减少了数据冗余和重复录入，还提升了跨部门协同治理的效率。

（5）提升社区治理整体效能。通过数据整合、信息共享和社区互动，“社区云”平台能够全面提升社区治理的整体效能。例如，在日常管理中，社区工作人员可以通过平台快速获取居民需求，及时响应和处理问题；在社区活动中，平台可以通过精准推送和在线报名功能，提高居民的参与度。此外，“社区云”平台还可以通过数据分析功能，为社区治理提供决策支持，实现从经验治理向科学治理的转变。

（6）实现社区治理的精细化和智能化。“社区云”平台通过对居民需求的精准分析，社区可以提供个性化的服务；通过对社区设施的实时监测，平台可以及时发现和解决问题。这种精细化和智能化的治理模式，不仅提升了居民的生活质量，还增强了社区治理的韧性和适应性。

（7）促进社区治理的可持续发展。“社区云”平台的推广应用，为社区治理的可持续发展提供了有力支持。通过数据整合和信息共享，社区可以更好地利用有限的资源，实现高效治理；通过社区互动，居民可以积极参与社区事务，形成共建共治共享的良好局面。这种可持续发展的治理模式，不仅提升了社区的治理效能，还为社区的长期发展奠定了坚实基础。

2. 建立动态标准化更新机制

社区基础数据库的动态更新是提升治理韧性的重要保障。在数字化时代，社区治理的精细化和智能化依赖于准确、实时的数据支持。通过动态更新机制，社区能够及时掌握居民需求、资源分布和潜在风险，从而作出科学合理的决策，增强社区应对突发事件和日常管理的能力，提升社区服务的精准性和治理的智能化水平，为社区的可持续发展奠定坚实基础。

（1）利用物联网、5G 等技术实现数据实时对接。随着物联网和 5G 技术的快速发展，社区可以借助这些先进技术，将小区门禁、车辆登记、环境监测等实时数据与社区基础数据库无缝对接。例如，通过安装智能门禁系统，社区可以实时记录居民的出入信息；利用车辆识别系统，可以动态掌握小区内车辆的停放和流动情况。这些实时数据的接入，不仅确保了数据库信息的时效性，还为社区治理提供了精准的数据支持。

（2）标签化处理人口数据，实现精准服务。社区治理的核心是服务居民，而精准服务的前提是了解居民的需求和特征。通过对社区人口数据进行标签化处理，社区可以将居民按照年龄、职业、健康状况、政策需求等维度进行分类。例如，为老年人打上“养老服务需求”标签，为残疾人打上“无障碍设施需求”标签。这种标签化管理能够实现从“人找政策”到“政策找人”的转变，让社区服务更加精准、高效，同时也提升了治理的智能化水平。

（3）结合日常走访和居民申报，确保数据动态性和完整性。社区基础数据库的动态更新不仅依赖于技术手段，还需要社区工作人员和居民的共同参与。社区工作人员应结合日常走访，及时发现和记录居民信息的变化，如新入住居民、房屋出租情况等。同时，鼓励居民通过“社区云”平台主动申报个人信息变更，如联系方式更新、家庭成员变化等。通过线上线下相结合的方式，定期核查和更新数据库信息，确保数据的动态性和完整性。

（4）提升社区治理的韧性和智能化水平。动态更新的社区基础数据库为社区治理提供了坚实的数据支撑。在日常管理中，社区可以通过数据分析及时发现潜在问题，提前采取措施；在突发事件应对中，社区可以快速调用实时数据，精准调配资源，提升应急响应能力。例如，在疫情防控期间，社区可以通过动态数据库快速掌握居民健康码状态、核酸检测记录等信息，实现精准防控。

（5）增强居民对社区治理的参与感和信任感。通过动态更新数据库，社区能够更好地了解居民需求，提供针对性的服务。这种精准服务不仅提升了居民的生活质量，还增强了居民对社区治理的参与感和信任感。例如，社区可以通过“社区云”平台定期发布数据更新进展和治理成果，让居民感受到社区治理的透明性和高效性。

3. 强化数字技术赋能

利用大数据和人工智能技术，对社区风险进行实时监测和预警，提前发现潜在问题，是提升社区治理韧性的重要手段。结合线下走访和线上平台，实现社区治理的双线联动，能够进一步提升社区治理的效率和精准性。

（1）大数据与人工智能助力社区风险监测。通过大数据和人工智能技术，社区可以实现对各类风险的实时监测和预警。例如，利用视频监控和图像识别技术，系统可以快速识别火灾、异常人员进入等安全隐患，并实时触发预警。这种技术的应用不仅提高了社区的安全性，还减少了对人力的依赖，提升了应急响应速度。同时，借助深度学习和知识图谱技术，社区可以构建风险动态评估模型，实现从“被动响应”到“主动治理”的转变。例如，通过分析社区人口结构、环境状况和居民行为等数据，系统可以预测潜在风险并提前采取措施。

此外，大数据和人工智能技术还可以实现社区设备设施的智能感知和精准服务。例如，通过物联网设备实时监测社区内的水电设施、电梯运行状态等，及时发现并处理异常情况。

（2）双线联动：线上平台与线下走访的结合。社区可以通过“社区云”平台及时发布社区动态、活动预告和通知公告，引导居民参与社区事务。例如，杨浦区公交新村通过“社区云”发布居民关心的议题，如社区花园设计、加装电梯等，广泛征集居民意见，并将其融入项目实施中。社区工作人员可结合“四百”大走访，深入社区了解居民需求，同时更新“社区云”平台中的居民信息。这种线上线下结合的方式，不仅提升了社区治理的精准性，还增强了居民对社区事务的参与感。

线上平台的即时反馈与线下社区工作人员的快速响应相结合，能够形成高效的“双线联动”模式。例如，居民通过“社区云”反映问题后，社区工作人员可以迅速响应并协调解决，提升居民的满意度。

4. 提升居民参与度

（1）利用“社区云”的功能模块组织居民参与。“社区云”平台提供了丰富的功能模块，如“议事厅”和“问卷调查”，为居民参与社区事务提供了便捷渠道。例如，虹桥机场新村通过“议事厅”功能，组织居民讨论精品小区改造中的停车位问题，激发了居民的参与热情。此外，公交新村居民区利用“问卷调查”功能，广泛征集居民对社区花园设计的意见，并将这些建议融入项目全阶段，彰显了全过程人民民主。

（2）通过积分奖励和荣誉表彰激励居民。为了进一步提升居民的参与度，社区可以引入积分奖励和荣誉表彰机制。例如，居民通过参与社区活动、线上互动或提出建设性意见，可以获得积分，积分可兑换社区服务或礼品。这种激励机制不仅能增强居民的获得感，还能提升他们对社区事务的关注度和参与度。

（3）提供个性化服务，增强居民依赖感。借助标签化管理和数据分析，“社区云”平台能够为居民提供个性化服务。例如，社区可以通过分析居民的年龄、需求等标签，精准推送相关信息和服务。公交新村居民区通过“社区云”平台，为老年人提供适老化服务，同时为上班族推送社区活动信息，满足不同群体的需求。这种精准服务不仅提升了居民的满意度，还增强了他们对平台的依赖感。

（4）线上线下联动，增强居民参与感。社区通过“社区云”平台及时发布社区动态，引导居民参与社区事务，同时结合线下走访，形成线上线下联动的治理模式。例如，公交新村居民区通过“社区云”发布加装电梯、社区花园改造等重要议题，并结合线下走访，深入了解居民需求，进一步增强了居民的参与感。

5. 加强协同治理

通过“社区云”平台，社区能够实现多方协同治理，汇聚社区达人和志愿者资源，形成“云中智囊团”，为社区治理提供多元支持。这种创新的治理模式不仅能够提升社区治理的效能，还能增强居民的获得感和幸福感。

（1）加强社区与各部门的数据共享和业务协同。“社区云”平台为社区与公安、民政等部门提供了高效的数据共享和业务协同机制。例如，金海街道通过“社区云”平台整合了 13 个市级信息系统，实现了信息互通，有效解决了信息不互通、基础数据库难共享的问题。社区工作人员可以借助平台快速审核居民信息，利用市公安系统提供的市民库信息，大幅提升工作效率和核准率。这种数据共享机制不仅减少了重复填报现象，还为社区治理提供了精准的数据支持[20]。

（2）实现数据互联互通。“社区云”平台通过整合多部门数据，打破传统的“信息孤岛”。例如，长宁区程家桥街道通过“社区云”平台，实现了社区治理的“上通下联”，将原本分散的信息资源进行集成，提升了社区治理的精细化和数字化水平。这种数据整合不仅提升了社区治理的效率，还为居民提供了更加便捷的服务。

（3）挖掘社区达人和志愿者资源，形成“云中智囊团”。“社区云”平台不仅是信息共享的工具，更是社区治理的“智慧库”。通过平台，社区能够广泛挖掘活跃在线上的社区达人和志愿者资源，形成“云中智囊团”。例如，程家桥街道在生境花园建设中，通过“社区云”平台发布花园设计初步方案，广泛征集居民意见，招募志愿者队伍，发现小区里的园艺、设计等领域的达人。这些达人和志愿者不仅为社区治理提供了专业支持，还增强了居民的参与感和归属感。

（4）将优秀建议转化为实际项目，推动社区自治。“社区云”平台为居民提供了表达意见的渠道，社区通过平台广泛收集居民的“金点子”，并将其转化为实际治理项目。例如，虹桥机场居民区通过“社区云”登记了近千条民情记录，将优秀建议转化为街道的“自治金”项目。这种从“民意征集”到“项目落地”的模式，不仅提升了居民的参与热情，还推动了社区的共建共治共享。

（5）实现社区治理的双线联动。“社区云”平台通过线上线下结合的方式，实现了社区治理的双线联动。例如，程家桥街道将线下走访与线上平台相结合，通过微网格、楼组为单元划分居民区干部包联区域，重点走访特殊对象和重点人群，同时利用“社区云”平台发布社区动态，引导居民参与社区事务。这种线上线下联动的模式，不仅提升了社区治理的效率，还增强了居民对社区事务的关注度和参与度。

5.3.2 提升居村干部使用数字化技术平台的便捷度

1. 明确“社区云”在基层治理中的主平台作用

明确“社区云”在基层治理中的主平台作用，是推动社区治理数字化转型的关键举措。通过整合资源、优化功能和提升服务，“社区云”平台能够为社区治理提供全方位支持，显著提升治理效能和服务质量。

（1）作为基层治理的核心枢纽。“社区云”平台作为基层治理的主平台，承担着整合社区各类资源、优化治理流程和提升服务效率的重要使命。例如，上海市杨浦区通过“社区云”平台，将原本分散的29个录入项目精简为10个，实现了社区业务办理的“一键登录”、信息填报的“一个入口”和数据核查的“一键确认”，极大地减轻了社区干部的工作负担。

（2）提升治理效能和服务质量。“社区云”平台通过数字化赋能，显著提升了基层治理的效能和服务质量。例如，杨浦区的“社区云”平台实现了市、区两级数据的协同共享，通过400余个数据共享接口和2.2亿条数据的归集，为基层治理提供了精准的数据支持。此外，平台还通过“智能报表”功能，将线下繁杂的台账整合为线上“一本台账”，提升了数据管理的精准性和效率。

（3）促进居民参与和社区互动。“社区云”平台通过丰富的功能模块，如“社区动态”“议事厅”“问卷调查”等，为居民提供了便捷的参与渠道，增强了社区互动和居民参与感。例如，虹桥机场居民区通过“社区云”平台的“议事厅”功能，广泛征集居民对社区停车位规划的意见，最终形成了多方认可的解决方案。此外，平台还通过“随手拍”功能，鼓励居民随时反馈社区问题，形成了良好的互动氛围。

（4）推动基层治理的精细化和智能化。“社区云”平台通过数据驱动的方式，实现了社区治理的精细化和智能化。例如，上海市杨浦区通过“社区云”平台的“人房管理”模块，将 47 万余间房屋和 119 万余居民纳入管理，排摸准确率提升至 95%。这种精细化管理不仅提升了社区服务的精准性，还增强了社区治理的韧性。

（5）增强社区干部的服务能力。“社区云”平台通过优化功能模块，为社区干部提供了更高效的工作支持。例如，利用“社区云”平台的“一键外呼”功能，能够让社区干部在半小时内完成之前需要大半天才能完成的通知任务。这种高效的工作支持不仅减轻了社区干部的负担，还提升了他们的工作满意度。

（6）实现基层治理的减负增效。“社区云”平台通过系统集成和数据共享，显著减少了社区干部的事务性工作，提升了工作效率。例如，上海市崇明区通过“社区云”平台，将社区公告、物业公告、社区资讯等内容整合到一个平台上，居民可以随时获取最新的社区动态，社区干部也可以通过平台及时回应居民需求。

（7）推动全过程人民民主实践。“社区云”平台通过数字化手段，推动了全过程人民民主在社区治理中的实践。例如，上海市静安区共和新路街道通过“社区云”平台，实现了居民对社区事务的全程参与和监督，形成了“线上互动、线下响应”的“双向奔赴”模式。这种模式不仅增强了居民的参与感，还提升了社区治理的透明度和公信力。

2. 优化平台功能模块，提升使用便捷度

减少用户的操作步骤，确保用户能够快速完成目标任务。例如，通过引入社交账号登录、自动填充等方式，简化注册流程，降低用户的学习成本。同时，提供清晰的指示和反馈，让用户了解他们的操作状态，根据用户习惯使用常见的交互模式，降低学习成本。同时，设计简洁、美观的界面，提升用户的视觉体验和使用便捷性。使用一致的设计语言，同时考虑不同设备和屏幕尺寸的适应性，确保在各种设备上都能良好显示。此外，合理的色彩运用和字体选择可以提升视觉美感，帮助传达功能信息。

优化代码结构，减少不必要的计算和渲染，使用内容分发网络（Content Delivery Network，CDN）来加速资源的加载。例如，通过“图片懒加载技术”，减少页面加载时的资源请求，提升页面加载速度。基于用户的历史行为和偏好，引入新兴技术，如人工智能和机器学习，以提供更智能的服务。例如，通过智能推荐算法，根据用户的行为和偏好，为用户提供个性化的服务和内容。这种个性化推荐不仅能增加用户的黏性，还能提高用户的参与度和满意度。通过数据分析工具，深入了解用户行为、习惯和偏好，为优化平台功能提供数据支持。同时，积极收集用户反馈，对平台的功能、界面、体验等方面进行优化和改进。根据用户需求和市场变化，不断更新平台的功能和内容，保持其竞争力和吸引力。

此外，当用户遇到问题或提出建议时，应及时予以回应，并根据具体情况给出解决方案。此外，通过社交媒体平台收集用户反馈，以此作为改进工作的参考依据。

3. 提升居村干部的数字化能力

（1）加强培训与学习。通过举办培训讲座、交流学习活动，提升居村干部对“社区云”平台的操作能力。采取“年轻干部带老年干部”的方式，帮助老年干部快速掌握数字平台的操作技能。邀请技术专家或平台开发团队，为居村干部提供一对一的指导，确保他们能够熟练使用平台的各项功能。

（2）优化平台功能与用户体验。优化“社区云”平台的界面设计，减少操作步骤，降低居村干部的学习成本。根据居村干部的实际需求，优化平台功能，如增加智能提醒、数据可视化等功能，提升工作效率。针对老年群体的需求，对平台进行适老化改造，降低使用门槛。

（3）强化实践与应用。通过分享“社区云”平台在其他社区的成功应用案例，如闵行区江川路街道河东小区的全过程人民民主实践，帮助居村干部理解平台的实际应用价值。开展模拟演练，让居村干部在实际操作中熟悉平台功能，提升应对复杂问题的能力。鼓励居村干部在日常工作中主动使用“社区云”平台，通过解决实际问题提升数字化能力。

（4）建立长效机制。鼓励居村干部通过在线课程、学习社区等方式，持续提升数字化能力。建立反馈机制，及时收集居村干部在使用平台过程中的问题和建议，持续优化平台功能。同时，通过政策引导和资源倾斜，为居村干部的数字化能力提升提供保障。

4. 利用数据赋能，实现精准服务

（1）实现精准服务。数据赋能不仅提升了居村干部的工作效率，还为社区治理提供了精准服务的能力。例如，上海市通过“社区云”平台，建立了覆盖市、区、街镇、居村四级的“基层专属数据库”，实现了“一镇一档”“一村一档”。这种数据共享机制让居村干部能够快速查询和使用相关数据，实现精准服务。

在具体实践中，杨浦区控江路街道通过“社区云”平台，对高龄老人、残疾人等重点人群进行数据标签化管理，定期宣传健康、安全等知识，实现了对特殊人群的精准服务。这种精准服务不仅提升了居民的生活质量，还增强了社区的凝聚力和幸福感。

（2）优化平台功能，提升用户体验。为了进一步提升居村干部的使用体验，“社区云”平台不断优化功能模块。例如，静安区共和新路街道通过“社区云”平台，实现了居民问题的即时反馈和快速响应。社区干部可以通过平台及时处理居民上报的问题，形成线上线下的“双向奔赴”模式。

此外，平台还通过“应用超市”板块，整合了多种特色应用，如业委会电子投票、社区救助顾问、物业报修等，为居村干部提供了丰富的工具支持。这些功能模块不仅提升了居村干部的工作效率，还增强了居民的参与感和满意度。

5.3.3 培养社区居民使用数字化技术平台的习惯

培养社区居民使用“社区云”的习惯需要多方面的努力。通过加强宣传推广、简化平台操作流程、提供培训与指导、丰富平台功能与内容、建立激励机制、强化社区工作者的引导作用、持续优化平台体验以及案例分享与示范带动，可以有效提升居民对“社区云”

平台的使用率和参与度，推动社区治理的数字化转型和居民自治的良性发展。

通过线上线下结合的方式，广泛宣传“社区云”平台的功能和优势。线上可以通过社区公众号、微信群、短视频等方式发布平台使用教程和成功案例；线下可以利用社区公告栏、宣传手册、社区活动等形式进行推广。可结合社区活动，引导居民注册和使用“社区云”平台。例如，在社区文化节、健康讲座等活动中，设置“社区云”注册和使用指导环节，让居民在活动中体验平台的便利性。

同时，确保“社区云”平台的界面简洁、友好，操作流程直观易懂。减少复杂的菜单和步骤，提供清晰的指引和提示，帮助居民快速上手。针对老年群体，优化平台的字体大小、按钮设计和操作流程，提供语音输入、语音播报等功能，降低使用门槛。组织社区工作人员和志愿者，定期开展“社区云”平台使用培训。培训内容可以包括平台功能介绍、操作流程演示、常见问题解答等。针对老年居民或数字技术能力较弱的群体，提供一对一的上门指导服务，帮助他们快速掌握平台的使用方法。社区工作者在日常工作中，应主动引导居民使用“社区云”平台。例如，在社区走访时，向居民介绍平台的功能和使用方法；在处理居民问题时，通过平台进行反馈和沟通。社区工作者可以通过组织社区活动、志愿者服务等方式，动员居民积极参与“社区云”平台的使用。

此外，定期收集居民对“社区云”平台的使用反馈，了解居民的需求和建议，及时优化平台的功能和内容。根据居民反馈和社区治理需求，定期更新“社区云”平台的功能和服务，提升平台的实用性和吸引力。通过社区公众号、宣传栏等方式，分享“社区云”平台在其他社区的成功应用案例，让居民了解平台的实际价值和便利性。挖掘社区内的“云达人”，通过他们的示范作用，带动更多的居民使用“社区云”平台。例如，邀请“云达人”分享使用经验，举办线上线下的交流活动等。

本章以“社区云”为例，围绕“社区云”平台在基层社区韧性建设中的应用及其面临的挑战展开研究，深入分析了“社区云”在提升社区治理效能、增强社区韧性方面的实践成果与现存问题，并提出了针对性的对策建议。

“社区云”作为新兴的数字化技术平台，通过整合云计算、大数据和物联网等技术，为社区韧性建设提供了全新的思路和手段。它不仅打破了传统社区管理中“信息孤岛”和资源分散的困境，还通过优化信息流通机制，提升了居民参与度和社区凝聚力，显著增强了社区的自我恢复能力和适应能力。在城市技术韧性的体现上，通过资源整合、高效的信息系统和智能化服务，“社区云”提升了社区在面对内外部冲击时的应急响应能力和可持续发展能力。

“社区云”平台的推广与应用经历了从早期探索到深化应用的多个阶段，逐渐成为社区治理的重要工具。通过整合社区内的各类资源，“社区云”实现了资源的高效配置和协同利用，提升了社区治理的效率和精准度。同时，平台通过数据共享和协同治理机制，打破了部门之间的信息壁垒，为社区治理提供了全面、实时的数据支持。此外，"社区云"还通过智能化工具和场景应用，如电子投票、物业报修、津贴提醒等，提升了居民生活的便利性。

尽管"社区云"在社区治理中取得了显著成效，但在推广应用过程中仍面临诸多挑战。首先，基础数据库标签不标准、数据不权威、系统不协同等问题，严重影响了平台的使用效果和推广效率。其次，应用平台存在工作量增加、权限不足、卡顿崩溃等问题，影响了社区工作者的使用体验和工作效率。最后，居民对"社区云"平台的使用率低、在线互动交流少，也制约了社区治理的数字化转型和居民参与度的提升。

为解决"社区云"推广应用中存在的问题，本章提出了应对对策建议。建立基础数据库的动态标准化更新机制。明确"社区云"的主平台作用，推动多部门信息系统的融合，建立动态标准化更新机制，利用物联网和5G技术实现数据实时对接，提升社区治理的韧性和智能化水平。提升居村干部使用"社区云"平台的便捷度。优化平台功能模块，提升使用便捷度；加强居村干部的数字化能力培训，建立长效机制；利用数据赋能，实现精准服务。培养社区居民使用"社区云"的习惯。通过加强宣传推广、简化平台操作流程、提供培训与指导、丰富平台功能与内容、建立激励机制等措施，提升居民对"社区云"平台的使用率和参与度。

"社区云"作为提升社区韧性和治理效能的重要工具，在实践中取得了显著成效，但也面临诸多挑战。通过优化平台功能、提升数据质量、增强居民参与度等措施，可以有效解决现存问题，进一步推动"社区云"在社区治理中的深度应用，为基层社区的可持续发展提供有力支持。未来，"社区云"平台应继续深化数字化赋能，推动社区治理的精细化和智能化，实现"实战中管用、基层干部爱用、群众感到受用"的目标。

参考文献

[1] GUANGJIU X. The operation mechanism and practice path of digital technology embedded in grassroots governance [J]. Social Security and Administration Management，2024，5（3）：23-33.

[2] 煜嘉科技. 智慧社区 [EB/OL]. [2020-02-25]（2025-02-25）. https：//www.eyouok.com/plan/city/city_163.html.

[3] 吕康娟，黄俐，霍伟伟，等. 上海智慧社区发展模式与实施对策 [J]. 科学发展，2017（2）：77-86.

[4] XIANG H，YANG Y，QI X. Intelligent vs. cultural：research on the path to improve the resilience of urban and rural community governance based on the AHP-FCE model [J] . Heliyon，2024，10 (20)：1-13.

[5] 朱勤皓 . “社区云”：社区治理智能化的上海模式 [J] . 中国民政，2021 (4)：40-42.

[6] DENG J. Research on the optimization path of community grid management from the perspective of digital governance：take x street in w city as an example [J] . Academic Journal of Humanities and Social Sciences，2024，7 (2)：222-232.

[7] 四川日报 . 这个小区成为成都首个全面使用电子投票选举业委会小区 [EB/OL] . [2020-11-27] (2025-02-25) . https：//www.cdswszw.gov.cn/gfgz/Detail.aspx? id=16172.

[8] 天秤业委会工作台 . 街道办、社区居委会都在用的小区电子投票工具 [EB/OL] . [2024-06-13] (2025-02-25) . https：//www.sohu.com/a/785554825_121838029.

[9] 王珂园，邓志慧 . 上海市持续深化“社区云”平台建设 着力减轻数字负担赋能基层治理 [EB/OL] . [2024-06-18] (2025-02-25) . http：//zzxszy.people.cn/n1/2024/0618/c458757-40259235.html.

[10] 陶海青，何李宜 . 中国未来社区数字化设施与场景应用 [J]. 新经济导刊，2023(2)：8-22.

[11] 戴辰 . 金海街道创新社区一朵“云”：开启“云”上治理、“云”享生活新模式 [EB/OL] . [2024-01-21] (2025-02-25) . https：//www.thepaper.cn/newsDetail_forward_26089081.

[12] FU X，GHAURI P，LU J. Digital technology and inclusive development during global crisis：evidence from a randomised experiment in Bangladesh [J] . Research Policy，2025，54 (3)：1-23.

[13] 赵欣 . 基层社会治理数字化转型的现状及优化策略 [J] . 湖南社会科学，2022 (5)：80-89.

[14] 中国测绘学会 . 学术交流：以“大数据 + 网格化”助推智慧社区建设 [EB/OL] . [2021-02-03] (2025-02-25) . https：//www.thepaper.cn/newsDetail_forward_11059756.

[15] 张俊 . 上海“社区云”实现基层治理与服务智能化 [EB/OL] . [2020-07-05] (2025-02-25) . https：//www.socialworkweekly.cn/news/17476.html.

[16] 马芸 . 上海：“社区云”实现基层治理与服务智能化 [EB/OL] . [2020-07-04] (2025-02-25) . https：//www.scf.org.cn/csjjh/n3421/n3424/n3876/u1ai267257.html.

[17] 澎湃新闻 . “社会治理一张网”，上海“社区云”平台年内实现居村全覆盖 [EB/OL] . [2020-06-15] (2025-02-25) . https：//news.qq.com/rain/a/20200615A0CTCQ00.

[18] 金台资讯 . 上海市持续深化“社区云”平台建设 着力减轻数字负担赋能基层治理 [EB/OL] . [2024-06-18] (2025-02-25) . https：//news.qq.com/rain/a/20240618A0672200.

[19] 上海市人民政府发展研究中心 . 上海安全韧性城市建设的思路和对策研究 [EB/OL] .

[2022-08-08](2025-02-25). https://www.fzzx.sh.gov.cn/zdkt_2021/20220808/731d5d900c4846e5beeef099f9320d77.html.

[20] OLVERA G R，PLAGENS C，ELLISON S，et al. Community-engaged data science (CEDS): a case study of working with communities to use data to inform change [J]. Journal of Community Health，2024，49 (6): 1062-1072.

第 6 章

制度韧性："购－产－储－运－收"一体化的应急物资保障体系构建

2022 年 10 月 16 日，习近平总书记在中国共产党第二十次全国代表大会上的报告中指出，要"提高防灾减灾救灾和重大突发公共事件处置保障能力"。2024 年 3 月 18 日，上海市卫生健康委员会印发的《2024 年上海市卫生应急管理工作要点》，明确指出了做好医疗应急物资准备对于组织开展突发公共事件应急救援的重要性。《中华人民共和国突发事件应对法》指出"建立健全应急物资储备保障制度"，强调要"动态更新应急物资储备品种目录，并完善重要应急物资的监管、生产、采购、储备、调拨和紧急配送体系"。2024 年 7 月 18 日，中国共产党第二十届中央委员会第三次全体会议通过的《中共中央关于进一步全面深化改革、推进中国式现代化的决定》（以下简称"党的二十届三中全会决定"），提出要"完善重点领域安全保障体系""健全重大突发公共事件处置保障体系"。2024 年 8 月 1 日，中共上海市委关于贯彻落实党的二十届三中全会精神《进一步全面深化改革、在推进中国式现代化中充分发挥龙头带动和示范引领作用的决定》（以下简称"十二届市委五次全会决定"）指出，要"完善城市运行保障和应急管理体系""健全'平急两用'公共基础设施建设运营机制"。在应对突发公共事件时，一个高效、可靠、富有韧性的应急物资保障体系，对于控制灾害蔓延、救治患者、保护医护人员，以及维护社会稳定都至关重要。

本章以近年来我国应对的重大突发公共卫生事件为例，深入分析国内外应急物资保障体系的建设现状、研究进展及存在的问题，进而提出"购－产－储－运－收"一体化的应急物资保障体系构建方案，旨在提升我国在面对重大突发事件时的应急响应能力和物资保障水平。首先，梳理我国应急物资保障体系的发展历程和现状，揭示现有体系在实物储备、产能储备、资金储备、信息化建设和物流机制等方面的不足。其次，将我国与国外发达国家的应急物资保障体系进行比较分析，从中汲取经验教训，指出了应急物资需求量与事件等级匹配失衡、物资规格型号明确性较差、配置清单更新滞后和体系灵活性欠佳等方面的问题。针对这些问题，创新性地提出"购－产－储－运－收"一体化应急物资保障体系构建方案，详细阐述了采购、生产、储备、运输和回收等各个环节的具体措施和保障机制，强调了信息化、智能化管理在提升应急物资保障效率中的关键作用。期望本方案能为我国应急物资保障体系的建设提供理论支持和实践指导，同时也为全球应急物资管理领域贡献中国智慧和方案。

6.1 国内应急物资保障体系建设与研究现状

6.1.1 体系建设现状

我国的公共卫生社会治理是在中国共产党的领导下，由政府组织调动社会各方主体参与的公共卫生治理活动。自 1997 年起，在中央统一部署下，我国建立了中央与地方两级医药储备制度，基本形成地方储备负责供给、中央储备补充的储备模式，并颁布了一系列政策确保应急状态下储备制度的有效实施。2003 年“非典”疫情之后，我国逐步建立了以“一案三制”为核心的应急管理体系，并相继发布了《突发公共卫生事件应急条例》《国家突发公共卫生事件应急预案》《国家突发公共卫生事件医疗卫生救援应急预案》等制度条例，进一步完善了我国应急医疗储备和供应体系。2020 年的新冠疫情是自 1918 年大流感以来全球最严重的传染病大流行，其复杂性艰巨性前所未有，对全球社会经济造成空前冲击，对我国应急医疗物资保障体系形成了巨大的挑战，对人口密集的超大型城市的威胁更是巨大。现有的应急医疗物资保障体系已经难以应对重大突发公共卫生事件。2021 年，多部门联合发布《国家医药储备管理办法（2021 年修订）》，及时对应急医疗物资保障工作进行调整补充。目前，我国应急医疗物资储备以实物储备为主，政府机构作为医疗物资的储备主要主体，与社会组织和企业之间的合作不密切。政府部门没有制定激励政策，使得社会组织和企业对参与物资储备积极性不高。在产能储备方面，存在技术人员专业性不强、人员管理松散和生产线设备老化等问题，造成应急状态下无法及时增产和转产。在资金储备方面，国家虽然向各地下拨医疗储备资金并要求地方也应有一定量的医疗储备资金，明确专款专用的原则，但是大部分资金都会用于购买医疗物资进行实物储存。同时，存在医疗物资保障信息化建设水平不足、应急物流机制不完善、物资调度不通畅等问题[1, 2]，使应急医疗物资保障无法在重大突发公共卫生事件下充分发挥作用。有学者从基本内涵、基本框架、运行机制三个方面提出了“平疫结合”的医疗物资储备体系构建方案（图 6–1）。

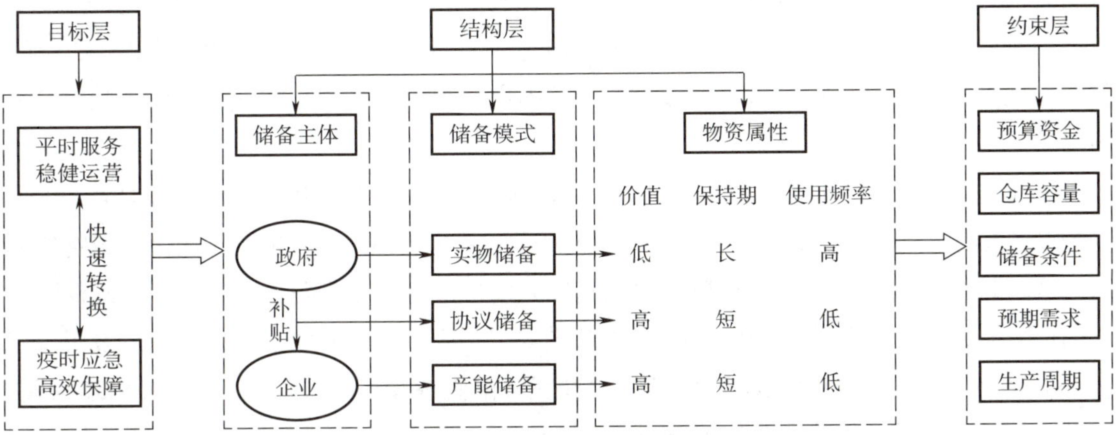

图6-1 "平疫结合"的医疗物资储备体系基本框架[3]

6.1.2 储备研究

我国大多数有关应急医疗物资保障的研究都没有考虑基层社区应急医疗保障系统的建设，相关研究都聚焦在市级或以上层面，导致社区医疗物资保障能力普遍薄弱。大多数基层政府和社区卫生服务中心应急医疗物资储备种类较少，基层政府则以食品类储备为主。日照市某社区同时也通过药店、红十字会等机构募集到了医疗物资，帮助居民代购，努力保障居民的基本需求，为未来社区应急医疗物资保障积累了许多工作经验[4]。李宇环等[5]指出，应急物资保障的基础是从国家战略出发，加强医用应急物资的储备和协调管理，将政府各应急条线和碎片化职能进行整合，确保供应链环节的畅通和制度的精细化设计与执行。门红等[6]建立了多情景生产安全事故下的企业应急物资实物储备场所和协议储备企业选址的协调优化模型，提出了企业应急物资的储备体系，可降低企业自身应对突发生产安全事故的物资储备成本。王之乐等[7]基于事前、事中、事后三个环节，将地震的应急管理全过程分成七个阶段，对应急物资需求进行了相应的分类。黄鑫等[8]认为要充分利用信息化手段建立健全我国的应急物资保障系统，完善应急物资保障信息系统标准化体系，并支持我国应急物资保障信息系统科研支撑能力建设。曾耀[9]认为应合理利用先进的信息技术，将单一的物资储备模式转化为多元化物资储备模式。李怡文等[10]参考国家发展和改革委员会编制的目录，建立了医疗物资准备目录和符合地震特色的药品保障目录。

6.1.3 物资配送研究

郁秀峰[11]指出，因疫情种类的差异导致对相关应急物资的需求和要求不同，医用应急物资应以疫情类别针对性进行科学储备和有效管理，疫情一旦发生应首先进行流行病学分析，再对医用应急物资进行针对性管理调配，确保物资和疫情防控相匹配，提升应急管理的效能。张丽娜等[12]从疫情中公共卫生应急物资的典型问题——医用口罩需求入手，探讨由此产生的公共机构危机应对和治理，并提出完善信息传播、加强协调保障和监管等策略。

王延川[13]将区块链嵌入供应链系统，利用区块链算法实现链下链上信息沟通，促使应急物资信息公开透明、真实、完整、共享和可追溯。吴昌[14]认为，要优化区域物资储备布局，按照轻重缓急、物资缺口程度及就近原则科学合理分配防控应急物资，确保物资“用在刀刃上”“用对地方”“用到位”。冯玮麟等[15]基于价值链理论视角，从决策层、管理层和运行层三个维度建立应急物资保障管理价值链模型（图 6-2），提出要构建采购、储备、运输、配送一体化应急保障体系。

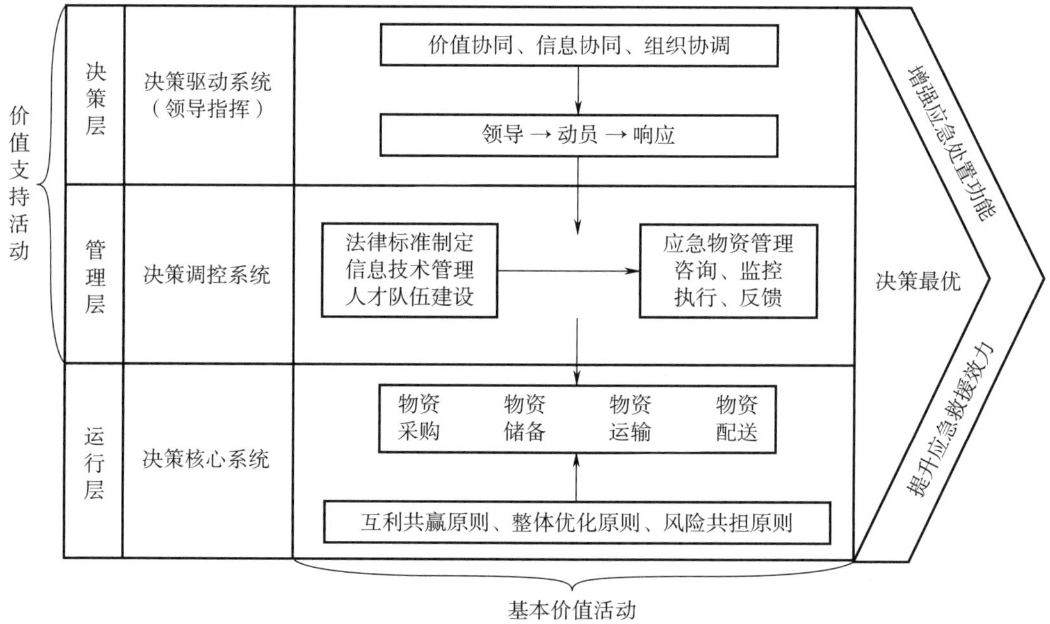

图 6-2　应急物资保障管理价值链及决策机制[15]

6.2　国外应急物资保障体系建设与研究现状

6.2.1　体系建设现状

国外发达国家在应急医疗物资保障体系建设方面起步较早，美国、澳大利亚、加拿大等国都已有较为完善的应急医疗物资保障体系[16]。美国的国家战略储备计划于 2003 年建立，从物资、信息、物流等全方位保障、快速响应，这个计划的前身只对药品和疫苗进行储备，以应对潜在的生物、化学和传染病威胁。澳大利亚的国家医疗储备计划建立于 2002 年，为各州和地方进行药品和防护装备的补充。加拿大的医疗物资储备计划发展最早，1952 年加拿大政府授权国家卫生部储备基本卫生用品，随后逐渐发展完善形成国家紧急战略储备。中国、美国、澳大利亚、加拿大四国应急医疗物资保障体系比较见表 6–1。

表 6–1　中国、美国、澳大利亚、加拿大四国应急医疗物资保障体系比较

国家	储备制度	支持政策	主要运行模式	新冠疫情防控期间暴露问题
中国	中央—地方	《国家医药储备管理办法（2021 年修订）》《突发公共卫生事件应急条例》《卫生应急队伍装备参考目录（试行）》	地方储备负责供应，中央储备补充供应	储备目录和标准已多年未更新，储备形式单一
美国	国家—州—地方	国家战略储备（Strategic National Stockpile，SNS）	储存在美国 12 个地点，12 小时紧急配送，由特定供应商或卫生部管理储存；州和地方政府可直接向上申请国家战略储备物资	储备量不足，无应急采购措施，各州自行采购十分混乱，各地物资分配也不均衡
澳大利亚	国家—州—地方	国家医疗储备（National Medical Stockpile，NMS）	物资存储在物流公司中，库存的确切位置和内容均保密。所有管辖区都有独立于国家管理系统的药品和防护设备库存，以求快速响应	储备量不足，应急医疗物资轮换和更新制度没有得到有效落实
加拿大	国家—省—地区	国家紧急战略储备（National Emergency Strategic Stockpile，NESS）	全国境内设有 11 个战略仓库和 1 300 个预置仓库，可以 24 小时内配送至全国各地	应急医疗物资轮换和更新制度没有得到有效落实

为了避免出现灾后混乱的局面，2015 年美国联邦应急事务管理署（Federal Emergency Management Agency，FEMA）和其他相关部门制定了《跨部门应急物资分发预案模板》（以下简称"《模板》"），以规范化标准指导应急物资分发工作的有效开展[17]。《模板》将

物资发放的优先程度分为生命维持、生存舒适、清理和其他必需物资四类，分发方式分为移动社区定点分发、移动逐户分发、固定站点分发、得来速式分发和避难中心分发五种。除此之外，FEMA 提出以社区为中心的"全社区应急管理模式"，明确应急状态下社区的主导地位[18]，并将社区零售企业作为重要的合作伙伴。起初，社区零售企业将店面设施和运输车辆作为社区食物储藏室。随着该模式不断发展，社区食物储藏室不仅仅储藏食物，还储藏一些消毒用品和防护用品[19]。

日本是一个自然灾害频发的国家，日本政府十分注重以社区为单位的灾害治理，尤其强调公众参与。日本政府牵头，与社区内的商业企业展开合作，形成了社区商业的平灾结合建设路径[20]。

美国和日本现已建成比较完善的社区防灾机制，并且社区居民普遍具备良好的自救意识，在灾害发生时能够自主、有序地维持生活秩序。但是，两国社区的灾害储备物资仍以食物等生命维持类物资为主，医疗应急物资需要依靠政府救济发放。

6.2.2 应急设施选址研究

针对医疗设施选址的相关研究中，大部分学者主要考虑在设施选址时所用的成本或时间因素，这些均为可量化指标。例如，Chen 等[21]以最小化成本为目标，确定了临时应急医疗设施位置；Moreno 等[22]提出了两阶段随机优化模型，第一阶段主要包括救援中心的设施选址和救援车辆的购买，第二阶段则包括应急救援物资的输入、车辆购买和运输分配，以期在灾后初始阶段能够快速向救援中心运输救援物资，同时将受灾者由受灾点向救援中心疏散；Boutilier 等[23]考虑运输时间的不确定性和需求点的空间分布特征，构建了鲁棒优化模型来优化应急车辆的位置和路径决策。此外，也有多数学者着重考虑伤员本身，注重医疗设施选址对于人本身的影响，将不可量化的因素转变为量化指标，来进行设施选址研究。例如，Gu 等[24]考虑患者伤情严重程度和到医疗救济站的距离，建立了以多个医疗救济站服务患者数量最大化为目标的设施选址模型；Zhu 等[25]在分别考虑公平性和优先性的基础上，建立了相同和不同损伤程度的两种模型，并设计了基于蚁群算法的元启发式算法，以加快收敛速度；Torabi 等[26]考虑了由供应商、中心仓库、当地仓库、需求点构成的多级服务网络，灾前救援机构向供应商购买救援物品，供应商向中心仓库及部分当地仓库运输救援物品，灾后初期供应商由储备物资的仓库（中心仓库及部分当地仓库）向灾区仓库（当地仓库）运输救援物品，最后由当地仓库向需求点供应救援物资。

6.2.3　物资配送研究

Sheu[27]以受灾区域分组和救济共同调配两大类递归体制为根本基础，指出了一类混合模糊聚类优化完善模式，对大型地震展开了有效数据探究分析，说明了这类应用模式的经济性和潜在的功能应用优势。Chi 等[28]建设了应用在突发应急物资资源调配的非线性关联有效性评测数学函数，该数学函数包含单个受到干扰点，多个提供中心和一类种类的物质资源，将时间和物质资源认可接受程度这两个调配发展目标，组合成时间性数学函数来展开分析研究，通过案例研究分析证实了有效性评测作用功能的科学性。Li 等[29]通过应用思考不明确影响因素的设计方案，全面处理在危急事件中派遣医疗护理使用物品的问题，作者在不明确的程序编译结构内，建设了两个数学标准模型，其中需要和运行工作时间是不明确的改变量，并且综合系统设计了一类应用在处理和解决所指出的标准模型的混合人工智能运算处理方法，最后通过一些有效数据举例，来说明这一运算处理方法的优化完善理论思想和高效性。Sun 等[30]基于地铁的地下物流系统解决分发医疗用品中的车辆路径问题，建立了一个混合整数非线性函数模型，旨在最小化总交付成本，同时最大化医疗车的载客率和医疗中心需求紧迫性及满意度的平均需求指数，以实现突发公共卫生事件下医疗物资配送路径的优化。Kritchanchai[31]通过聚类方法确定重大突发公共卫生事件下医疗资源的最佳分配，利用离散事件模拟评估送货上门物流网络的潜在变化，根据与患者住所的距离提出新的物流网络，使医疗物资保障系统的整体性能提升了 44.29%。

6.3　应急物资保障体系现存问题

6.3.1　应急物资需求量与突发公共事件等级的匹配问题

突发公共事件根据其对社会的危害程度和影响范围，被细致地划分为四个级别，即特别重大、重大、较大和一般。这种分级旨在确保应急物资的分配与事件的严重性相适应。然而，目前我国在应急物资配备的量化标准上存在一定不足，相关描述过于宽泛，缺乏具体性，这可能导致在紧急情况下出现物资分配不均的问题，如某些物资过剩而另一些关键物资却严重不足。

在应对重大突发公共卫生事件方面，我国已然暴露出在应急医疗物资保障方面的短板。以新冠疫情为例，我国多个地区出现了医疗物资短缺的状况，尤其是口罩、防护服这类至关重要的物资。这种情况在一定程度上揭示了我国在应急物资配备标准制定上的不足，需要进一步完善和改进。

6.3.2 应急物资规格型号不明确的问题

应急物资中的某些特定物品，尤其是专业耗材，因其规格型号繁杂且不明晰，给应急物资筹备工作带来了严峻考验。受限于专业知识，筹备人员难以全面掌握各临床专科对常规物资的具体需求，从而造成库存物资与实际所需之间存在较大偏差。

以汶川地震的救援工作为例，部分医疗物资的规格型号不明确，导致救援人员在现场无法迅速找到所需的医疗设备和耗材，在一定程度上影响了救援效率。针对此问题，建议我国相关部门加强对医疗物资规格型号的标准化管理，制定统一的规格型号标准，并加强对应急物资准备人员的专业培训，提升他们的专业素质和能力。

6.3.3 应急物资配置清单滞后的问题

当代医学科技发展迅速，医疗器械的迭代升级速率惊人，新型医疗产品层出不穷。然而，应急储备清单中列举的设备可能存在延迟，难以跟上现今医疗科技进步的步伐。

在近年来的多次突发公共事件中，一些传统的应急物资如三角巾、止血带等，因其材料和制作工艺较为陈旧，救治效果有限，这在一定程度上反映了应急物资配置清单的滞后性。针对此问题，建议我国相关部门密切关注医疗科技的发展动态，及时更新应急物资配置清单，将新材料、新方法、新工艺的应急物资纳入其中，以确保应急物资的先进性和实用性。

6.3.4 突发公共事件不确定性与应急物资保障体系的灵活性

突发公共事件具有不确定性的特点，这就要求应急物资保障体系必须具备高度的灵活性。然而，目前我国的应急物资保障体系在一定程度上还存在僵化、灵活性不足的问题。由于缺乏专门且固定的应急物资管理单位，面临突如其来的重大公共事件，各职能机关受权限制约，独立行动，短时期内难以形成有效的合作态势，致使物资供应链条出现严重中断。在物流方面，缺乏官方、完善的应急物流信息平台，物资的供应、调度、配送流程效率低下，应急管理部门无法通过信息系统及时了解和掌握应急物资的动态信息。

在新冠疫情防控初期，对应急物资需求量的预估不准确，导致部分地区出现医疗物资短缺的情况。这在一定程度上反映了应急物资保障体系灵活性的不足。针对此问题，建议我国相关部门加强对突发公共事件的研究和分析，提高对应急物资需求量的预测能力。同时，应建立多元化的应急物资储备体系，确保在突发公共事件发生时能够迅速调配所需的应急物资。

6.4　国内外应急物资保障体系比较

6.4.1　共同点

1. 重视体系建设

国内外均深刻认识到应急物资保障体系的重要性，并致力于构建和完善相关体系。我国建立了以"一案三制"为核心的应急管理体系，以国家突发公共事件总体应急预案为基础，形成了统一领导、综合协调、分类管理、分级负责、属地管理的应急管理体制，以及包括风险评估、监测预警、应急响应、后期处置等在内的应急管理机制。这种体系强调了政府在预防、准备、响应和恢复各个阶段的领导与协调作用。

与此同时，诸如美国、澳大利亚、加拿大等国家，采取了国家战略储备计划来应对突发公共事件。例如，美国通过联邦应急事务管理署（FEMA）负责全国范围内的应急物资储备和分发，其国家战略储备计划涵盖了食品、药品、医疗用品等多种应急物资，确保在灾害发生时能够迅速、有效地提供所需物资。这些都体现了国内外对应急物资保障体系的高度重视。

2. 强调政府角色

政府在应急物资保障体系中扮演着重要角色。国内外研究一致强调政府在制定政策、提供资金支持、协调各方资源等方面发挥的作用。

3. 关注社区层面

社区是应急管理和应急储备的第一线，国内外研究都注意到了社区在应急物资保障中的重要性。无论是我国针对社区医疗物资保障的研究，还是美国和日本等强调的社区防灾机制，都体现了对社区层面的关注。

4. 利用信息化手段

信息化手段在应急物资保障中的应用日益广泛。国内外研究都提出了借助信息技术提高应急物资保障效率的建议，如建立应急物资保障信息系统、利用区块链技术实现信息透明共享等。

5. 重视物资配送

物资配送是应急物资保障体系的重要环节。国内外研究都关注了物资配送的优化问题，并提出了多种提高配送效率和准确性的方法，如建立扁平式的统一供应链系统、优化区域物资储备布局等。

6.4.2 不同点

1. 储备制度

我国的应急物资储备制度以中央和地方两级储备为主，强调政府机构的主导作用，而社会组织和企业参与较少。相比之下，美国、澳大利亚、加拿大的储备制度更加多元化，包括国家战略储备、州 / 省 / 地方储备以及企业储备等多个层级。

2. 支持政策

我国在应急物资保障方面的支持政策主要集中在法规条例和资金拨付，而国外则更加注重政策的细化和执行力度。例如，美国的《跨部门应急物资分发预案模板》就详细规定了物资发放的优先程度和分发方式。

3. 社区防灾机制

虽然国内外都关注社区层面的应急物资保障，但具体做法存在差异。我国社区在应急物资保障方面相对薄弱，缺乏完善的防灾机制，居民的自救意识也较弱。国外如美国和日本已经形成了比较完善的社区防灾机制，社区居民也有着良好的自救意识。

6.5 “购 – 产 – 储 – 运 – 收”一体化应急物资保障体系的构建

6.5.1 采购环节

1. 建立完善的采购流程

“购 – 产 – 储 – 运 – 收”一体化应急物资保障体系的采购环节流程如下。

（1）应急物资需求分析。

应急管理部门需迅速评估突发事件的类型（如自然灾害、公共卫生事件、事故灾难等）、规模（受影响的区域范围、人数等）及影响范围，这些直接关系到所需物资的种类和数量。例如，在地震灾害中，需要评估受灾区域的房屋倒塌情况、人员伤亡情况等，以确定所需的救援设备、生活物资、医疗物资等的具体种类和数量。根据评估结果，明确所需物资的种类、数量、规格等关键信息，并将明确的物资需求整理成详细的需求清单。需求清单包括物资名称、规格型号、数量、质量要求等，为后续的采购工作提供明确依据。

（2）应急物资供应商选择。

应急管理部门应提前建立应急物资供应商库，对供应商进行资质审核、信誉评估和产品质量检测等，将符合条件的供应商纳入库中。供应商库应涵盖各类应急物资的供应商，包括医疗物资、生活物资、救援设备等不同领域。在采购时，优先从供应商库中选择信誉良好、产品质量可靠、物流能力强的供应商。对紧急情况下的特殊物资需求，可通过政府采购平台或紧急采购渠道快速确定供应商。例如，在新冠疫情防控期间，通过政府采购平台快速找到能够提供大量口罩、防护服等物资的供应商。对选定的供应商进行询价，详细了解产品价格、交货时间、质量保证等信息，并在此基础上与供应商进行谈判，争取更有利的采购条件，如获得价格优惠、提前交货期、强化质量保证等。

（3）采购合同的签订。

与选定的供应商签订采购合同，合同中应明确物资交付时间、交付地点、质量标准、违约责任等条款。交付时间应根据应急需求的紧迫性确定，如要求在规定时间内完成交付；交付地点应明确到具体的应急物资储备库或受灾现场等；质量标准应符合相关国家相关标准和应急需求，如医疗物资的质量标准应符合医疗器械的相关规定；合同中应明确双方的违约责任，如供应商未按时交付物资或者交付的物资质量不合格等，应承担相应的违约责任。同时，也应明确应急管理部门若未按时支付货款等情况时，应承担的责任。在采购过程中，如遇到特殊情况（如物资数量增加、交付时间提前等）需要变更合同条款，应及时与供应商签订补充协议，明确变更后的合同条款。

（4）物资采购与运输。

按照采购计划，组织物资采购工作。采购人员应根据需求清单，与供应商进行沟通协调，确保物资的种类、数量、规格等符合要求。同时，应关注采购进度，及时发现并解决采购过程中出现的问题。根据应急物资的性质和数量，选择合适的运输方式和运输工具。对于紧急情况下的物资运输，可优先选择快速运输方式，如航空运输、铁路运输等。同时，应协调好运输路线和运输时间，确保物资能够快速、安全送达指定地点。在必要时，可协调政府相关部门或社会力量提供运输支持。例如，协调交通部门提供运输车辆、协调物流企业参与物资运输等。

2. 明确物资采购原则

"购 – 产 – 储 – 运 – 收"一体化应急物资保障体系的采购环节应遵循以下原则。

（1）快速响应原则。

应急管理部门需提前制定应急预案，明确在接到应急指令后，各相关部门和人员的职责分工、工作流程和响应时间。例如，可建立应急采购小组，负责在紧急情况下迅速启动采购流程，协调各方资源，确保物资能够快速到位。简化采购环节中的审批程序，减少不必要的文书工作和层级审批，提高采购效率。例如，可采用电子化采购系统，实现采购需求的快速提交、审批和订单生成。建立与供应商的紧急联系机制，确保在突发事件发生时，能够迅速获取所需物资。此外，可通过政府采购平台的紧急采购通道，快速找到并联系到能够提供所需物资的供应商。

（2）质量优先原则。

在采购过程中，应严格按照国家或行业相关标准，对物资的质量进行检验和验收。例如，采购的医疗物资应符合医疗器械的相关标准，食品物资应符合食品安全标准。可建立供应商黑名单制度，对出现质量问题的供应商进行记录和公示，避免再次合作。对采购的物资进行全程质量追溯，详细记录物资的生产、运输、储存等环节的信息，以便在出现问题时及时追溯和处理。

（3）合理储备原则。

根据历史数据、风险评估及专家意见，确定应急物资的储备种类和数量。例如，对于自然灾害多发地区，应储备一定数量的帐篷、食品、饮用水等物资；对于公共卫生事件多发地区，应储备口罩、防护服、消毒液等医疗物资。根据地理位置、交通条件和人口分布等因素，合理确定应急物资的储备地点。例如，可在城市中心、交通枢纽和偏远地区分别设置储备库，确保在突发事件发生时，物资能够快速调配和运输。定期对储备物资进行盘点和检查，及时补充、更新过期或损坏的物资，确保储备物资的数量和质量符合要求。

（4）透明公开原则。

通过政府采购平台、应急管理部门网站等渠道，及时发布应急物资采购的需求、预算、供应商选择标准等信息，确保采购过程公开透明。邀请社会公众、媒体、第三方机构等参与采购过程的监督，对采购活动进行全程监督和评估，确保采购的公平公正。在采购完成后，及时公开采购结果、合同签订情况、物资验收情况等信息，接受社会公众的监督和查询。

6.5.2 生产环节

1. 产能储备与布局优化

深化政企合作，夯实产能储备基石。上海市作为我国乃至全球重要的经济中心，拥有坚实的制造业基础和完善的供应链网络，这为构建高效应急物资保障体系提供了得天独厚的条件。基于此，上海市政府应积极携手本地乃至全国范围内的优质企业，构建稳固的长期战略合作伙伴关系。通过签订具有法律效力的产能储备协议，明确界定企业在公共安全事件中的角色定位与责任边界。基于历史数据分析与专家预测模型，综合考量各类应急物资的需求波动规律及潜在灾害发生的可能性，科学设立产能储备指标，旨在确保在关键时刻，企业能够快速激活生产线，灵活调整生产计划，以充足的物资供应支撑前线救援行动。

地域布局优化，均衡覆盖与物流效能并重。这一优化过程不仅要考虑均衡覆盖，确保所有区域都能及时获得必要的物资，还要注重物流效能，确保物资配送的高效性。上海市应根据各区县的产业特色与交通物流条件，合理规划应急物资生产企业的地理布局。这包括在产业基础较好的区域建立生产基地，在交通物流便利的区域设置仓储和配送中心，力求实现全市范围内物资供应的均衡分布，缩短物资调配路径，大幅压缩应急响应时间和运输成本，特别是在远离市区的核心生产基地周边，预先设置仓储节点，并配备自动化分拣与智能配送装备，以应对可能发生的紧急调拨需求，确保物资第一时间送达无虞。同时，利用智能物流解决方案，包括智能输送分拣和智能配送中心解决方案，提高物流配送的自动化和智能化水平，以此降低人工成本和劳动强度，提高物流配送的效率。

2. 技术创新与产业升级

高新技术企业引领，强化应急物资科技内涵。鼓励和支持高新技术企业、"专精特新"企业深度参与应急物资的研发与生产，这是提升产品质量与技术含量的重要途径。这些企业在新材料、生物科技、精密仪器等领域通常具有深厚的技术积累和强大的创新能力。通过政府给予的政策倾斜与资金支持，可以加速其科技成果向应急物资领域的转移与应用。例如，研发更轻便、透气性更好的防护服面料；研制更高灵敏度与稳定性的检测试剂盒；研发更加耐用且具备多功能的生命支持设备；等等。这一系列举措不仅能够显著改善应急物资的性能表现，还能带动相关产业链的整体升级。

数字化转型与智能制造，开启应急物资生产的智控时代。引入物联网等新一代信息技术，推动应急物资生产向智能化、自动化的高级形态演进。具体而言，借助传感器、射频识别（Radio Frequency Identification，RFID）、无线通信等物联网技术，实现生产设备、物料库存与物流车辆之间的互联互通，构建全链条的可视化管理系统；运用大数据分析与机器学习算法，对生产数据进行实时监控与智能诊断，为应急物资的调度决策提供精准指导；通过人工智能辅助设计与虚拟仿真技术，优化生产工艺参数，提高资源利用效率，降低能耗与废弃物排放，践行绿色制造理念。上述举措共同促进了应急物资生产体系的现代化升级，为上海市构建韧性城市、应对未来不确定性挑战奠定了坚实的物质基础与技术支撑。

3. 应急转产

应急转产指的是原本不具备某样物品生产资质的企业，在应急状态下获得政府批准对自己的生产线进行转换，使生产线能够生产所需物品。面对突发公共事件，应在保证商品安全性及效用的前提下，着力压缩药品与医疗器械的批准周期。对于跨界投身医疗器械生产的单位，要开启绿色通道，依法快捷完成器械注册及生产授权手续，尤其针对从事口罩、防护装备等急需品制造的企业，务必精简生产许可流程，同步产品登记与生产许可核查作业，同时紧急提速品质检验工作。对于急需的药品和医疗器械，如当我国境内尚无同类产品上市，或现有产品供应不能满足应急处理需求时，国家药监局将启动应急审批程序，以确保这些产品能尽快完成审批。

在应急状态下能够扩产和转产的企业，对其生产线、生产质量和专业人员配备需要进行严格的把关，坚决杜绝不具备能力的企业参与扩产、转产。对于作为产能储备的企业，我国应尽快出台相关激励机制，提高企业的积极性与参与度。例如，可加强与上海区药集团等药品企业合作，加强与生产企业的衔接，签署储备协议并完善管理机制，做到应急状态下的有序增产、扩产、转产。深入调研全市企业，评估能够迅速转产的企业，并建立严格的准入制度，确保转产后生产的物资质量合格。市卫健委和经信委的专业人员制定准入标准，对转产的企业包容审慎，对符合标准的企业应给予快速准入。在实际应急响应中，根据不同级别的响应要求，提升实物储备量占总储备量的比例，并通知各企业做好物资调用及扩产、转产准备。必要时，应根据市政府或指挥部要求，通知相关企业全面扩产、转产，甚至启动征用程序和全球采购机制。

6.5.3 储备环节

1. 统一标准与分类管理

根据应急物资的种类、规格、质量标准等，制定统一的储备标准，以确保储备物资的统一性和互换性。这有助于提高物资调配的效率和准确性。同时，建立储备物资的定期检测和更新机制，确保储备物资的有效性和安全性。定期检测可以及时发现物资的损坏或过期问题，以便及时进行更换，避免在应急时出现物资短缺情况。

根据灾害类型和应急需求（如自然灾害类、公共卫生类、社会安全类等），实施分类储备。分类储备有助于提高物资管理的针对性和效率。同时，根据灾害发生概率、物资消耗速率等因素，动态调整储备规模和种类，保持储备物资的有效性和适应性。动态调整有助于优化资源配置，提高物资保障的灵活性。为了避免物资过期浪费，要建立储备物资的轮换机制，以确保物资的新鲜度和有效性，提高物资使用效率。

2. 信息化与智能化管理

信息化平台建设，构筑应急物资管理中枢神经。在数字时代的浪潮下，构建一个高度集成的应急物资管理信息化平台，已成为提升应急响应速度与物资调配精准度的关键之举。该平台须具备强大的数据处理能力，能够实现对物资信息的即时收集、整理与更新，为各级应急指挥部门提供实时可视化的物资分布图谱。这使得决策层能够在第一时间掌握全局态势，作出科学合理的资源调动决策。同时，通过打通各部门间的信息壁垒，促进物资数据的无缝对接与资源共享，极大地提升了整个应急物资调配网络的透明度与协同效率。

建立追溯体系，确保物资来源清晰、流向可控。为了进一步增强应急物资管理的严谨性与可靠性，建立一套完整的物资追溯体系势在必行。从物资的采购源头直至发放使用阶段，每一环节都应被详细记录，并形成不可篡改的电子信息档案。这样不仅可以有效追踪每一批次物资的质量状况，及时排查潜在安全隐患，还能严密监控物资流向，有效防范挪用与滥用行为，确保所有储备物资均能按预定用途服务于紧急救援任务，真正实现物资管理闭环。

智能仓储革新，运用自动化与物联网技术。引入智能仓储系统，标志着应急物资储备进入了全新的发展阶段。自动化立体仓库的应用，极大拓展了有限空间的存储容量，配合高速堆垛机与智能搬运车，实现了物资的高密度存储与快速提取。而智能分拣机器人则以其高效分类与精准抓取能力，大幅度降低人工操作带来的误差率，同时减轻人工劳动强度。更重要的是，物联网技术的嵌入，赋予了仓储系统前所未有的感知与自适应特性——通过布设于货架、包装箱上的传感器与 RFID 标签，管理者能够全天候远程监控物资的状态变化，一旦检测到异常情况（如温度超标、湿度异常等），立即触发报警机制，确保物资始终处于最佳保存条件。此外，物联网平台还具备智能调度功能，可根据灾情与物资需求动态实时调整出库顺序，真正做到物尽其用，最大化物资利用率与救援效果。

3. 建立轮库调配机制

医疗物资储备的轮库调配机制是一个涉及多个部门协调合作的复杂系统，它包括物资的采购、存储、维护、调拨和轮换等多个环节的精细管理。在政府的统一领导与统筹协调下，卫生健康、经济信息、财政、药品监管等部门根据各自职责共同参与。例如，市经信局负责协调实施市级医疗物资储备工作；市财政局负责落实市级医疗物资储备补贴资金；市财政部门应将应急医疗物资储备经费编入市一级预算内，并执行提前垫资配给与事后账目清算的财务管理方法，确保资金定向投入于市级应急物资储备方案的各项活动中，这些活动具体包括但不限于物资采购、周转更新、日常运营管理、标准报废损失补偿和贷款利息补偿等开支项目。

对于储备的医用物资，需按照政府计划实施科学轮库。在储备管理过程中，实行专人专账制度，并遵循"先进先出"的原则。根据有效期对物资进行排序，并及时监督，以防止过期物资的产生或非正常流入等情况，从而保障应急物资的数量与质量。拟在物资有效期失效前一年启动轮换机制。轮库产生的差额费用由市财政承担。

实行品种控制、总量平衡的动态储备，原则上储备实物的库存总量不得低于市级储备计划的 70%。这意味着储备量需要根据实际情况进行调整，以确保在紧急情况下能够满足应急、救援需求。在物资调用方面，突发公共事件发生时，根据实际提出调用需求，并按有偿使用原则申请调用物资。调用程序包括提交书面申请、审核、下达调用单等步骤。同时，实行轮换制度，保持应急医疗储备物资质量优良、有效期符合规定。承储企业应根据实际情况进行轮换，以保持物资的新鲜度和有效性。例如，云南省增加了实物储备资金规模，并建立了重点药品、疫苗和医用防护物资产能储备以及应急转产保供机制。

6.5.4　运输环节

1. 构建多元物流网络

社会资源整合，构建多元化物流网络。在面对突发公共事件时，如何确保应急物资被快速、高效运输至受灾地区，考验着国家和社会的应急响应能力。在此过程中，应充分发挥公路、铁路、航空、水路等不同运输方式的独特优势，构建一个全面覆盖、高效运转的多元化物流网络，这对于提升应急物流效能至关重要。公路运输灵活性高，适用于短途及“最后一公里”的配送；铁路凭借其大载重量和较低的成本，适合大批量物资的长途输送；航空运输虽成本高昂，但在时间紧迫的情况下，能够实现跨大陆的快速投送；水路运输则在大宗物资特别是液体、散装货物运输方面展现出独特优势。因此，将这些运输方式有机组合，形成互补而非竞争的关系，是构建应急物流网络的基础所在。

（1）公路运输。依托四通八达的高速公路网络，建立应急物资快速通道，确保在道路畅通条件下，能够以最快的速度将物资送达目的地。特别在偏远山区或城市内部，“最后一公里”配送往往由小型货车或特种车辆完成，以适应狭窄街道和密集人口场景。

（2）铁路运输。利用铁路的干线网络，承担大规模物资的长距离转运任务，尤其是在重大自然灾害面前，如地震、洪涝，公路可能受损严重，此时铁路因其线路固定、受外界干扰较小的特点，成为连接灾区与外部世界的主要动脉。

（3）航空运输。对于时间敏感型物资，尤其是医疗急救药品、血浆制品、精密医疗器械等，航空运输是最优选择。它能够跨越地理障碍，不受地面交通限制，实现跨洲的快速投递，为救援赢得宝贵时间。

（4）水路运输。沿海沿江地区的应急物流离不开水上航线的支持，尤其是对于大宗物资（如燃油、粮食）的运输，船只以其巨大的装载能力和较低的运输成本，成为理想的选择。在某些特殊情况下，如岛屿之间或内陆河湖的物资交换，水运也展现出了其独特的便捷性。通过将上述多元化的运输方式有机整合，形成一张紧密相连的物流网络，可以有效应对不同场景下的应急物资运输需求，确保物资以最快速度、最低成本抵达指定位置。

区域协同，共筑应急物资运输网。在跨省甚至跨国的应急物资运输中，单个省份或城市的物流能力往往难以满足巨大需求，这就要求加强与其他省市的密切合作，建立起区域间的应急物资运输联动机制，具体措施如下所列。

（1）签订合作协议。明确各参与方的责任与义务，确立在突发公共事件发生时的沟通渠道与启动程序，包括但不限于物资调拨权限、运输费用结算、应急联络人名单等，确保跨区域物流活动顺畅进行。

（2）共建信息平台。在已有物流信息共享机制的基础上，扩展平台功能，纳入更多外省物流资源信息，实现跨区域数据的无缝对接。当某省遭遇重大灾害时，可通过信息平台迅速获取邻近省份的可用运力、仓储空间及物资库存详情，为跨省物资调配提供决策依据。

（3）演练与培训。定期组织跨区域应急物流演练，检验联动机制的实际效果，查找潜在漏洞，不断完善应急预案。同时，加强对物流从业人员的应急知识培训，提高他们在面对突发状况时的专业技能与心理素质，确保在真实环境中能够迅速投入战斗。

（4）建立补偿机制。鉴于跨省物资运输可能会带来额外的成本与风险，有必要设立相应的补偿机制，用于弥补援助省份在人力、物力方面的支出，这样既可以是对等交换的形式，也可以是中央财政补贴或其他形式的补偿，以激励更多地区参与跨区域应急合作。

（5）强化监管与评估。成立专门的监督小组，负责对跨区域应急物流活动的全过程进行监控，确保各项合作条款得到有效执行。同时，定期开展绩效评估，对比预期目标与实际成效，及时调整策略，不断提高跨区域应急物流体系的成熟度与效率。

2. 强化智能化调度与应急响应

构建智能调度系统，数据驱动下的精准物流管理。在现代社会，科技的进步为我们提供了前所未有的机遇，特别是在应急物资运输领域，利用先进的地理信息系统（Geographic Information System，GIS）和全球定位系统（Global Positioning System，GPS）等技术，构建一套智能调度系统，已成为提升运输效率、保障物资准时送达的关键举措。该系统的核心在于实现运输车辆的实时监控与路径优化，确保在紧急状态下，物资能够以最快的速度、最经济的方式抵达目的地。

（1）实时跟踪与路线优化。利用运输车辆上配备的 GPS，实时捕获车辆的定位数据，涵盖行驶速度、行进方向等信息，帮助调度中心了解车队动态。这对于突发公共事件的响应尤为重要，因为可以即时判断哪些车辆最近，最适宜派遣前往灾区。GIS 能够整合地图数据、交通流量、天气状况等多源信息，为调度员提供全方位的道路视野。基于 GIS，系统能够智能推荐最佳行驶路线，避开拥堵路段，绕开事故地点，确保物资运输的通畅无阻。

（2）动态调度与资源优化。当接到新的应急指令时，智能调度系统能够迅速运算并制定最优的车辆分配方案，综合考虑车辆的当前位置、剩余承载能力、预计到达时间等因素，确保每辆运输车都在最合适的时间出发，并沿着最合适的路线前进。系统还可以根据实时反馈的道路信息，动态调整行车计划，即使在途中遇到不可预见的阻碍，也能即时重新规划路径，最小化延误时间。

（3）数据驱动的决策支持。结合历史数据与预测模型，智能调度系统能够分析出特定时间段内的运输高峰期、易拥堵节点，预先部署充足的车辆资源，避免供需失衡造成的不利影响。通过收集每次任务的完成情况，包括耗时、油耗、驾驶员反馈等指标，系统能够不断优化调度策略，提高整个物流网络的运行效率和成本效益。

完善应急响应机制，保障物资及时到位。除了智能调度系统的硬核支持之外，一套健全的应急响应机制同样至关重要，它是确保应急物资运输体系有效运转软实力的体现。

（1）快速响应流程。明确应急响应的启动条件，定义什么级别的事件需要启动应急响应，确保资源不会被浪费在非紧要事务上。编写应急响应指南，包括谁应该做什么、何时做、怎么做等细节，让每位团队成员都清楚自己的职责范围。定期组织实战模拟训练，检验应急响应机制的有效性，及时发现问题并进行改进。

（2）责任分工与协作。成立专门的应急指挥小组，负责统筹协调物资调配、运输调度、后勤保障等工作，确保每个环节都有专人负责。强化跨部门合作，包括与地方政府、军队、志愿者组织等建立联系，共同构建多层次的应急网络。

（3）运输保障措施。在法律允许范围内，给予应急物资运输车辆特殊的道路使用权，如设置绿色通道，确保其在紧急情况下能够迅速通过拥堵地段。保障运输人员权益，为驾驶员及其他相关人员提供必要的个人防护装备、心理健康辅导等，减轻他们在高强度作业下的压力感，确保人身安全得到重视。

（4）持续改进与反馈机制。设立事后评估环节，对每次应急响应的过程和结果进行深入剖析，总结经验教训，持续优化应急物资运输体系。开展满意度调查，收集接收物资一方的意见和建议，作为后续调整运输策略和提升服务质量的参考。

6.5.5 回收环节

1. 建立回收机制

出台激励政策，激发市场活力。为了有效促进应急物资的回收再利用，政府应出台一系列优惠政策，积极引导企业和个人积极参与这项兼具环保和社会责任感的工作，主要措施如下所列。

（1）税收减免政策。对企业投资应急物资回收项目给予一定的所得税抵免，减轻企业负担，鼓励更多资本注入回收产业。同时，对从事应急物资回收的企业和个人提供增值税返还，降低运营成本，增强回收业务的吸引力。

（2）资金补贴与贷款贴息。政府可以设立专项资金，为回收企业提供启动资金支持，或者提供低息贷款，帮助企业扩大产能，提高技术水平，特别是对于采用创新技术和方法的回收项目，给予更高的补助额度，以科技创新驱动行业发展。

（3）政府采购倾斜。在同等条件下优先采购经过回收处理后的应急物资产品，形成正向激励，增加市场需求，刺激企业增加回收力度。

（4）荣誉表彰与宣传推广。定期评选“优秀应急物资回收企业”和“杰出回收贡献者”，通过媒体广泛报道他们的事迹，增强公众意识，吸引更多人关注并参与回收工作。

构建回收网络，优化资源配置。为确保应急物资回收工作的高效运行，构建一个覆盖面广、层次分明的回收网络至关重要，主要包括以下内容。

（1）回收点铺设。在社区、学校、商业区等人流密集场所设立回收站点，方便市民就近交投废旧应急物资，提高回收便利性。

（2）中转站建设。在市区边缘或交通枢纽附近设立多个物资中转站，作为回收点与处理中心之间的桥梁，负责物资的临时存储和初次分类，减少物流成本。

（3）处理中心布局。在工业区内规划专用土地，建立高标准的物资处理中心，配备先进的分拣、清洗、拆解、再造生产线，确保物资得到安全环保的处置。

（4）分类处理原则。依据物资材质、破损程度、污染等级等属性，将其分为若干类别，分别采用物理、化学或生物法进行处理，最大限度保留其原有价值。

2. 物资分类处理与再利用

可再利用物资的循环再生。对于在应急响应期间消耗但仍有再利用潜力的物资，诸如一次性防护服、口罩、手套等个人防护装备（Personal Protective Equipment，PPE），以及帐篷、睡袋、折叠床等生活必需品，采取适当的清洁和消毒手段，使其能够安全重返使用循环，具有重要意义。这一过程通常包含以下几个步骤。

（1）初步筛查与分类。回收前，首先要对物资进行初步筛查，区分哪些是可以清洁消毒后再利用的，哪些已经严重污染或损坏而只能废弃。

（2）深度清洁与消毒。使用专业的洗涤剂和高温蒸汽等方式，对可再利用物资进行彻底的清洁与消毒，消灭可能附着的病毒、细菌等微生物，确保二次使用时的安全性。

（3）严格检测与认证。经过处理的物资需要通过严格的质量检测，包括物理完整性和微生物残留测试，确保其恢复到初始使用标准。只有通过认证的物资，才能重新投入储备池中备用。

（4）标记与存档。对每一个再利用的物资进行标识，记录其处理日期、消毒批次号等信息，以便追溯和管理。同时，建立电子数据库，跟踪物资的流转轨迹，确保透明度和可审计性。

非再利用物资的资源化转型。对于由于结构性破坏或污染程度过高而不适于再次直接使用的应急物资，探索资源化处理途径变得尤为迫切。这类物资虽然不能原样返回使用链，但其中蕴含的原材料和能量仍具较高回收价值。常见的资源化策略如下所列。

（1）材料回收。分离出物资中的金属、塑料、纺织纤维等成分，通过熔融、粉碎、分解等物理或化学工艺，转化为原料，供应给制造业再加工成新产品。

（2）生物质能源转化。对于含有有机物质的废料，如纸张、木材碎片，可以通过厌氧消化或热裂解技术，转化为沼气、生物油等可再生能源，用于发电或供热。

（3）灰渣综合利用。在焚烧处理过程中产生的残余灰烬，经适当处理后，可用于建筑材料制造，如制砖、作为水泥添加料，降低建筑行业对天然矿产资源的依赖。

绿色回收的技术革新与产业推进。在整个回收利用过程中，坚持绿色低碳的理念，采用先进的回收技术和设备，是达成环境保护与节能减排双重目标的关键。具体举措如下。

（1）技术创新。研发更高效的清洁消毒工艺，减少水资源消耗和化学药剂排放；优化材料回收流程，提高回收率和纯度；探索新兴的能源转换技术，如微藻生物燃料、超临界流体提取等，拓宽废弃物资源化的路径。

（2）设备升级。引进智能分选机械、自动化破碎系统、精密过滤装置等，提升物料处理精度，降低能耗和人工干预的需求。

（3）产业链整合。促进上下游企业的紧密合作，形成集回收、处理、再制造于一体的循环经济集群，减少中间环节的资源浪费和碳足迹。

（4）政策扶持与市场引导。出台更多有利于绿色回收产业发展的政策法规，如税收优惠、补贴机制、绿色信贷等，激发市场主体积极性；同时，通过消费者教育、品牌信誉建设，培养全社会的绿色消费意识，为优质循环产品开拓市场。

本章通过深入分析国内外应急物资保障体系的建设现状、研究进展及存在的问题，提出了“购－产－储－运－收”一体化应急物资保障体系的构建方案，旨在提升我国在面对重大突发事件时的应急响应能力和物资保障水平。研究表明，应急物资保障体系的建设是一个复杂的系统工程，涉及多个环节和方面，需要政府、企业和社会各方的共同努力。通过构建一体化的应急物资保障体系，可以有效提高应急物资的调配效率和使用效益，增强应急物资保障的灵活性和韧性，为应对重大突发事件提供有力支持。未来，应进一步加强应急物资保障体系的建设和完善，推动相关理论和实践的不断创新和发展。

参考文献

[1] 于水，刘文可．重大突发事件下城市应急物资保障研究［J］．江南论坛，2022（6）：4-8.

[2] 吴翔，沈燕萍．加快一体化数字化改革 完善应急物资储备保障体系［J］. 中国财政，2022（9）：61-62.

[3] 蔡健平，王晶．“平疫结合”的突发公共卫生事件医疗物资储备体系建设研究［J］．中国工程科学，2022，24（6）：107-115.

[4] 刘瑞之．城市社区公共卫生应急管理问题与对策研究［D］．曲阜：曲阜师范大学，2021.

[5] 李宇环，向天怡，王红梅．重大疫情防控的应急体系建设：兼论国外实践的分析与启示［J］．中央财经大学学报，2020（9）：120-128.

[6] 门红，王晶．基于情景分析的生产安全事故应急物资的协调储备优化研究［J］．中国安全生产科学技术，2017，13（10）：64-68.

[7] 王之乐，张纪海．基于多灾种视角的应急物资需求紧迫性分级研究：以地震灾害链全过程应急管理为例［J］．灾害学，2017，32（2）：190-195.

[8] 黄鑫，高宏．利用信息化系统完善我国应急物资保障的探讨［J］. 网络安全和信息化，2021（5）：24-26.

[9] 曾耀．基于动态适应的水旱灾害应急保障［J］．农业灾害研究，2022，12（6）：155-157.

[10] 李怡文，刘水，吴迪，等 . 地震应急救援物资与药品保障目录初探 [J]. 灾害学，2023，38(2): 19-24.

[11] 郁秀峰 . 传染病疫情防控机理的应急物资需求分析 [J]. 航空航天医学杂志，2020，31(6): 728-732.

[12] 张丽娜，嶋怡 . 以医用口罩为例探讨新型冠状病毒肺炎疫情中政府应急卫生资源保障对策 [J]. 中国医疗管理科学，2020，10 (3): 13-16.

[13] 王延川 . 区块链赋能突发事件应急物资保障系统探析 [J] . 北京理工大学学报 (社会科学版)，2020，22 (5): 126-133.

[14] 吴昌 . 完善基层应急保障体系建设研究：以临安区应对自然灾害的实践为视角 [J] . 中国应急救援，2021 (3): 68-73.

[15] 冯玮麟，海峰 . 价值链视角下应急物资保障管理机制研究 [J]. 科技进步与对策，2022，39(5): 30-39.

[16] WANG X，WU W，SONG P，et al. An international comparison analysis of reserve and supply system for emergency medical supplies between China，the United States，Australia，and Canada [J] . Biosci Trends，2020，14 (4): 231-240.

[17] 吴大明 . 美国应急物资分发策略及启示 [J] . 劳动保护，2020 (8): 36-39.

[18] 周永根 . 美国全社区应急管理模式研究 [J] . 求是学刊，2020，47 (4): 80-89.

[19] CHASE D. Everything you should know about community fridges，from volunteering to starting your own [EB/OL] . [2021-01-30](2025-02-10) . https://mashable.com/article/how-to-get-involved-community-fridge.

[20] 夏静安，翟国方 . 平灾结合视角下城市社区商业设施的应急生活物资保障研究：基于日美经验 [J] . 国际城市规划，2023，38 (4): 21-29.

[21] CHEN A Y，YU T. Network based temporary facility location for the Emergency Medical Services considering the disaster induced demand and the transportation infrastructure in disaster response [J] . Transportation Research Part B-methodological，2016，91: 408-423.

[22] MORENO A，ALEM D，FERREIRA D，et al. An effective two-stage stochastic multi-trip location-transportation model with social concerns in relief supply chains [J] . European Journal of Operational Research，2018，269 (3): 1050-1071.

[23] BOUTILIER J J，CHAN T C Y. Ambulance Emergency Response Optimization in Developing Countries [J] . Operations Research，2020，68 (5): 1315-1334.

[24] GU J，ZHOU Y，DAS A，et al. Medical relief shelter location problem with patient severity under a limited relief budget [J] . Computers and Industrial Engineering，2018，125: 720-728.

[25] ZHU L，GONG Y，XU Y，et al. Emergency relief routing models for injured victims considering equity and priority [J] . Annals of Operations Research，2019，283 (1): 1573-1606.

[26] TORABI S A，SHOKR I，TOFIGHI S，et al. Integrated relief pre-positioning and procurement planning in humanitarian supply chains [J] . Transportation Research Part E-logistics and Transportation Review，2018，113：123-146.

[27] SHEU J. An emergency logistics distribution approach for quick response to urgent relief demand in disasters [J] . Transportation Research Part E-logistics and Transportation Review，2007，43 (6)：687-709.

[28] CHI H，LI J，SHAO X，et al. Timeliness evaluation of emergency resource scheduling[J]. European Journal of Operational Research，2017，258 (3)：1022-1032.

[29] LI H，PENG J，LI S，et al. Dispatching medical supplies in emergency events via uncertain programming [J] . Journal of Intelligent Manufacturing，2017，28 (3): 549-558.

[30] SUN K，GU Y，MA K W F，et al. Medical Supplies Delivery Route Optimization under Public Health Emergencies Incorporating Metro-based Logistics System [J] . Transportation Research Record，2024，2678 (7)：111-131.

[31] KRITCHANCHAI D，SRINON R，Kietdumrongwong P，et al. Enhancing home delivery of emergency medicine and medical supplies through clustering and simulation techniques：A case study of COVID-19 home isolation in Bangkok [J] . Heliyon，2024，10 (12)：e33177.

第7章

职业韧性："平急结合"要求下的城市综合应急队伍韧性建设

本章所述的"平急结合"概念来自"平战结合"，而"平战结合"最初应用于国防军事领域。1956年4月25日，毛泽东主席在《论十大关系》中指出，国防工业要注重军民结合，平时要为人民服务，一旦有事，就将民用产品改成军事产品[1]。近年来，我国传统安全事件与非传统安全事件频发，应急管理领域引入了"平战结合"理念，并逐步转变为"平急结合"。目前，学界对"平急结合"机制的探讨大多可以总结为常态化与非常态化的结合。"平急结合"机制的运用可分为四个时期：一是平时；二是平急转变期；三是急时；四是平急过渡期[2]。

"平急结合"理念已成为城市韧性建设的核心原则，要求在日常的城市规划与管理中充分融入对急时或极端情境下的需求考量。这使得城市在遭遇突发事件时，能够迅速响应、高效应对，并快速恢复正常秩序。"平急结合"要求城市基础设施的设计应秉持"平急兼容"的理念。例如，地下空间在平时可用于商业经营、停车或交通通行，而在应急状态下，可迅速转变为防空掩体、避难场所或物资储备空间。基础设施须具备弹性，能够承受极端负荷，并在受损后能快速恢复功能。比如，电力和通信网络应配备备用线路或分布式能源系统，确保在部分设施受损时仍能维持基本运行。此外，城市公园、广场、学校等公共空间，日常多用于休闲和教育活动，在应急状态下可迅速转换为临时避难所、医疗点或物资分发中心。

职业韧性建设是指通过一系列措施和策略，提升个体或群体在面对职业压力、挑战、变化或危机时的适应能力、恢复能力和持续发展的能力。城市作为一个复杂的系统，依赖于医疗、交通、能源、通信、公共服务等多种职业群体的协同运作。职业韧性建设能够确保这些关键职业群体在突发事件或日常压力下，仍能维持基本功能，保障城市运行的连续性。职业韧性建设不仅关注职业群体的技能提升，还注重心理健康和社会支持。通过心理辅导、团队协作和社区支持，能够增强职业群体的抗压能力和归属感，提升城市的社会凝聚力。此外，职业韧性建设不仅局限于职业群体本身，还可通过教育、宣传和社区参与等方式，推动全社会的韧性意识和能力的提升。这种全社会的韧性文化能够为城市韧性建设提供更坚实的基础。一个具备强大职业韧性的城市能够更好地应对各种挑战，保障城市运行的稳定和高效。这种能力不仅能够提升城市的国际形象，还能增强城市对人才和投资的吸引力。

城市综合应急队伍建设是城市韧性建设的关键环节。2025 年 2 月，中共中央、国务院印发的《国家突发事件总体应急预案》提到，有条件的村（社区）可以单独建立或者与有关单位、社会组织共同建立基层应急救援队伍，发展壮大群防群治力量，有效发挥先期处置作用。城市综合应急队伍是应对突发事件的第一线力量，能够在自然灾害、公共卫生事件、火灾、恐怖袭击等紧急情况下迅速响应，开展救援和处置工作。例如，在地震、洪水等自然灾害发生时，应急队伍可以快速到达现场，搜救被困人员、转移受灾群众、提供紧急医疗救助，最大限度地减少人员伤亡和财产损失。本书还提出可通过“医科高校—附属医院—基层社区”三联动的方式开展基层社区公共卫生应急预备队的相关建设，详见本书第 4 章中已阐述的相关内容。

城市综合应急队伍在应对突发事件时，需要具备高度专业技能、快速反应能力和心理韧性。通过系统的培训、演练和实战经验积累，应急队伍能够提升自身的职业韧性，更好地应对复杂多变的应急场景。同时，城市综合应急队伍建设是一个动态过程，需要不断学习和更新知识体系。一方面，通过培训、讲座等方式，向其他职业群体分享应急知识和经验，促进知识共享；应急队伍引入的新技术、新设备，能够为其他职业群体提供参考，推动城市职业群体的技术更新和能力提升。另一方面，通过参与应急工作，职业群体能够获得更多的学习机会和职业发展激励，提升自身职业竞争力。通过与应急队伍的互动，城市中的其他职业群体能够学习到先进的应急理念和技术，推动自身职业能力的持续提升。

7.1 当前综合应急人员队伍现状

2021 年 12 月 30 日，国务院印发的《“十四五”国家应急体系规划》指出，“十三五”时期我国应急管理体系不断健全、应急救援效能显著提升、防灾减灾能力明显增强，表明我国城市综合应急队伍的规模不断扩大，专业化水平有所提高。2022 年 6 月 22 日，应急管理部印发《“十四五”应急救援力量建设规划》提出，到 2025 年我国要构建起规模适度、布局科学、结构合理且专长突出的应急救援力量体系，实现专业应急救援力量与国家综合性消防救援队伍的高效协同。截至 2025 年 4 月底，我国已建成地震、矿山、危险化学品、隧道施工、工程抢险、航空救援等国家级应急救援队伍 90 余支，2 万余人；各地已建成抗洪抢险、森林（草原）灭火、地震和地质灾害救援等专业应急救援队伍约 3.4 万支，130 万余人；全国乡镇（街道）共建有综合性应急救援队伍 3.6 万余支，105.1 万余人，成为基层先期处置的生力军。这体现了我国综合应急队伍人员规模与专业化水平都在逐步提升。通过严格的教育、训练和管理，应急队伍的正规化、专业化水平显著提高，能够有效建立"大安全大应急"框架。此外，应急救援力量的布局更加合理，专业能力持续增强，装备智能化水平显著提升。

我国已初步形成以本科和研究生教育为主、职业教育与应急科普相结合的安全应急专业人才培养体系，多层次人才培养体系正逐步完善。通过职业资格培训和考核，颁发"应急救援员"等职业资格证书，并将相关人员纳入国家应急救援人才库管理。针对矿山、危化品、森林火灾等高危行业，开展专业技能培训，提升应急救援人员的实战能力。同时，加强对社会应急力量的培训，包括应急理论、救援技能和联合演练等方面，提升其规范化和专业化水平。近年来，注册安全工程师、注册消防工程师报考人数稳步增加，专业技术人员水平不断提升[3]。

社会应急力量作为城市综合应急体系的重要补充，发展态势迅猛。志愿者队伍、企业应急救援队伍等在突发事件中发挥了重要作用。我国社会应急力量的规模和种类不断增加，涵盖志愿者队伍、企业应急救援队伍、社会组织等。截至 2023 年 4 月，有超过 400 支队伍、累计 2.2 万余人次投保社会应急力量专属保险，而我国社会应急力量共有 2 300 余支，骨干救援队员 4.9 万余人。这些队伍凭借灵活机动性、技能丰富性以及贴近群众的优势，在山地救援、水上救援、医疗辅助、心理疏导等多个领域发挥着重要作用。志愿者队伍在突发事件应对中同样表现突出。据国务院新闻办公室 2020 年 6 月发布的《抗击新冠肺炎疫情的中国行动》白皮书统计，在重大突发公共卫生事件期间，全国参与防控的注册志愿者达 881 万人，志愿服务时间超过 2.9 亿小时[4]。志愿者们不仅参与了社区防控、物资配送等工作，还在心理疏导、信息传递等方面发挥了重要作用[5]。

数字化与智能化正在深刻赋能我国综合应急队伍的职业韧性。通过应用"互联网 +"、大数据、人工智能等前沿技术，应急救援体系的智能化水平不断提升，为应对复杂多变的突发事件提供了强大的技术支撑。在应急救援现场，人工智能技术的应用尤为突出。例如，无人机和机器人可以深入危险区域进行侦察和物资投送，减少人员伤亡风险；人脸识别技术能够快速识别伤员身份，提高救援效率。智能决策支持系统通过大数据分析和智能算法，为指挥人员提供全面的信息支持和决策建议，帮助其动态调整救援方案，优化资源配置。

在应急指挥层面，智慧应急指挥平台的建设实现了决策指挥的可视化和智能化。该系统能够实时整合交通、医疗、抢险力量和物资等要素，快速生成和优化疏散路线与安置方案，提升应急指挥的效率和准确性。数字化技术还重塑了应急救援的训练和教育模式。虚拟现实（VR）技术为应急队伍提供了安全、可控且经济的训练环境，通过模拟真实场景，提升队员的实战能力。同时，AI 驱动的互动学习平台能够模拟高危行业的常见事故场景，帮助员工理解应急措施和安全操作规程。

在复杂环境下，数字化与智能化技术显著增强了应急队伍的适应能力。例如，在自然灾害领域，高分卫星遥感实时监测山体位移，四足机器人可以深入震后废墟精准定位生命体征。在公共卫生事件中，大数据追踪系统能够实现疫情传播链的分钟级溯源，移动检测车将“实验室”搬到防控一线。

本书以上海市浦东新区为例，分析公共卫生应急队伍的人员现状。

（1）人员构成与队伍规模。

截至 2024 年 12 月，浦东新区已构建了较为完善的公共卫生应急队伍体系，包括 1 支区级公共卫生应急队和 47 支社区级公共卫生应急队，形成了“区 – 社区”两级公共卫生现场应急处置骨干力量。这些队伍涵盖了疾病预防控制、医疗救治、卫生监督、护理和病媒生物防制等多个专业领域，人员规模较大且具备一定的专业背景和应急处置经验。

（2）专业技能培训。

浦东新区的公共卫生应急队伍在专业技能方面具有一定优势，尤其是在疾病预防控制、医疗救治等领域。例如，疾病预防控制预备队以市、区两级疾控中心为依托，整合社区卫生服务中心的青年骨干力量，组建了一支覆盖传染病防控、免疫规划、公共卫生危险因素处置等多个领域的专业队伍。此外，医疗救治预备队通过综合性演练和应急医疗保障任务，不断提升应对突发疫情和公共卫生事件的能力。

在培训方面，浦东新区注重“平急结合”，通过理论授课、模拟实训、虚拟演练和临床实践等多种方式，提升应急队伍的实战能力。例如，应急护理预备队通过院校结合、资源共享的方式，开发了科学的培训体系，并在多家医院建立实训基地。

（3）人员管理与保障。

浦东新区制定了《公共卫生应急队伍标准化建设方案》，明确人员配备、装备配置、队伍管理、培训演练等方面的具体要求。其中在人员管理上，注重优化队伍结构，提升应急能力，同时加强装备配置和后勤保障，确保应急队伍在“急时”能够快速响应。

（4）基层应急能力。

尽管浦东新区在区级和社区级应急队伍建设方面取得了显著进展，但基层应急能力仍存在一些不足。例如，社区卫生服务中心的公共卫生应急人员年龄结构以 31 ~ 40 岁为主，女性占比较高，且多为初级职称，专业背景集中于预防医学领域。此外，社区应急管理部门普遍存在缺乏突发公共卫生事件应急预案的问题。

（5）社会力量参与。

浦东新区在公共卫生应急队伍建设中，积极动员社会力量参与。例如，病媒生物防制预备队由专业有害生物防治机构组成，参与登革热等媒介传染病的疫情处置和重大活动保障工作。这种多元化的参与模式，为公共卫生应急处置提供了更丰富的资源和更广泛的支持。

7.2 构建“搜 – 救 – 医 – 护 – 康 – 管”一体化教育体系

“搜 – 救 – 医 – 护 – 康 – 管”一体化教育体系（图 7–1）是提升基层应急人才队伍素质的重要举措。其中，“搜”不仅包括突发事件发生后的伤员搜救，还涵盖事件的监测预警。通过数字化与智能化技术，如大数据、物联网和人工智能，实现对突发事件的早期监测和预警。国家卫生健康委员会提出通过分级管理、逐级培训的方式，提升应急人员在监测预警和伤员搜救方面的能力。此外，基层应急管理体系需要整合资源，明确监测预警职责，形成从隐患排查到风险识别的闭环管理。“救”指对伤员的紧急医学救援及突发事件的应急处置。2023 年 12 月，国家卫生健康委员会发布的《突发事件医疗应急工作管理办法（试行）》强调，应急人员需掌握医疗应急预案、技术规范和标准，提升现场处置能力。同时，基层应急救援队伍需要强化实战演练，通过模拟演练和案例分析，提升应对突发事件的能力。“医”包括医疗救治与公共卫生管理。医疗救治是应急体系的关键环节。通过一体化教育体系，培养具备公共卫生管理与应急管理双重能力的专业人才，解决“平急脱节”问题。例如，山东通过拓宽人才选拔渠道，选拔具备专业知识和实践经验的人才，充实基层应急队伍。“护”包括灾害护理、灾难护理、紧急医学救援护理，这些是应急救援的重要组成部分。通过“医护一体化”模式，打破传统医患、护患分离的模式，构建医、护、患三位一体的协同工作格局。这种模式不仅提升了护理质量，还增强了应急救援的协同性。“康”涵盖康复与心理干预。康复与心理干预是应急救援的延伸环节。通过一体化教育体系，培养具备心理干预和康复护理能力的人才，帮助伤员恢复身体和心理健康。例如，国家卫生健康委提出在应急救援中增加心理干预技能培训，提升应急人员在复杂环

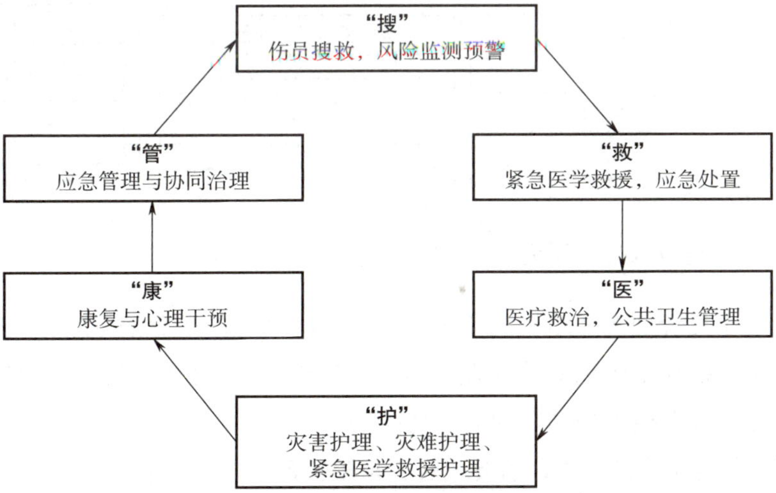

图 7–1 “搜 – 救 – 医 – 护 – 康 – 管”一体化教育体系

境下的心理支持能力。“管”包括应急管理与协同治理。通过完善基层应急指挥机制，明确各级职责，提升协同治理能力。例如，基层应急管理体系需要整合资源，形成覆盖市、县、乡、村的应急管理网络，提升跨部门、跨层级的联动能力。

7.2.1 实现突发事件管理与应急管理有效融合

应急管理涉及安全科学、公共卫生、医学、信息技术等多个学科领域。打破学科壁垒，将这些学科深度融合，形成综合性的应急管理学科体系[6]，是实现一体化教育的基础。例如，高校可以设立跨学科的应急管理专业，整合相关课程，培养具备多学科知识和技能的复合型人才（图 7–2）[7]。构建涵盖“搜 – 救 – 医 – 护 – 康 – 管”全流程的课程体系，注重理论与实践相结合。基础理论课程可涵盖应急管理理论、公共卫生管理、安全科学等。专业技能课程可包括应急救援技术、医疗急救技能、心理干预等。实践课程可通过情景模拟、实地演练等方式，提升学生的应急处置能力。

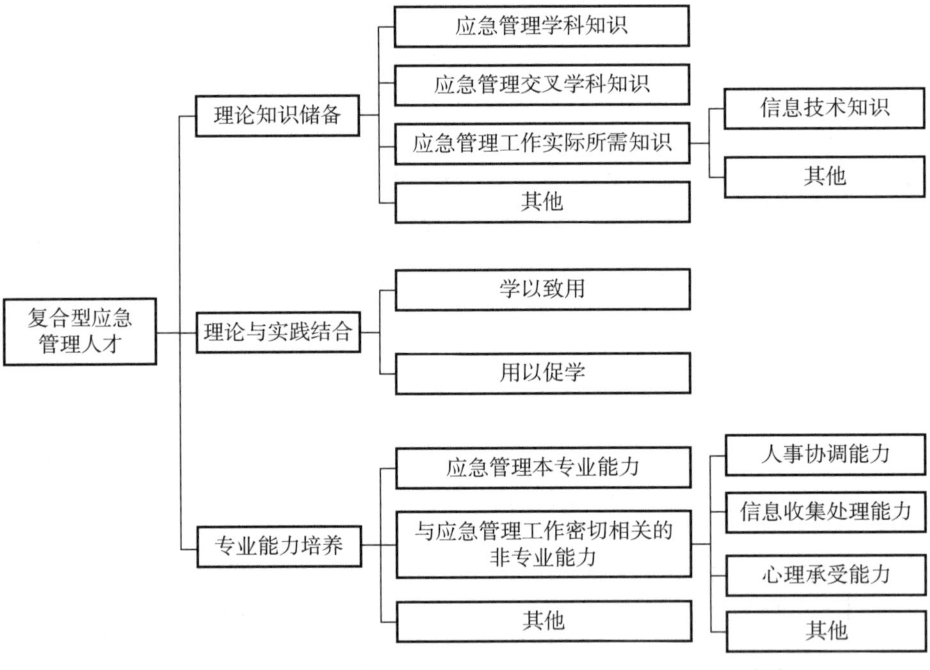

图 7–2 复合型应急管理人才培养实践路径框架图[8]

实践能力是应急管理人才培养的关键。应建立标准化的应急演练基地，开展多样化的应急演练。同时，推动学生到应急管理部门、医疗机构等单位实习，积累实践经验。借助数字化平台，开展线上线下相结合的应急技能培训[9]。

应急管理学科的实践性很强，需要政府、高校、企业、社会组织等多方协同，搭建协同育人平台。建立“政 – 企 – 产 – 学 – 研 – 用”融合的育人机制，共同培养应急管理人才。发挥行业协会的协调作用，推动产教融合，建立稳定的实习基地。

提升公众的应急意识和自救互救能力是应急管理的重要环节[10]。可通过开展"全国中小学生安全教育日""5·12 防灾减灾日"等公共安全知识普及活动，推动社会参与；建设公众应急教育数字化平台，提供线上线下相结合的应急培训服务。

7.2.2　强化实践能力培养，为基层解决问题

实践教学是提升基层应急管理人才实战能力的关键。通过组织学生参与实际应急演练、突发事件处置等活动，增强其分析、组织调度、沟通协调、快速决策、处置救援等方面的能力[11]。构建"双师型"师资队伍，邀请应急管理系统实战专家担任校外导师，与校内导师共同指导学生实践。这种模式不仅提升了教学质量，还为学生提供了跨领域学习的机会。例如，南京信息工程大学应急管理学院通过构建"双师型"团队、优化实践教学体系，将行业前沿趋势和实际工作任务引入课堂与实践环节，确保课程内容兼具时效性与实用性[12]。基层应急管理人员需要具备协调和解决问题的能力。高校可以通过与基层应急管理部门合作，建立实习基地，让学生参与日常管理、应急执法和突发事件处置等活动。例如，南京信息工程大学应急管理学院与基层应急管理部门紧密合作，组织学生到应急管理部门实习，提升其实战水平。创新教学模式，采用"线上 + 线下"相结合的教学方式，利用智慧仿真实训室、应急搜寻救援实训中心等平台，推动线上学习与实战操作的有效结合。同时，通过模拟真实应急场景，开展沉浸式教学，如角色扮演、应急指挥沙盘模拟等，提升学生应对复杂局面的能力。

同时，推动高校与政府部门、企业合作，构建多元化的实践育人平台，并实施"双导师制"，引进应急实战专家，为学生提供实战指导，增强其解决复杂问题的能力[13]。此外，江西理工大学通过校内实践平台与校外实践基地相结合，强化学生的专业认知和应急救援实战能力。

将思政教育与实践育人相结合，培养学生的社会责任感和担当精神。例如，江西理工大学通过"党建 + 应急安全"系列宣讲实践活动，强化学生的思想教育，使其在实践中树立"人民至上、生命至上"的理念[14]。

7.2.3　积极开放社会资源参与办学，突出应用型导向

开放社会资源参与办学。通过整合政府、企业、社区等多方社会资源，形成多元化的办学模式，为教育体系提供丰富的实践场景和资源支持。例如，通过校企合作，鼓励高校与企业共建实训基地、技术研发中心，推动产、学、研一体化发展。借鉴长春开放大学的经验，通过校社合作开发智慧型教育养老综合管理服务系统，实现资源共享和优势互补[15]。

同时，支持行业企业举办职业教育，鼓励社会资本参与职业教育基础设施和实训基地建设。

以市场需求为核心，突出应用型导向，优化课程体系和人才培养模式，确保教育内容与实际应用紧密结合。将课程设置与产业需求对接，整合专业基础课、核心课和实践课，注重培养学生的实践能力。加强实验、实训、实习基地建设，引入企业实际项目作为教学内容，推动案例教学和项目教学的广泛应用。将实践能力、就业质量和创新能力作为教育质量的主要评价标准，推动教育成果与社会需求的精准对接。

通过政策支持和制度创新，推动产教融合，打破教育与产业之间的壁垒，形成协同育人机制。完善产教融合的政策环境，推动高校面向社会需求办学，深化校企合作；支持国内高校与国外高水平应用技术型高校合作，引进国际先进的职业标准和人才培养模式。

教育体系应紧密结合社会需求，提升服务社会的能力。加强与行业内领先企业的合作，建设产业发展咨询机构和技术研发中心，推动技术转移和创新；围绕国家重大战略需求，培养适应新兴产业和传统产业变革的应用型人才；通过开展心理健康教育、急救技能培训等社会服务项目，提升公众的应急能力和健康素养。

7.3　加强社区卫生服务中心医护人员的在职教育与培训

7.3.1　组建突发公共卫生事件应急处置预备队的意义与价值

组建突发公共卫生事件应急处置预备队具有极其重要的意义，这是应对突发公共卫生事件、保障社会稳定的必然要求，也是提升公共卫生应急管理体系效能的重要举措。社区是公共卫生事件防控的第一道防线。在2020年初的新冠疫情防控中，全国各机关企事业单位、各行业、各系统积极响应党中央号召，踊跃投身抗击新冠疫情的战斗。全国人民众志成城，自觉遵守公共卫生防控的各项要求，形成了全面动员、全面部署、全面加强公共卫生防控的良好局面。社区作为城市管理的“神经末梢”和“毛细血管”，在整个公共卫生防控体系中至关重要。实践证明，基层防控尤其是社区防控是疫情防控的关键环节。基层社区的公共卫生管理是一项重要的民生工程，具有量大面广、复杂多样的特点，发动来自基层社区的应急救援和应急处置力量，并与来自政府部门的专业化力量相结合，才能有效提升超大规模城市应对突发公共卫生事件的能力。通过组建社区公共卫生应急处置预备队，能够有效提升基层的应急处置能力，弥补专业应急队伍在数量和覆盖范围上的不足。这种“平急结合”的模式，既能满足日常公共卫生服务需求，又能在突发事件中快速转换为应急力量。应急处置预备队的组建能够整合社区卫生服务中心、疾控中心、医疗机构、社区工作者和志愿者等多方力量，形成协同作战的应急处置架构。这种跨部门、跨领域的合作模式，有助于打破信息壁垒，提升应急处置的整体效能。

应急处置预备队的建设不仅有助于应对突发公共卫生事件，还能推动公共卫生服务的常态化发展。通过定期培训和演练，提升预备队的专业技能和实战能力，促进公共卫生服务与应急能力的可持续发展。这种模式不仅提升了社区的应急能力，还促进了社区治理的精细化和韧性城市建设。

7.3.2　采取多元化方式组建并教育、培训应急处置预备队

在当前复杂多变的公共安全形势下，加强应急处置预备队建设是提升社会应急能力、保障人民生命财产安全的重要举措。为此，需要从国家层面加强顶层设计，由应急救援与公共卫生方面的政府主管部门牵头，联合相关行业协会、社会服务机构、高等院校和科研院所等多方力量，共同参与应急处置预备队的建设和管理。通过整合各方资源，设立应急处置专家库，为预备队的组建、教育和培训提供专业指导，确保预备队具备"平急结合、专兼并用"的高效运作能力。

在队伍建设方面，既要打造以专业人员为主体的国有"尖刀型"应急处置队伍，也要积极训练以医务人员为主体的"二线"应急处置预备队。医务人员包括经过系统教育和培训、掌握应急救援与应急处置技术的志愿者等。这两支队伍相互补充、协调，共同在应急处置中发挥作用，形成全方位、多层次的应急救援体系。

在管理模式上，可以借鉴军队预备役的经验。在"平时"，由各级疾控中心牵头，负责预备队人员的业务教学与培训工作。将预备队人员派往筛查网点、集中隔离点等场所，开展半实战化的实践操作锻炼，使其熟悉公共卫生应急管理的全流程，为"急时"疫情防控等工作做好准备。同时，要合理配置预备队的人员规模，进行科学物资储备，并有计划地安排预备队人员的教学与培训的批次轮换，确保应急物资保障工作的有序开展。

在突发事件应对中，应构建街镇社区、公安派出所、社区卫生服务中心等多部门协同配合的工作机制。完善以基层党组织为核心，以居村委会为依托，以业委会、物业公司、社区党员、志愿者和居民骨干等为主要力量的社区突发事件应急处理体系。当公共卫生事件暴发时，在政府救援与处置力量抵达之前，应急处置预备队中的基层社区工作者应能够就地、尽快开展辅助性工作，启动自救互救机制，以最大限度减少损失。

7.3.3　完善组织架构，培养基层综合能力

应对突发公共卫生事件是一项复杂的系统工程，需要从多层面、多角度进行统筹规划和协同推进。除了各级疾控中心的核心作用外，各级卫生健康委等相关部门也应积极行动起来，共同配合做好公共卫生应急处置预备队的建设工作。通过制定配套的教育

培训、考核与激励政策，优化预备队人员的年龄、性别和专业结构，其具备过硬的综合技能、饱满的工作热情和持续的投入度，从而高效完成疫情防控等公共卫生应急处置任务。

强化顶层设计与政策支持，通过“公共卫生三年行动计划”等政策驱动，系统推进公共卫生应急处置预备队的建设。例如，上海市通过实施“第五轮公共卫生体系建设三年行动计划”，组建了7支公共卫生应急处置预备队，预备队有5 000余名专业人员，构建了完善的指挥平台、培训基地和管理制度，显著增强了应对重大公共卫生事件的应急处置能力。

7.3.4 跨地区教育与培训，打造高水平应急处置预备队

完善跨地区培训体系，建立区域合作机制。在不同地区设立异地培训基地，方便人员就近接受培训。优化培训内容与形式，采用理论与实践相结合、线上与线下相结合的模式。培训内容应涵盖理论授课、案例分析、技能操作和桌面推演等，着重强化应急处置能力、流行病学调查能力和个人防护技能等方面的培训。通过线上与线下相结合的培训模式，扩大培训范围，提升培训效率。强化跨地区演练与资源共享，定期开展跨地区的应急演练，模拟真实场景，提升协同作战能力。

以长三角地区为例，该地区是我国经济最发达、人口最密集的区域之一，面临着复杂的公共卫生挑战。在长三角地区，可以利用区域一体化的优势，以跨地区教育与培训整合区域内优质资源，建立跨地区的公共卫生应急预备役培训体系，提升基层公共卫生应急预备役的整体能力。例如，上海市长宁区通过开展流行病学调查实训项目，探索建立“社区级－区级－市级－国家级”四级应急队伍体系，推动区域公共卫生事业高质量发展。发挥长三角区域一体化的优势，优化应急物资储备与共享机制，设置异地应急物资储备库，实现应急物资的资源共享共用。充分利用“水、陆、空”多种运输救援途径，建设标准化、配备全流程指挥信息系统的多式联运应急救援基地。

依托长三角一体化发展战略，建立跨地区的公共卫生应急培训协作机制。上海通过政策驱动，推动了区域内公共卫生应急队伍建设。整合区域内高水平医疗机构和疾控中心的资源，建立跨地区的培训基地和师资库。例如，浦东新区通过与复旦大学合作，建设公共卫生实训基地，开展现场流行病学培训。创新日常教学、训练与演练科目，结合上海及长三角地区的灾害特点和应急需求，创新应急救援队伍的日常教学、训练和演练科目。增加多场景、多灾种的应用场景演练，如地震救援、洪涝灾害应对、公共卫生事件处置等，提升队伍的实战能力。

7.3.5 人防与技防相结合，开展"四个一体化"创建

1. 应急指挥一体化：组建社区应急指挥中心

为提升社区应对突发公共卫生事件的能力，需构建高效、协同的应急指挥体系。具体而言，应组建社区应急指挥中心，并建立市、区、街道、社区各级应急指挥中心的互联互通机制，确保在突发事件中实现上下联动、协同高效的应急指挥。通过整合各级资源，实现应急指挥的统一调度和快速响应，最大限度降低事件对社区居民的影响。

（1）构建多级联动的应急指挥体系。社区应急指挥中心作为基层应急处置的核心，应与市、区、街道各级应急指挥中心紧密对接。通过建立信息共享平台和应急响应机制，确保在突发事件发生时，各级指挥中心能够迅速响应、协同作战。例如，在公共卫生事件中，社区应急指挥中心可直接向区级指挥中心报告情况，同时接收上级指令，快速启动应急预案，实现应急处置的无缝衔接。

（2）依托数字化平台提升指挥效率。社区应急指挥中心可以借助现有的政务服务"一网通办"和城市运行"一网统管"平台，推动应急指挥的数字化和智能化转型。通过整合大数据、物联网、人工智能等技术，实时监测社区内的公共卫生"苗子事件"，及时收集、上报和研判相关信息。例如，利用智能传感器监测社区环境数据，结合居民健康档案，提前发现潜在的公共卫生风险，为应急处置争取宝贵时间。

（3）实现应急指挥的统一调度。在多级联动的应急指挥体系中，社区应急指挥中心应具备统一调度的能力。通过整合社区内的各类应急资源，如医疗设施、救援队伍、物资储备等，确保在突发事件中能够迅速调配资源，高效开展应急处置。例如，在面对台风、暴雨等自然灾害时，社区应急指挥中心可统一调配微型消防站、物业管理人员和志愿者队伍，开展人员疏散、物资分发等工作，保障居民安全。

（4）优化应急指挥的培训与演练。为确保社区应急指挥中心在突发事件中能够高效运行，需定期开展应急指挥培训和演练。通过模拟真实场景，提升指挥人员的应急决策能力和协调能力。例如，组织社区应急指挥中心与周边学校、医院、企业等开展联合演练，提升社区整体应急处置水平。

（5）建立应急指挥的评估与反馈机制。应急指挥体系的有效性需要通过科学评估和持续改进来保障。社区应急指挥中心应建立完善的评估机制，对每次应急处置进行复盘分析，总结经验教训。同时，通过居民反馈、专家评估等方式，不断优化应急指挥流程，提升应急处置的科学性和精准性。

2. 安全防控一体化：建立社区应急处置小组

为全面提升社区应对各类突发事件的能力，需构建高效协同的安全防控体系。建立社区应急处置小组是实现这一目标的关键举措。社区应急处置小组应由多方面人员组成，涵

盖辖区安全员、网格员、消防民警、社区民警、物业安全管理人员、社区企业安全管理人员、社区卫生服务中心人员和公共卫生相关从业人员等。通过整合各方力量，实现安全防控的协同作战，提升社区应对突发事件的综合能力。

（1）多元化的人员构成。社区应急处置小组的人员构成应多元化，以确保具备应对各类突发事件的专业能力和丰富经验。辖区安全员负责社区日常安全隐患排查，及时发现并处理潜在风险。网格员依托网格化管理，深入社区各个角落，收集信息、反馈问题，是社区安全防控的“神经末梢”。消防民警与社区民警具备专业的应急处置能力，负责火灾扑救、治安维护及突发事件的现场指挥。物业安全管理人员熟悉社区设施布局，负责社区公共区域的安全管理与应急响应。社区企业安全管理人员负责协调社区内企业的应急处置工作，确保企业员工的安全与生产安全。社区卫生服务中心人员在公共卫生事件中发挥关键作用，负责医疗救治、流行病学调查及健康宣教。公共卫生相关从业人员包括疾控中心工作人员、志愿者等，负责提供专业技术支持和应急物资调配。

（2）协同作战的机制建设。社区应急处置小组的高效运作依赖于协同作战机制的建立。建立定期会商制度，各成员定期交流社区安全形势，共享风险信息，提前制定应对措施。定期组织联合演练，模拟火灾、公共卫生事件、自然灾害等场景，提升小组成员的应急处置能力和协同作战能力。同时，开展针对性的培训，提升成员的专业技能。制定详细的应急响应流程，明确各成员在突发事件中的职责和任务，确保应急处置快速、高效、有序开展。

（3）提升社区应对突发事件的能力。通过整合各方力量，社区应急处置小组能够有效应对各类突发事件。在快速响应方面，小组成员分布在社区各个角落，能够第一时间到达现场，控制事态发展。在专业处置方面，多元化的人员构成确保小组具备多领域的专业能力，能够针对不同类型的突发事件采取科学、有效的处置措施。在资源整合方面，小组成员能够快速整合社区内外的应急资源，如医疗物资、救援设备等，为应急处置提供有力保障。在群众动员方面，借助网格员和社区民警的力量，动员社区居民参与应急处置，形成全民参与、群防群治的良好局面。

（4）强化日常安全管理与风险防范。社区应急处置小组不仅在突发事件中发挥作用，还应强化日常安全管理与风险防范。定期开展社区安全隐患排查，重点检查消防设施、公共设备、环境卫生等方面，及时消除安全隐患。结合社区实际情况，开展风险评估，制定预警机制，提前发布风险提示，做好防范准备。通过多种渠道，向社区居民普及安全知识和应急技能。

（5）建立评估与反馈机制。为持续提升社区应急处置小组的效能，需建立完善的评估与反馈机制。定期对小组的工作进行评估，总结经验教训，持续优化工作机制。通过居民满意度调查、意见征集等方式，收集居民对社区安全防控工作的反馈，及时调整工作方向。根据评估结果和居民反馈，不断优化小组的人员构成、工作机制和应急响应流程，确保社区安全防控体系的高效运行。

3. 宣传培训一体化：成立社区宣传小组

为全面提升社区居民的应急意识和自救互救能力，需成立社区宣传小组，开展多层次、多角度、多样化的应急宣传培训活动。通过整合线上线下多种渠道，向居民普及相关台风、暴雨、火灾、交通事故、公共卫生事件等的应急知识，确保居民熟悉各类突发事件的特征及处置方法。

（1）组织结构与人员构成。社区宣传小组应由社区工作人员、网格员、志愿者和物业管理人员等组成。小组成员须具备一定的应急知识和沟通能力，能够深入社区各个角落，开展宣传培训活动。

（2）活动内容与形式。定期开展应急知识讲座、技能培训、应急演练等活动。例如，组织消防演练、急救技能培训、防灾减灾知识讲座等，通过现场演示和互动教学，提升居民的应急技能。利用社区微信群、公众号、视频号等新媒体平台，推送应急知识科普文章、短视频、动画等内容。例如，制作并发布防灾减灾科普视频短片、消防科普图文提示等，增强居民的安全意识。针对社区内的老年人、残疾人、儿童等弱势群体，开展"敲门入户"行动，提供一对一的应急知识讲解和安全检查服务。

（3）信息发布与"民生一网通"。宣传小组应负责及时向社区居民发布相关信息，确保居民能够第一时间获取准确的应急信息。通过"民生一网通"平台，整合社区服务资源，实现应急信息的快速传递和共享。例如，在突发事件发生时，通过平台发布预警信息、救援进展、安全提示等内容。

（4）持续优化与反馈机制。定期收集居民反馈意见，评估宣传培训效果，及时调整活动内容和形式。通过对典型案例的分析，增强居民的公共安全意识和法治意识。结合季节特点和安全防范重点，制订全年宣传计划，确保应急宣传常态化。

4. 资源调配一体化：整合社区应急资源

为提升社区在突发事件中的应急处置能力，需构建高效、协同的资源调配体系，实现社区应急资源的整合与统一调度。通过整合社区内各类应急资源，配备必要的装备物资，并接受社区应急指挥中心的统一调度，确保应急资源在突发事件中能够被高效调配和使用。

（1）全面梳理社区应急资源。社区应全面盘点并整合内部及周边的应急资源，形成完整的资源清单。作为社区消防救援的前沿力量，微型消防站需配备灭火器、消防水带、灭火防护服、消防头盔、破拆工具等基本消防器材，确保设备齐全且运行正常。同时，定期组织消防演练，提升快速响应能力。物业公司应储备应急物资，如沙袋、抽水泵、应急照明设备、发电机等，用于应对暴雨、内涝等自然灾害。此外，物业人员可协助社区开展日常巡查、隐患排查及应急处置工作。与周边企业建立应急资源共享机制，企业可提供大型设备（如起重机、挖掘机）用于灾害救援，或提供应急物资储备（如食品、饮用水、防护用品）。学校可作为应急避难场所，提供场地用于人员疏散和临时安置；医院和社区卫生服务中心则提供医疗救治支持，储备必要的急救药品、医疗器械等；酒店可提供临时安置场所，为受灾群众提供食宿保障；公园可用于人群疏散和物资集运；地下空间则可在暴雨等灾害中作为临时避难场所，但需提前做好防水、通风等安全措施。

（2）配备必要的装备物资。社区应根据灾害风险特点，制订科学合理的应急物资储备计划，配备消防器材、医疗物资、生活保障物资、抢险救援工具以及通信设备等必要的装备物资。消防器材包括灭火器、消防水带、安全绳、灭火防护服和消防头盔等。医疗物资包括急救箱、防护服、口罩、消毒用品、常用药品和担架等。生活保障物资包括食品、饮用水、应急电源、手电筒、帐篷和棉被等。抢险救援工具包括沙袋、抽水泵、发电机、破拆工具和救援绳索等。通信设备包括对讲机、卫星电话和应急广播系统等，确保应急通信畅通。

（3）接受社区应急指挥中心的统一调度。社区应急指挥中心应列出详细的应急资源清单，明确资源位置、数量和使用状态。制定统一的调度流程，确保在突发事件中能够快速调配资源。依托智慧化指挥系统，实现资源的可视化管理和一键调度。通过物联网技术，实时监测应急物资的储备情况，确保物资充足且状态良好。通过模拟演练，检验资源调配的效率和效果，及时调整优化资源布局。演练结束后，对演练情况进行复盘分析，总结经验教训，持续优化应急资源调配体系。

（4）推动资源调配的协同合作。社区应急资源的高效使用离不开多方协同合作。社区应急指挥中心应与区、街道应急指挥中心保持密切联系，确保在重大突发事件中能够获得外部支援。例如，在公共卫生事件中，及时向上级疾控中心报告情况，申请专业检测设备和医疗物资。

5. 人防与技防相结合

在社区应急体系建设中，应充分结合人防与技防手段，以提升社区应对突发事件的整体能力。

（1）人防方面，强化基层应急力量。

人防是社区应急体系的基础，关键在于提升基层社区工作者的能力和责任感。通过加强培训，社区工作者熟悉社区环境和居民状况，能够在突发公共卫生事件中充分发挥主人翁精神，站好“观察哨”，当好“吹哨人”。

具体措施包括：定期开展应急处置培训和模拟演练，提升社区工作者的应急响应能力。建立网格化管理体系，明确社区工作者的责任区域，确保能够及时发现和上报潜在风险。动员社区居民、志愿者参与应急管理工作，形成“人人讲安全，个个会应急”的良好氛围。

（2）技防方面，提升智能化水平。

技防是社区应急体系的重要保障，通过现代科技手段提升应急处置的智能化水平。

具体措施包括：在社区关键区域安装高清监控探头，接入智能预警系统，实现 24 小时动态监测和自动预警。例如，四川省眉山市天府新区通过“雪亮工程”和“慧眼工程”，实现了重点区域的全覆盖和智能化管理。利用物联网技术，对社区内的消防设施、医疗设备等进行实时监测，通过大数据分析及时发现异常情况。建立社区应急指挥中心，配备智能化指挥系统，实现应急资源的可视化管理和快速调配。

（3）人防与技防的深度融合。

人防与技防并非孤立存在，而是相辅相成。通过以下方式实现两者的深度融合：建立信息共享平台，使社区工作者能够实时获取技防系统提供的数据和预警信息；在突发事件中，社区工作者与技防系统协同工作，快速响应并处置风险；定期评估人防与技防的融合效果，根据实际情况调整优化策略，确保应急体系的高效运行。

6. 特殊群体关怀与法规政策培训

在社区应急预备役建设中，提升社区工作者对特殊群体的关怀能力以及对相关法规政策的掌握程度至关重要。特殊群体，如老年人、残疾人、妇女儿童等，在突发事件中往往面临更大的风险和挑战。因此，社区应急预备役需要通过系统培训，提升法律意识和人文关怀能力，确保在应急处置中能够为这些群体提供精准、有效的支持。

（1）法规政策培训，提升法律意识。已于 2024 年 11 月 1 日起施行的新版《中华人民共和国突发事件应对法》，明确要求在突发事件应对中对未成年人、老年人、残疾人、孕产期和哺乳期的妇女等群体给予特殊、优先保护。社区工作者应系统学习与特殊群体相关的法规政策，确保在应急处置中能够依法依规提供支持。此外，社区工作者还需了解特殊群体的权益保障政策，如社会救助、医疗保障、心理援助等，以便在应急状态下为特殊群体提供及时有效的帮助。

（2）心理干预与疏导技能培训。在突发事件中，特殊群体的心理健康问题尤为突出。社区工作者需要掌握心理干预和疏导服务技能，以便为这些群体提供必要的心理支持。例如，珠海市香洲区梅华街道通过心理疏导上门服务，为独居老人、重疾患者等特殊群体提供心理慰藉和情感支持。此外，社区可以依托社会心理服务站，为特殊群体提供心理健康教育、心理测评、危机干预等服务。

（3）特殊群体的精准关怀。社区应急预备役应重点关注特殊群体的需求，制定针对性的帮扶措施。例如，针对老年人和残障人士，社区可以提供就医便利、生活物资配送等服务；对于精神病患者，社区应联合专业医疗机构，提供持续的医疗支持和心理疏导。此外，社区还需建立特殊群体信息库，确保在突发事件中能够快速定位并提供帮助。

（4）社区工作者的人文关怀能力提升。通过培训，社区工作者应具备良好的沟通能力和同理心，能够与特殊群体建立信任关系。例如，贵州省贵阳市南明区兰花都街道通过心理建设专业知识技能培训，提升社区工作者的情绪管理和沟通技巧[16]。此外，社区工作者还需掌握应对突发情况的应急处置技能，确保在危急时刻能够迅速响应。

7.3.6 提高社会大众对应急救援事业与应急处置工作的认知度和参与度

1. 切实保障应急救援与应急处置从业人员的合法权益

应急救援与应急处置从业人员在突发事件应对中发挥着关键作用。根据新修订的《中华人民共和国突发事件应对法》，国家鼓励公民参与应急救援工作，并保障其在参与期间的工资待遇和福利不变。此外，对于作出突出贡献的个人和组织，还将给予表彰和奖励。这些措施不仅提升了从业人员的积极性，还增强了社会对应急救援职业的认同感。

2. 加强应急救援与应急处置从业人员的职业形象宣传

通过多种渠道宣传应急救援与应急处置从业人员的高尚职业形象，提升社会对这一职业的尊重和认可。例如，新闻媒体应开展自救互救知识的宣传，弘扬应急救援人员的先进事迹。同时，鼓励各地通过表彰、奖励等方式，树立应急救援人员的榜样，增强公众对应急救援事业的理解和支持。

3. 开发本土化、大众化的应急救援与应急处置培训教材和课程

支持更多从业机构和高等院校开发适合本地需求的应急救援与应急处置培训教材和课程。这些教材和课程应涵盖自救互救技能、公共卫生突发事件应对、疫情防控等内容，确保培训内容贴近实际、易于理解和操作。例如，学校可以将应急教育纳入教学计划，开展应急知识教育和演练。

4. 借鉴“上海东方绿舟国防教育基地”模式，建设应急救援培训（演练）基地

在上海及有条件的地区，可以借鉴“上海东方绿舟国防教育基地”的模式，拓出一定场地，建设应对突发公共卫生事件和应急救援的培训（演练）基地。基地应具备标准化培训设施，并配备先进的应急救援设备和模拟场景，用于开展实战化培训和演练。通过智能化平台，实现应急指挥、资源调配和信息共享。建立公众参与平台，定期组织公众参与应急演练，提升社会大众的自救互救能力。

5. 加大应急救援和应急处置知识与技能的普及力度

通过多种方式提升社会大众对应急救援事业的认知度和参与度。利用社区、学校、企业等平台，开展应急知识普及活动，推动应急教育“五进”（进工厂、进学校、进农村、进社区、进军营）。利用新闻媒体、社交媒体等渠道，广泛宣传应急救援知识和技能，增强公众的应急意识。

6. 提升社会力量参与应急管理的组织性和效能

根据《中华人民共和国突发事件应对法》，社会力量应依法有序参与应急管理工作。政府应建立统一指挥、协调有序的应急管理体系，引导社会力量参与应急救援。鼓励社会力量参与应急预案制定、风险评估和物资储备等工作。通过社区、学校、企业等基层单位，组织公众参与应急演练，提升自救互救能力。

本章围绕"平急结合"理念下的城市综合应急队伍韧性建设展开深入探讨，系统阐述了职业韧性在城市应急管理中的重要性，以及当前综合应急人员队伍的现状与挑战。同时，提出了构建"搜－救－医－护－康－管"一体化教育体系的策略，旨在通过多学科融合、实践能力强化及社会资源的广泛参与，培养高素质的基层应急人才队伍。

首先，本章明确了"平急结合"理念的内涵及其在城市韧性建设中的核心地位。通过分析"平急结合"机制的四个时期（平时、平急转变期、急时、平急过渡期），强调了城市基础设施、职业群体以及社会大众在常态化与非常态化情境下的协同作用。城市综合应急队伍作为应对突发事件的第一线力量，其建设不仅涉及人员培训和装备配备，还涵盖应急预案的制定、演练和评估。

其次，本章对我国综合应急人员队伍的现状进行了全面梳理。近年来，我国应急管理体系不断完善，应急救援力量的规模与专业化水平显著提升。同时，数字化与智能化技术的赋能，进一步提升了应急队伍的适应能力和协同作战能力。然而，基层应急能力仍存在短板，尤其是在社区卫生服务中心的人员结构、专业背景以及应急突发事件预案方面。

为提升基层应急人才队伍素质，本章还提出了"搜－救－医－护－康－管"一体化的教育体系的构建策略。该体系通过打破学科壁垒，整合多学科知识，培养具备综合能力的应急管理人才。实践能力的强化是该体系的核心，通过建立标准化的应急演练基地、推动学生到实践单位实习，以及借助数字化平台开展线上与线下相结合的技能培训，显著提升学生的应急处置能力。此外，通过"政－企－产－学－研－用"融合的协同育人机制，能够为应急管理人才培养提供丰富的实践场景和资源支持。

在社区层面，本章强调了加强社区卫生服务中心医护人员的在职教育与培训的重要性。多元化的人才结构、跨地区培训与演练、人防与技防相结合的手段，以及特殊群体关怀与法规政策培训，是打造高质量社区公共卫生应急预备役的关键举措。此外，通过提升社会大众对应急救援事业的认知度和参与度，能够进一步增强全社会的应急意识和能力。

综上所述，本章通过深入分析"平急结合"理念下的城市综合应急队伍韧性建设，提出了系统性的策略和建议。通过构建一体化教育体系、强化实践能力培养、整合社会资源以及提升社区应急能力，能够为城市韧性建设提供坚实的人才基础和技术支撑。未来，城市综合应急队伍的建设需持续优化，以应对日益复杂多变的公共安全挑战。

参考文献

[1] 彭坚. 中国工业的平战结合与军民结合 [M]. 北京：兵器工业出版社，1989.

[2] 董建坤，邢以群，张大亮 . 备而有用，用而有备：应急管理的“平战结合”模式研究 [J] . 中国应急管理科学，2020（12）：37-47.

[3] 黄盛初 . 中国安全应急管理人才发展报告（2024）[M] . 北京：社会科学文献出版社，2024.

[4] 国务院新闻办公室 .《抗击新冠肺炎疫情的中国行动》白皮书 [EB/OL] . [2020-06-07]（2025-03-01）. https：//www.xinhuanet.com/politics/2020-06/07/c_1126083364.htm.

[5] 浦天龙 . 社会力量参与应急管理：角色、功能与路径 [J] . 江淮论坛，2020（4）：28-33.

[6] YAO Y W，WEI F C，TIAN X，et al. Cross - disciplinary curriculum integration spaces for emergency management engineering talent cultivation in higher education [J] . Computer Applications in Engineering Education，2022，30（4）：1175-1189.

[7] 刘高雅 . 两会声音 | 省政协委员杨小林：构建应急学科体系 守住安全“红线”[EB/OL] . [2025-01-20]（2025-03-01）. https：//news.qq.com/rain/a/20250120A071J000.

[8] 冯文靖，刘伟 . 高校应急管理学科建设与复合型应急管理人才培养研究 [J] . 未来与发展，2023，47（1）：75-79.

[9] 北京理工大学课题组 . 构建公众应急教育体系数字化平台，提升公众公共安全意识和自救互救能力 [EB/OL] . [2022-03-28]（2025-03-01）. https：//kepu.gmw.cn/emergency/2022-03/28/content_35617871.htm.

[10] WACHIRA K J，SINCLAIR J A. Public participation in the emergency response phase of flooding：a case study of the red river basin [J] . Canadian Water Resources Journal，2005，30（2）：145-158.

[11] WARING S，MOISI I，BARRETT C，et al. Identifying what components of full-scale emergency exercises improve disaster response learning：a rapid evidence assessment [J] . International Journal of Disaster Risk Reduction，2024，104：1-13.

[12] 顾湘，薛勇，郭翔 . 南京信息工程大学应急管理学院应急管理实践教学模式探索与实践 [EB/OL] . [2025-02-24]（2025-03-01）. https：//webs.nuist.edu.cn/_s17/2025/0221/c1134a282314/page.psp.

[13] 付瑞平，陈骁 . 抓住契机贴近实战培养人才 [N] . 中国应急管理报，2023-07-04.

[14] 卢瑶，柯愈贤，洪小莹 . 应急管理与安全工程学院：“三大途径”构建实践育人“新场域”[EB/OL] . [2024-12-23]（2025-03-01）. https：//www.jxust.edu.cn/info/1011/33670.htm.

[15] 孟沙沙，明晓辉，高月 . 建设学习型社会优秀案例 | 长春开放大学：终身学习视域下老年教育数字化转型的实践研究——以国家老年大学长春分部为例 [EB/OL] . [2024-10-15]（2025-03-01）. https：//cdce.eol.cn/news/362052.html.

[16] 南明融媒体中心 . 兰花都街道开展社区工作者心理建设专业知识技能培训 [EB/OL] . [2024-02-08]（2025-03-01）. https：//www.nanming.gov.cn/nmxw/xjddt/202402/t20240208_83802429.html.

第 8 章

城市“应急韧性”治理指标体系的构建和应用

在全球化与城市化高速发展的时代背景下，各类突发事件频发，给城市的应急管理体系带来了前所未有的挑战。各类突发公共卫生事件，如新冠、猴痘、甲流等传染病的暴发与蔓延，让城市居民的生命健康安全遭受严重威胁。传统的突发事件应急管理机制已难以有效应对复杂多变的风险，城市应急管理体系的脆弱性逐渐凸显。因此，如何构建科学、高效、可持续的“应急韧性”治理框架，成为保障城市安全与居民健康的关键议题。本章将对“应急韧性”的内涵进行分析，并以公共卫生事件为例构建城市公共卫生“应急韧性”治理指标体系，然后选取上海市作为指标体系的应用对象，对其公共卫生应急管理体系建设现状进行评价并分析存在问题，旨在为提升城市应对突发公共卫生事件的能力提供理论支撑与实践指导。

8.1 “应急韧性”的内涵分析

8.1.1 “应急韧性”的构成要素及特性

1.“应急韧性”的构成要素

法律法规、硬件设施、人才培养、物资保障体系、核心技术和社会力量等都是应对突发公共卫生事件的重要组成部分[1]。结合已有的研究提出应对突发事件背景下的“应急韧性”构成要素，包括组织韧性、制度韧性、设施韧性、社会韧性、职业韧性和技术韧性[2, 3]，每个维度体现了相应的韧性能力（图 8-1）。

组织韧性是指城市在应对突发公共卫生事件时，政府部门能够建立多方参与的应对机制，打破行政壁垒，构建多元主体的协同应对体系[4]。具有组织韧性的应急管理体系应能够迅速调动资源，启动应急预案，减少灾害造成的直接损害，保护人民生命财产安全。即便在极端条件下，韧性组织也能够确保医疗服务、水电供应、通信联络等关键服务不中断，维系社会基本运作。在面对未知挑战时，应善于寻找新方法，利用现有资源创造性地解决难题，提升处理复杂问题的能力。

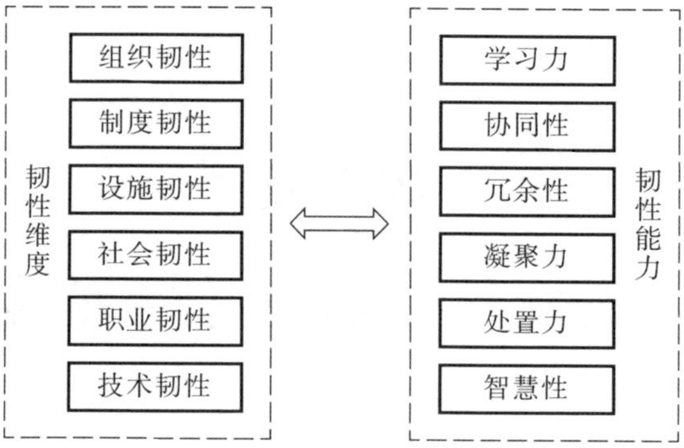

图 8-1 “应急韧性”的维度及能力

制度韧性是指政府应对突发公共卫生事件所制定的政策和策略，并能够从重大突发事件中总结经验教训，对结构体系、工作机制、防控措施等进行快速调整[5]。通过制度韧性清晰界定各部门及个体的责任，确保每一步行动都有章可循，避免混乱无序的情况发生。建立健全的应急物资储备制度，确保关键时期重要物资（如医疗用品、食品水等生活必需品）的快速供应。同时，完整的制度建设可通过事后评估和总结，检验制度效能，发现不足之处，进而进行修订和完善，提升整体韧性。

设施韧性指城市基础设施、设备等具有一定的抗逆能力（物体受到压力后的恢复能力）和冗余度，在经历冲击后仍能够维持正常运转，提供基本公共服务[6]。坚韧的道路、桥梁等交通设施可以保证救援队伍和物资快速抵达灾区，减少救助延迟。可靠的电力和水源供给系统即使在灾害期间也能持续运转，是维持社会正常秩序的重要条件。强大的通信网络确保指挥中心与前线的信息畅通，有利于即时调度资源，协调各方力量。坚固耐用且有备用电源的医院、诊所等医疗设施，可以提供持续的医疗服务，降低伤亡率。会展中心等大型场所能够在重大突发事件下转换为紧急避难场所或方舱医院，为人民群众提供可靠保障。

社会韧性着重关注基层社会，通过健康宣教、社会动员等手段提升居民的防控意识和自救互助能力，培养基层应急管理人员及志愿者，提高城市社区的团结稳定，增强基层应急能力[7]。社会韧性对提升基层治理能力有着至关重要的作用。高度凝聚的社区意识促使人民群众相互帮助，积极参与志愿团体，共同参与救援活动，加快救援进度。常态化的防灾减灾教育能够提高全民自我保护能力，在关键时刻能迅速动员并采取恰当行动。最重要的是，地方知识与社交媒体相结合后，能迅速传递准确信息，消除谣言，引导行为，防止恐慌蔓延。

职业韧性主要强调个体在职场上应对压力时的表现，是一种反弹能力，也是在面对负面环境时坚持的程度，确保其在面对突发公共卫生事件的巨大压力下能够适应环境、自我调节以充分发挥自身的职业水准[8]。在危机环境下，高韧性专业人士能够保持冷静，专注履行职责，确保医疗救护、安全保卫、通信联络等关键服务的连续性。具备韧性的队员能够有效沟通，分享信息，形成协同效应，提高团队的整体战斗力。在瞬息万变的情境下，拥有良好判断力的人才能迅速作出合理选择，减少犹豫和失误带来的负面影响。

技术韧性指处置机构运用大数据、区块链、云计算等技术应对突发事件，以提高处置应对水平[9]。先进传感器、卫星遥感、大数据分析等技术的应用能够实现对灾害迹象的早期识别和预测，为提前部署提供科学依据。可依托物联网、云计算、人工智能等技术，实现资源的精准匹配和动态调整，提高应急响应速度和效率。不同地区与部门之间也可以通过远程通信等技术实现无障碍信息共享、协调联动、跨区域支援。

2.“应急韧性”的特性

（1）坚韧性。

坚韧是指坚固而柔韧，不易被外力所折断。在牢不可破的同时抵消其脆弱性，这就是坚韧性所展现出的特征。随着各类风险和灾害场景及特征的演变，现代社会面临的风险呈现出复合性、系统性和不确定性的特点。这些风险可能来自自然灾害、事故灾难、公共卫生事件等多个方面，且往往相互交织、相互影响。因此，应急管理体系必须具备足够的坚韧性，以有效应对这些复杂多变的风险挑战，确保在突发事件发生时能够迅速、有效地进行应对，减少人员伤亡和财产损失，维护社会稳定和经济发展。

在应急管理体系中，政府、市场和社会是三大主体。坚韧性强的应急管理体系能够充分发挥这三者的协同作用，使之形成合力。政府作为中心力量，负责统一组织应急实施、集中调配应急资源；市场通过提供物资、技术等支持，参与应急救援和恢复重建；社会则通过志愿服务、舆论引导等方式，为应急管理提供有力支持。这种协同作用的发挥，有助于提升应急管理体系的整体效能。

（2）灵动性。

灵动是指活泼不呆板，富于变化。应急管理体系面临的突发事件往往具有多样性和复杂性的特征，每种事件都有其独特的特征和应对需求，因此，应急管理体系必须能够灵活应对，根据不同事件的性质和规模，快速调整策略和措施。灵动性有助于应急管理体系在突发事件发生时迅速响应。在紧急情况下，时间就是生命，任何延误都可能导致不可挽回的损失。因此，应急管理体系需要能够迅速识别事件、评估风险、调动资源和制定应对策略。灵动性使得体系能够根据实际情况，快速调整资源和人员配置，确保应急处置的高效性和准确性。随着科技的不断进步和社会经济的快速发展，突发事件的形式和规模也在不断变化。灵动性的应急管理体系能够紧跟时代步伐，不断吸收新技术、新方法和新理念，推动体系的持续改进和优化。同时，它还能够根据社会的发展和变化，不断调整和完善自身的职能和职责，确保体系的适应性和可持续发展。

对于我国而言，灵动性的应急管理体系能够充分发挥社会主义制度的优越性。在应对突发事件时，能够迅速形成强大的战斗力和号召力，有效调动各方资源和力量，确保全方位、多层次地应对突发事件。这种灵动性不仅体现了我国应急管理体系的高效性和准确性，还彰显了社会主义制度的强大生命力和优越性。

（3）成长性。

成长性是指由小变大的过程，在成长的过程中其价值不断升高。一个具有成长性的应急管理体系，能够不断满足人民的安全需求，通过加强预警、救援、恢复和重建等各个环节的建设，最大程度地减少人员伤亡和经济损失，保护人民的生命财产安全。一个具有成长性的应急管理体系，能够通过加强应急管理法律法规建设、完善应急管理体制机制、提高应急管理能力等方式，为国家长治久安提供有力保障。有效的应急管理能够减少灾害对经济发展的影响，促进经济的可持续发展。一个具有成长性的应急管理体系，能够不断适应经济社会发展的需要，通过加强应急管理基础设施建设、提高应急救援能力、加强灾后恢复和重建等方式，为经济社会的可持续发展提供有力支撑。随着人工智能、大数据、物联网等技术的不断发展，应急管理体系也需要不断融入这些新技术，提高应急管理的智能化水平。一个具有成长性的应急管理体系，能够不断适应技术进步的需要，通过加强技术研发、推广应用新技术等方式，提高应急管理的效率和准确性。

《中华人民共和国突发事件应对法》规定，突发事件的处置环节分为预防与准备、监测与预警、应急处置与救援、事后恢复与重建。其中事后恢复与重建环节规定，总结突发事件应急处置工作的经验教训，制定改进措施，并向上一级人民政府提出报告。事实上，在突发事件处置中的评估与改进环节没有建立监督机制，导致只评估不改进，这会使得应急管理体系框架变得越来越脆弱。因此，作者认为成长性是“应急韧性”最为重要的一个特征，也是目前应急管理体系所缺失的部分。若没有从上一次突发事件中发现问题、改进问题，那么再坚韧的体系也会有崩溃的一天。一个系统具有成长性意味着其拥有了可持续发展的动力，因此，成长性对“应急韧性”而言十分重要。

8.1.2 “应急韧性”融入城市公共卫生应急管理体系的相关分析

1.“应急韧性”融入城市公共卫生应急管理体系的必要性

新冠、猴痘、甲流、乙流等多种传染病同时存在，对城市居民的生命健康产生了重大影响。新冠疫情是继“非典”之后，对城市公共卫生应急管理体系的又一次巨大考验。我国新冠疫情防控的成绩是突出的，但同时也暴露出了当前城市公共卫生应急管理体系的诸多问题。社区作为突发公共卫生事件的主要承受主体，往往容易被忽视，基层社区存在着应急机构建设不健全、人员专业性低、响应机制老旧、信息交互性低等问题[10]。在应急医疗物资储备方面，大部分地区医疗物资储备模式不完善、储备形式单一，无法满足重大突发公共卫生事件下的供应需求[11]。各项应急技术的使用和管理措施还不够成熟，还需尽快完善相关建设[12]。学者们针对上述问题不断深化研究，但单个方面的完善不能解决总体问题。

新冠疫情暴发初期的武汉及常态化防控期间全国数个大型城市都曾出现过公共卫生应急管理体系崩塌的情况，其体系建设的脆弱性无法支撑起疫情防控的艰巨任务。同时，当今城市应对重大突发公共卫生事件的需求不仅仅是应对突发公共卫生事件本身，还需要应对突发公共卫生事件附带的社会、经济影响。新冠疫情防控期间，由于大面积的封控与隔离，许多人的工作和生活节奏被打乱，居家办公成为社会常态，许多中小微企业也因为疫情的缘故纷纷倒闭。这些现象让人们意识到促使城市正常生活秩序与经济迅速恢复是灾后的重点工作内容。因此，急需将“应急韧性”融入城市公共卫生应急管理体系建设。

2.“应急韧性”融入城市公共卫生应急管理体系的重要性

随着社会全球化、科技发展和现代化进程的加快，人类社会发生了巨大的系统性结构转型，进入了一个具有高度不确定性和复杂性的“全球风险社会”时代[13]。城市是一个复杂的系统，它能够使单一的风险复杂化而形成复合型风险。这些复合型风险相较于传统单一的风险，所造成的后果更加严重，容易引发更大的危机。面对新形势下的突发事件，传统的应急管理方式已显得力不从心。然而，通过融入韧性思维，城市系统将能够更加有效地应对这些挑战[14]。同时，韧性城市是城市安全发展的新范式。制定韧性城市战略规划、实施韧性城市管理体制，是韧性城市建设的基本经验。让城市更有韧性归根结底是为了让城市更平安、更宜居、更有温度，让市民更安心。

在党的二十大报告及多个重要文件中都提及，需要健全公共卫生体系，加强应急能力建设。建立健全城市公共卫生应急管理体系是未来韧性城市建设的重要目标之一。因此，“应急韧性”融入城市公共卫生应急管理体系显得十分重要。“应急韧性”的融入不仅能够为城市公共卫生应急管理体系提供强有力的应对手段，还能够加强城市的可持续发展力。

3.“应急韧性”融入城市公共卫生应急管理体系的可行性

目前，研究焦点已从管理转向治理，研究主体也从国家政府转向地方政府[15]。王若楠等以珠三角城市群为例，构建城市突发公共卫生事件应急系统脆弱性测度模型，为提升城市公共卫生应急能力提供了科学依据[16]。肖秘苏等通过上海市物品防疫与物资保障组的工作实践，为超大型城市应急医疗物资保障体系建设提出了策略建议[17]。世界卫生组织（World Health Organization，WHO）在2015年启动了应急医疗队注册与认证计划，并于2021年正式发布了应急医疗队的分类和最低标准[18]。相关学者将协同治理[19]、数字治理[20]、抗逆力理论[21]等多种治理手段运用到基层社区的突发公共卫生事件应急治理中，为社区应急建设提出策略建议。这些不同领域的研究成果已经为城市公共卫生应急管理体系建设打下了坚实的基础。

一个完善的公共卫生应急管理体系，不仅仅需要不断强化各方面建设，更要将各方面衔接在一起，形成一个整体。根据“应急韧性”的定义，其包含了应对突发公共卫生事件的事前准备、事中处置、事后恢复的全过程，并且强调是一个系统的整体应对，而不是某一方面的单独应对。“应急韧性”的思想符合城市公共卫生应急管理体系的建设理念，“应急韧性”的六大维度包含了公共卫生应急管理体系建设的各个方面，其三大特征也符合公共卫生应急管理体系的建设需求。

8.2 城市公共卫生“应急韧性”治理指标体系的构建

2024 年 10 月 29 日，世界卫生组织发布的《2024 年全球结核病报告》显示，结核病发病率自 2020 年起连续四年上升，2023 年全球新增病例达 820 万例，为 1995 年监测以来的最高水平[22]。2024—2025 年冬春季，全球流感活动以甲型 H1N1 亚型为主。我国同期监测结果显示，除流感外，人偏肺病毒、呼吸道合胞病毒等也在特定人群中流行，呈现多种病原体交替或共同传播的特点[23]。国家修订并发布了新版《中华人民共和国突发事件应对法》和《国家突发事件总体应急预案》，同时，近年来国家和上海市也颁布了一系列政策文件指引各地加快推进疾控体系高质量发展，强化传染病监测预警与处置能力，以及加强韧性城市建设。可见，城市重大传染病防控是未来城市建设的重要议题。因此，本节以重大传染病防控为背景，运用德尔菲法和层次分析法构建城市公共卫生“应急韧性”治理指标体系。

8.2.1 指标体系构建过程

1. 指标体系的来源

（1）公共卫生应急管理相关法律法规与政策文件。

在中华人民共和国中央人民政府官网、国家疾控局官网、国家卫生健康委员会官网等网站检索“突发公共卫生事件”“应急管理”“疾病预防控制”等关键词，检索国家和上海市对于突发公共卫生事件的相关法律法规、规定和条例。作者在撰写本节时，文献检索时限截至 2024 年 8 月 31 日，共纳入法律法规与政策文件 20 篇，其中国家级 8 篇、上海市级 12 篇，详见表 8–1。

表 8–1 突发公共卫生事件应急管理相关法律法规与政策文件

序号	文件级别	制定机关（单位）	印发（修订）时间	文件名称	主要内容
1	国家	国务院	2003 年 5 月	《突发公共卫生事件应急条例》	突发公共卫生事件
2	国家	国家发展和改革委员会	2003 年 9 月	《突发公共卫生事件医疗救治体系建设规划》	突发公共卫生事件

（续表）

序号	文件级别	制定机关（单位）	印发（修订）时间	文件名称	主要内容
3	国家	国务院	2005 年 10 月	《应急管理科普宣教工作总体实施方案》	应急管理
4	国家	国务院	2006 年 6 月	《国务院关于全面加强应急管理工作的意见》	应急管理
5	国家	全国人民代表大会常务委员会	2013 年 6 月	《中华人民共和国传染病防治法》	传染病防治
6	国家	国务院	2023 年 12 月	《国务院办公厅关于推动疾病预防控制事业高质量发展的指导意见》	疾病预防控制事业高质量发展
7	国家	国务院	2024 年 2 月	《突发事件应急预案管理办法》	突发公共卫生事件
8	国家	全国人民代表大会常务委员会	2024 年 6 月	《中华人民共和国突发事件应对法》	突发事件
9	上海市	上海市人民政府	2003 年 9 月	上海市实施《突发公共卫生事件应急条例》细则	突发公共卫生事件
10	上海市	上海市人民政府	2006 年 1 月	《上海市突发公共事件总体应急预案》	突发公共卫生事件
11	上海市	上海市卫生健康委员会	2012 年	《上海市突发公共卫生事件专项应急预案》	突发公共卫生事件
12	上海市	上海市人民政府	2017 年 11 月	《上海市传染病防治管理办法》	传染病防治
13	上海市	上海市人民政府	2020 年 4 月	《关于完善重大疫情防控体制机制健全公共卫生应急管理体系的若干意见》	公共卫生应急管理体系
14	上海市	上海市人民代表大会常务委员会	2020 年 10 月	《上海市公共卫生应急管理条例》	公共卫生应急管理
15	上海市	上海市卫生健康委员会、上海市发展和改革委员会、上海市财政局、上海市经济和信息化委员会	2023 年 5 月	《上海市加强公共卫生体系建设三年行动计划（2023—2025 年）》	公共卫生应急管理体系

（续表）

序号	文件级别	制定机关（单位）	印发（修订）时间	文件名称	主要内容
16	上海市	上海市卫生健康委员会	2024 年 2 月	《2024 年上海市卫生健康工作要点》	卫生健康
17	上海市	上海市卫生健康委员会	2024 年 3 月	《2024 年上海市卫生应急管理工作要点》	应急管理
18	上海市	上海市疾病预防控制局	2024 年 3 月	《2024 年上海市疾病预防控制工作要点》	疾病预防控制
19	上海市	上海市人民政府	2024 年 7 月	《上海市人民政府办公厅关于推动本市疾病预防控制事业高质量发展的实施意见》	疾病预防控制事业高质量发展
20	上海市	上海市卫生健康委员会、上海市教育委员会、上海市科学技术委员会、上海市财政局、上海市应急管理局、中华人民共和国上海海事局、上海市中医药管理局、上海市疾病预防控制局	2024 年 8 月	关于印发《上海市加强突发事件紧急医学救援体系建设行动计划（2024—2027 年）》的通知	紧急医学救援

（2）文献检索。

利用中国知网、万方数据知识服务平台检索查找涉及公共卫生应急管理体系评价指标的文献，以不同的主题词相结合的方法进行检索，检索词为：（“公共卫生”）and（“应急管理指标体系”or“应急能力评价”），根据本书撰写时的相关进度，这里的检索时间段为 1994 年 1 月至 2024 年 6 月。

①纳入标准：研究主体是城市及医疗卫生机构；研究内容涉及城市及医疗卫生机构的应急管理或治理内容；研究涉及的事件属于突发公共卫生事件。

②排除标准：综述类文献；会议类文献；重复发表的文献；无法获取原文的文献。

通过文献检索法共检索出 9 112 篇文献，通过阅读全文，排除与研究主题不符的文献、综述类文献、会议论文、无法获取全文的文献等，最终纳入 92 篇。具体的文献筛选流程如图 8–2 所示。

2. 指标体系框架的初步构建

根据《中华人民共和国突发事件应对法》《关于推动疾病预防控制事业高质量发展的指导意见》《关于完善重大疫情防控体制机制健全公共卫生应急管理体系的若干意见》等

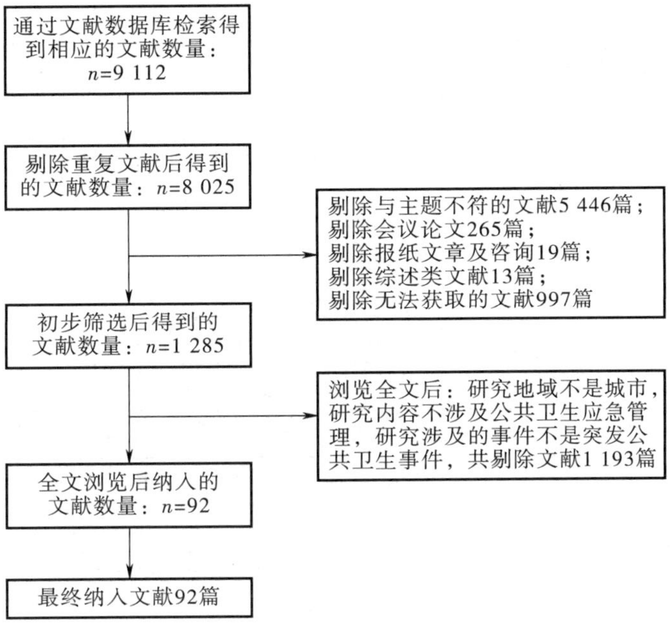

图 8-2　文献筛选流程图

相关政策，结合来自高校、疾病预防控制机构、医疗机构（包括社区卫生服务中心）、参与联防联控机制的市政府机构、街道办事处及居委会的工作人员访谈内容，初步建立包括 6 项一级指标、21 项二级指标和 89 项三级指标的上海市公共卫生“应急韧性”治理体系指标体系框架，详见表 8-2。

表 8-2　拟构建上海公共卫生“应急韧性”治理指标体系

一级指标（A）	二级指标（B）	三级指标（C）
A1 组织韧性	B1-1 应急指挥体系	C1-1-1 建立应急指挥领导小组
		C1-1-2 建立市、区两级公共卫生应急作业中心
		C1-1-3 建立分级响应制度
		C1-1-4 建立多部门协同的应急指挥体系
		C1-1-5 公共卫生应急指挥信息系统建设
	B1-2 监测预警体系	C1-2-1 建立传染病事件多渠道、多病原监测
		C1-2-2 传染病事件报告机制
		C1-2-3 监测预警信息处置
		C1-2-4 开展风险评估
	B1-3 医疗救治体系	C1-3-1 设置传染病定点救治医院
		C1-3-2 建立重大疫情下的分级诊疗制度
		C1-3-3 建立应急救治“预备役”制度
		C1-3-4 中医药应急救治能力建设

（续表）

一级指标（A）	二级指标（B）	三级指标（C）
A1 组织韧性	B1–4 组织保障体系	C1–4–1 应急体系建设规划
		C1–4–2 制定疾控、医疗、相关委办局等单位的公共卫生职责清单
		C1–4–3 制定阻碍疫情防控、哄抬物价、造谣传染等违法行为的奖惩制度
		C1–4–4 建立应急状态下居民自付费用减免制度
		C1–4–5 制定应急状态下重点行业和中小企业的帮扶政策
A2 制度韧性	B2–1 应急队伍建设与管理制度	C2–1–1 疾病预防控制、医疗救治等专业应急处置队伍建设
		C2–1–2 应急队伍人员专业构成
		C2–1–3 重大传染病处置专家库建设
		C2–1–4 建立应急队伍的管理制度
		C2–1–5 应急队伍专项经费
	B2–2 应急培训与演练制度	C2–2–1 应急预案的完备性
		C2–2–2 制订年度应急培训、演练计划
		C2–2–3 应急培训、演练开展的频率
		C2–2–4 制定培训教材、演练方案
		C2–2–5 建立培训、演练效果评估
	B2–3 应急物资与资金管理制度	C2–3–1 应急物资的储备形式
		C2–3–2 制定应急物资储备目录与计划
		C2–3–3 应急物资储备量与应急需求的适配程度
		C2–3–4 年度应急储备金情况
		C2–3–5 应急物资紧急采购
	B2–4 平战结合机制	C2–4–1 建立人员应急征用、区域调动机制
		C2–4–2 建立传染病救治床位应急腾空机制
		C2–4–3 建立疾控、医疗、高校、科研院所、海关、第三方检测机构间的实验室网络
		C2–4–4 生产企业的紧急增产和转产
		C2–4–5 建立大型场所的应急转换机制
	B2–5 联防联控机制	C2–5–1 建立医疗卫生单位间的联防联控机制
		C2–5–2 医疗卫生单位与非医疗单位（教育、农业、林业、动物 CDC、机场等）联防联控机制
		C2–5–3 建立长三角区域协同联动机制
		C2–5–4 积极参与公共卫生全球治理

（续表）

一级指标（A）	二级指标（B）	三级指标（C）
A2 制度韧性	B2-6 事后恢复机制	C2-6-1 及时复工复产
		C2-6-2 参与应对人员安抚与补偿机制
		C2-6-3 建立事后总结与评估机制
		C2-6-4 后续制度、机构、应急预案及防范水平的完善
A3 设施韧性	B3-1 基础设施建设	C3-1-1 可支配的实验室数量
		C3-1-2 体育馆等大型室内场所数量
		C3-1-3 可作为集中隔离场所的设施数量
		C3-1-4 定点救治医院的数量
		C3-1-5 专业公共卫生机构的数量
	B3-2 设备配备情况	C3-2-1 负压救护车数量
		C3-2-2 传染病病房与床位数量
		C3-2-3 呼吸机等大型救治设备配比
		C3-2-4 现场流行病学调查、现场采样等应急处置装备配备
		C3-2-5 检测试剂的配备
A4 社会韧性	B4-1 公众宣传与健康教育	C4-1-1 制定健康宣传方案
		C4-1-2 定期进行健康宣传教育活动
		C4-1-3 宣传教育途径的多样性
	B4-2 社会基层治理	C4-2-1 建立社会动员机制
		C4-2-2 建立志愿者队伍管理制度
		C4-2-3 基层工作人员与志愿者队伍培训情况
		C4-2-4 建立以居委会为主导各方参与的基层社区防控架构
	B4-3 舆情应对	C4-3-1 开展舆情监测
		C4-3-2 政府信息发布
		C4-3-3 媒体沟通和舆情引导
A5 职业韧性	B5-1 疾病预防控制	C5-1-1 流行病学调查能力
		C5-1-2 疑似病例和密切接触者的管控能力
		C5-1-3 场所环境消杀能力
		C5-1-4 实验室检测诊断能力
		C5-1-5 组织应急接种能力
	B5-2 医疗救援	C5-2-1 符合收治条件的医院
		C5-2-2 医院病例收容量
		C5-2-3 医院相关科室医疗救治能力

（续表）

<table>
<tr><th>一级指标（A）</th><th>二级指标（B）</th><th>三级指标（C）</th></tr>
<tr><td rowspan="5">A5 职业韧性</td><td rowspan="2">B5–2 医疗救援</td><td>C5–2–4 医院内感染预防与控制能力</td></tr>
<tr><td>C5–2–5 院前转运及时性</td></tr>
<tr><td rowspan="3">B5–3 指挥协调</td><td>C5–3–1 指挥中心与现场指挥的协调</td></tr>
<tr><td>C5–3–2 与当地驻军、武警的协调</td></tr>
<tr><td>C5–3–3 跨区域或跨部门协作情况</td></tr>
<tr><td rowspan="10">A6 技术韧性</td><td rowspan="4">B6–1 监测预警技术</td><td>C6–1–1 传染病网络报告信息平台建设</td></tr>
<tr><td>C6–1–2 预警信号报告系统新技术的运用</td></tr>
<tr><td>C6–1–3 监测信息收集能力</td></tr>
<tr><td>C6–1–4 公共卫生应急信息化建设</td></tr>
<tr><td rowspan="3">B6–2 科研攻关</td><td>C6–2–1 建立各单位之间的合作机制</td></tr>
<tr><td>C6–2–2 建立产学研用对接平台</td></tr>
<tr><td>C6–2–3 应急课题研究开展情况</td></tr>
<tr><td rowspan="3">B6–3 药品与疫苗</td><td>C6–3–1 针对性药品与疫苗应急研发</td></tr>
<tr><td>C6–3–2 药品与疫苗应急使用</td></tr>
<tr><td>C6–3–3 药品与疫苗安全性监管</td></tr>
</table>

3. 指标筛选标准

根据专家对指标重要性评分的均值、标准差和变异系数，并结合专家意见对指标进行筛选。当某项指标的均值大于 3、标准差小于 1 且变异系数小于 25% 时，则保留指标；若其中任何一项不满足上述条件，则视为不合格并删除该指标。

4. 专家咨询过程

本书的专家咨询主要通过电子邮件进行，将设计好的调查问卷通过邮件发送给相关专家填写。对于未及时回复的专家，通过邮件再次联系，说明问卷的紧迫性，并提醒其在空闲时间尽快填写。待回收全部或大部分问卷后，对问卷进行分析。根据专家的评分、修改意见以及指标修改标准，进行指标的增减，并设计下一轮咨询问卷。

（1）专家咨询问卷设计。

指标收集整理完成后，根据研究需要设计专家咨询问卷，进行第一轮专家咨询。本研究设计的专家咨询问卷主要包括四个部分：第一部分主要讲述研究目的、主题、内容和问卷包括的主要结构，需说明的伦理问题；第二部分是关于“应急韧性”的内涵介绍，便于专家了解相关概念；第三部分是问卷的核心部分，包括填表说明、指标的评分、修改意见和建议新增指标，为了方便专家对指标进行评分，本书运用李克特量表对重要性按照 1—5 评分，数字越大表示指标越重要；第四部分是专家基本情况调查表，包括性别、年龄、学历、工作单位的性质、工作年限、专家对指标的熟悉度、指标的判断依据及该依据对判断的影响程度大小等内容。

（2）专家积极性介绍。

通过问卷回收率来判断专家积极性，一般问卷回收率大于 70%，表明专家参与调查的积极性较好。具体计算公式如下：

$$问卷有效率=\frac{回收的有效问卷份数}{发放的总问卷份数}\times 100\% \quad (8\text{–}1)$$

（3）专家权威性介绍。

专家权威程度系数（Cr）由判断影响程度系数（Ca）和专家熟悉程度系数（Cs）两个因素共同决定，若 Cr 大于 0.7，则认为咨询结果可靠。具体计算公式如下：

$$Cr=\frac{Ca+Cs}{2} \quad (8\text{–}2)$$

本研究判断依据量化如表 8–3 所列。

表 8–3　判断依据量化表

判断依据	影响程度		
	影响程度高	影响程度一般	影响程度低
理论分析	0.3	0.2	0.1
实践经验	0.5	0.4	0.3
参考国内外文献	0.1	0.1	0.05
直观感觉	0.1	0.1	0.05

本研究将专家对指标的熟悉程度划分为“非常熟悉”“比较熟悉”“一般”“不太熟悉”和“不熟悉”并分别赋值（表 8–4）。

表 8–4　熟悉程度量化表

熟悉程度	分级赋值情况				
	非常熟悉	比较熟悉	一般	不太熟悉	不熟悉
分值	1	0.8	0.6	0.4	0.2

（4）专家的协调程度解释。

专家的协调程度通过变异系数（CV）和肯德尔和谐系数（W）来衡量。变异系数越小，表明专家的意见越趋于一致。通常情况下，变异系数小于或等于 0.25 是可接受的。肯德尔和谐系数用于衡量多个评分者对同一被试等级评分的一致性，其取值范围为 0 ~ 1。当肯德尔和谐系数值在 0.2 ~ 0.4 之间时，表明一致性程度一般；在 0.4 ~ 0.6 之间时，表明一致性程度中等；在 0.6 ~ 0.8 之间时，表明一致性程度较强；在 0.8 ~ 1.0 之间时，表明一致性程度非常强。即肯德尔和谐系数值越大，表明专家的协调程度越高。通常情况下，当系数值大于 0.4 时，说明专家之间的协调程度较好[24]。用卡方检验来验证系数是否达到了显著性水平（$P<0.05$）。具体计算公式如下：

$$\text{变异系数}(CV)=\frac{\text{标准差}(SD)}{\text{平均值}(Mean)} \tag{8-3}$$

$$\text{肯德尔和谐系数}(W)=\frac{S}{\frac{1}{12}\left[K^2\left(N^3-N\right)-K\sum_{i=1}^{K}T_i\right]} \tag{8-4}$$

$$T_i=\sum_{i=1}^{m}\left(n_{ij}^3-n_{ij}\right)^2 \tag{8-5}$$

式中　N——被评价主体的数量；

K——评价者人数；

S——每个评价指标的分数的和与所有这些和的平均数的离差平方和。

8.2.2　指标体系构建结果分析

1. 专家基本情况分析

本研究共邀请专家 34 人，实际参与 34 人。其中，男性 22 人，女性 12 人。年龄小于 30 岁的 2 人，30 ~ 39 岁的 16 人，40 ~ 49 岁的 13 人，50 岁及以上的 3 人。本科及以下学历的 13 人，硕士研究生学历的 15 人，博士研究生学历的 6 人。来自高校的 3 人，来自疾控中心的 14 人，来自医院的 5 人，来自市政府相关机构的 6 人，来自基层社区的 6 人。有 7 人工作年限小于 10 年，有 21 人工作年限为 10 ~ 19 年，有 5 人工作年限为 20 ~ 29 年，有 1 人工作年限超过 30 年。专家基本情况见表 8-5。

表 8-5　专家基本情况

项目	基本情况	频数	构成比（%）
性别	男	22	64.7
	女	12	35.3
年龄（岁）	< 30	2	5.9
	30 ~ 39	16	47.1
	40 ~ 49	13	38.2
	≥ 50	3	8.8
最高学历	本科及以下	13	38.2
	硕士研究生	15	44.1
	博士研究生	6	17.6
单位性质	高校	3	8.8

（续表）

项目	基本情况	频数	构成比（%）
单位性质	疾控中心	14	41.2
	医院	5	14.7
	市政府相关机构	6	17.6
	基层社区	6	17.6
工作年限（年）	< 10	7	20.6
	10 ~ 19	21	61.8
	20 ~ 29	5	14.7
	≥ 30	1	2.9

2. 专家的积极性分析

当发放的专家咨询表有效回收率大于 70% 时，表明专家积极性较好。本研究在首轮咨询过程中，共发放了 34 份问卷，并成功回收了 34 份有效问卷。在第 2 轮咨询中，依旧向这 34 位专家发放了问卷，问卷的回收率同样达到了 100%。这表明，专家对本研究表现出了极高的关注度和参与积极性。

3. 专家的权威性分析

本研究经过 2 轮专家咨询，权威系数均值分别为 0.832 和 0.885。

4. 专家协调性分析

专家间的协调系数可用于衡量他们对指标意见的一致性水平。为了量化专家意见的一致性，本研究采用了肯德尔和谐系数（W）作为衡量标准，χ^2 为统计量，$P < 0.05$ 表示有统计学意义。W 值的增加表明专家间的协调程度有所提升，即专家意见的分歧程度降低。如表 8–6 所示，第 1 轮专家对总体指标的肯德尔和谐系数为 0.243，说明专家们对指标意见有分歧；第 2 轮专家对总体指标的肯德尔和谐系数为 0.445，分歧程度较第 1 轮有所降低，意见趋于一致。

表 8–6 指标体系框架的协调性分析

指标	第一轮			第二轮		
	肯德尔和谐系数（W）	χ^2	P	肯德尔和谐系数（W）	χ^2	P
一级指标	0.378	64.219	< 0.001	0.572	97.181	< 0.001
二级指标	0.237	161.471	< 0.001	0.487	347.456	< 0.001
三级指标	0.225	671.793	< 0.001	0.476	1 489.218	< 0.001
总体	0.243	950.927	< 0.001	0.445	1 817.463	< 0.001

5. 确认指标体系

由于专家意见已趋于一致，且肯德尔和谐系数呈上升趋势。因此，本研究无须进行第

3 轮专家咨询，可直接进入下一环节，计算指标的权重值。经过两轮专家咨询，上海公共卫生“应急韧性”治理指标体系最终框架确定（表 8–7）。

表 8–7　上海公共卫生“应急韧性”治理指标体系最终框架

一级指标（A）	二级指标（B）	三级指标（C）
A1 组织韧性	B1–1 应急指挥体系	C1–1–1 建立应急指挥领导小组
		C1–1–2 建立市、区两级公共卫生应急指挥中心
		C1–1–3 建立分级分类响应标准
		C1–1–4 建立多部门协同的应急指挥体系
		C1–1–5 公共卫生应急指挥信息系统建设
	B1–2 监测预警体系	C1–2–1 传染病事件监测覆盖率
		C1–2–2 传染病事件报告机制
		C1–2–3 预警信息处置
		C1–2–4 开展风险评估
	B1–3 医疗救治体系	C1–3–1 传染病医疗救治网络建设
		C1–3–2 建立重大疫情下的分级诊疗制度
		C1–3–3 建立应急救治“预备役”制度
		C1–3–4 中医药应急救治能力建设
	B1–4 组织保障体系	C1–4–1 应急能力建设和发展规划
		C1–4–2 制定疾控、医疗、市政府相关委办局的公共卫生职责清单
		C1–4–3 制定阻碍疫情防控、哄抬物价、造谣等违法行为的奖惩政策
		C1–4–4 建立应急状态下居民自付费用减免制度
		C1–4–5 制定应急状态下重点行业和中小企业的帮扶政策
A2 制度韧性	B2–1 应急队伍建设与管理制度	C2–1–1 疾病预防控制、医疗救治等专业应急处置队伍建设
		C2–1–2 队员结构和专业能力分布
		C2–1–3 重大传染病处置专家库建设
		C2–1–4 建立应急队伍的管理制度
		C2–1–5 应急队伍专项经费
	B2–2 应急培训与演练制度	C2–2–1 应急预案的完备性
		C2–2–2 制订年度应急培训、演练计划

（续表）

一级指标（A）	二级指标（B）	三级指标（C）
A2 制度韧性	B2-2 应急培训与演练制度	C2-2-3 应急培训、演练开展的频率
		C2-2-4 制定培训教材、演练方案
		C2-2-5 建立培训、演练效果评估
	B2-3 应急物资与资金管理制度	C2-3-1 应急物资的储备形式
		C2-3-2 制定应急物资储备目录与动态管理办法
		C2-3-3 应急物资储备量与应急需求的适配程度
		C2-3-4 年度应急储备金情况
		C2-3-5 应急物资紧急采购
	B2-4 平战结合机制	C2-4-1 建立人员应急征用、区域调动机制
		C2-4-2 建立传染病救治床位应急腾空机制
		C2-4-3 建立疾控、医疗、高校、科研院所、海关、第三方检测机构间的实验室网络
		C2-4-4 生产企业的紧急增产和转产
		C2-4-5 建立大型场所的应急转换机制
	B2-5 联防联控机制	C2-5-1 公共卫生工作联席会议制度
		C2-5-2 医疗卫生单位间联防联控机制
		C2-5-3 医疗卫生单位与非医疗单位（教育、农业、林业、动物 CDC、机场等）联防联控机制
		C2-5-4 与长三角区域和其他省市的协同联动机制
		C2-5-5 积极参与公共卫生全球治理
	B2-6 事后恢复与评估制度	C2-6-1 及时复工复产
		C2-6-2 参与应对人员安抚与补偿机制
		C2-6-3 事后总结与评估机制
		C2-6-4 后续制度、机制、应急预案及防范水平的完善
A3 设施韧性	B3-1 基础设施建设	C3-1-1 生物安全防护三级的实验室数量
		C3-1-2 体育馆等大型室内场所数量
		C3-1-3 可作为集中隔离场所的设施数量
		C3-1-4 医疗机构的数量
		C3-1-5 专业公共卫生机构的数量

（续表）

一级指标（A）	二级指标（B）	三级指标（C）
A3 设施韧性	B3-2 卫生设备配备情况	C3-2-1 负压救护车等特种车辆数量
		C3-2-2 传染病病房与床位数量
		C3-2-3 呼吸机等大型救治设备配比
		C3-2-4 发热门诊设置数量
	B3-3 装备配备情况	C3-3-1 现场流行病学调查、现场采样等应急处置装备配备
		C3-3-2 医疗急救装备配备
		C3-3-3 通信装备配备
A4 社会韧性	B4-1 公众宣传与健康教育	C4-1-1 制定健康宣传方案
		C4-1-2 定期进行健康宣传教育活动
		C4-1-3 宣传教育途径的多样性
	B4-2 社会基层治理	C4-2-1 建立社会动员机制
		C4-2-2 建立志愿者队伍管理制度
		C4-2-3 基层工作人员与志愿者队伍培训情况
		C4-2-4 建立与村（居）公共卫生委员会的协同机制
	B4-3 舆情应对	C4-3-1 开展舆情监测
		C4-3-2 政府信息发布
		C4-3-3 媒体沟通和舆情引导
A5 职业韧性	B5-1 疾病预防控制	C5-1-1 确诊病例的流行病学调查和现场处置能力
		C5-1-2 疑似病例和密切接触者的管控能力
		C5-1-3 场所环境消杀能力
		C5-1-4 实验室检测诊断能力
		C5-1-5 组织应急接种能力
	B5-2 医疗救援	C5-2-1 符合收治条件的医院
		C5-2-2 医院病例收容量
		C5-2-3 医院相关科室医疗救治能力
		C5-2-4 医院内感染预防与控制能力
		C5-2-5 传染病患者转运能力
	B5-3 指挥协调与沟通	C5-3-1 指挥中心和现场指挥的协调与沟通能力
		C5-3-2 和当地驻军、武警的协调与沟通能力

（续表）

一级指标（A）	二级指标（B）	三级指标（C）
A5 职业韧性	B5-3 指挥协调与沟通	C5-3-3 跨部门的协调与沟通能力
		C5-3-4 与长三角和其他区域省市的协调与沟通能力
A6 技术韧性	B6-1 应急信息技术	C6-1-1 传染病网络报告信息平台建设
		C6-1-2 预警信号报告系统新技术的运用
		C6-1-3 监测信息收集能力
		C6-1-4 公共卫生应急信息标准化建设
	B6-2 科研转化	C6-2-1 建立疾控、高校、科研院所等单位的合作机制
		C6-2-2 建立产学研用对接平台
		C6-2-3 应用型应急课题研究
	B6-3 药品与疫苗	C6-3-1 针对性药品与疫苗应急研发
		C6-3-2 药品与疫苗应急使用
		C6-3-3 药品与疫苗安全性监管

8.2.3　指标权重计算

1. 计算指标权重的步骤

（1）构建层次结构模型。

在计算指标权重之前，需要构建评价指标的层次分析模型，进而建立各级评价指标的判断矩阵，计算特征向量和最大特征根，并对判断矩阵的一致性进行检验。最终确定各指标的单一权重及合成权重[25]。

本书在经过两轮专家咨询后，形成了突发公共卫生事件综合应急能力评价指标体系。在构建分析模型时，将上海公共卫生“应急韧性”治理体系设置为目标层，将一级指标（A）和二级指标（B）设置为准则层，将三级指标（C）设置为方案层。其中，一级指标有 6 个、二级指标有 22 个、三级指标 93 个。最终构建层次分析模型，模型具体结构如图 8-3 所示。

（2）构造成对比较矩阵。

判断矩阵由准则层中各要素对总体目标的相对重要性评分值构成[26]。在指标体系构建过程中，大多数研究者采用 1 ~ 9 标度法来构建指标的判断矩阵[27]。1 ~ 9 标度法，又称相对重要性标度法，是萨蒂（T. L. Saaty）通过反复模拟试验研究提出的。与其他标度法相比，1 ~ 9 标度的标度值易于记忆和掌握，其可记忆性和可感知性最为突出[28]，可以将专

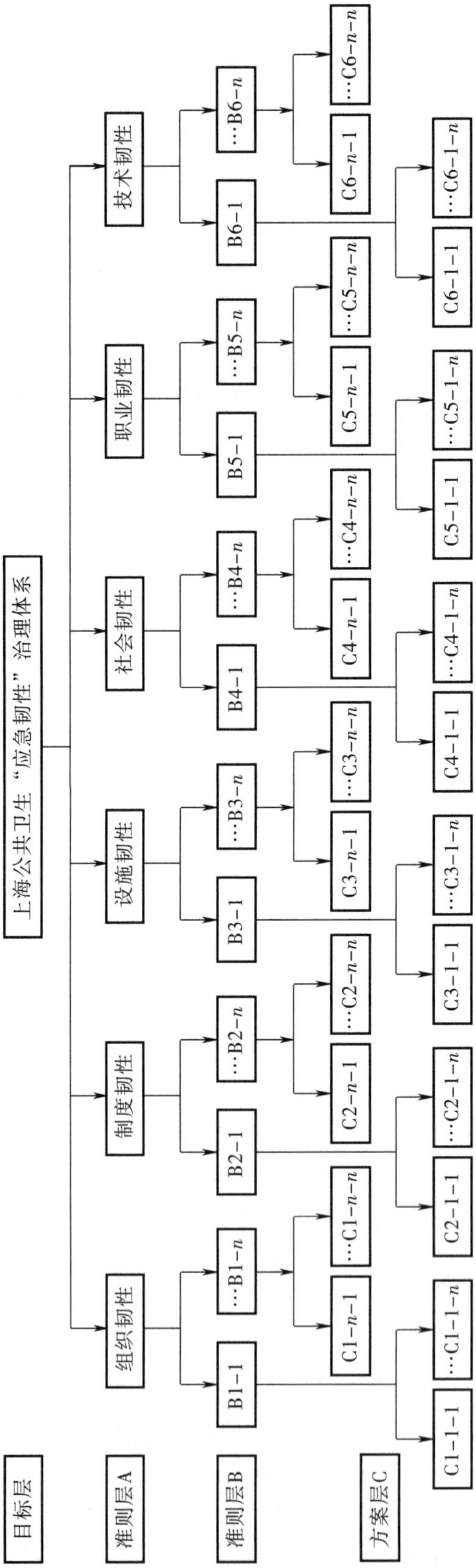

图 8-3 上海公共卫生“应急韧性”治理体系指标层次分析模型

家们的思维判断结果更有效地进行数量化。假如 B_i 和 B_j 是同一层级 A 下的 2 个指标，那么 2 个指标相对重要性的取值标度的表示如表 8–8 所示，A 层级下的判断矩阵如表 8–9 所示。

表 8–8　标度法的定义与解释

Saaty 标度	定义	解释说明
1	同等重要	B_i 和 B_j 对目标具有同等贡献
3	略重要	B_i 和 B_j 相比略有利
5	基本重要	B_i 和 B_j 相比更有利
7	确实重要	B_i 和 B_j 相比更有利，且在实践中证明
9	绝对重要	B_i 和 B_j 相比，重要程度明显
2、4、6、8	相邻标度的中间值	相邻标度之间需要折中时采用
以上标度的倒数	反方向比较	当 B_i 比 B_j 重要时，B_j 比 B_i 的重要性标度为 B_i 比 B_j 重要时标度的倒数

表 8–9　A–B 判断矩阵表

A	B_1	B_2	B_3	…	B_n
B_1	B_{11}	B_{12}	B_{13}	…	B_{1n}
B_2	B_{21}	B_{22}	B_{23}	…	B_{2n}
B_3	B_{31}	B_{32}	B_{33}	…	B_{3n}
…	…	…	…	…	…
B_n	B_{n1}	B_{n2}	B_{n3}	…	B_{nn}

（3）同一准则下指标权重的计算。

计算同一准则下各指标的权重值，本质上是求解判断矩阵的最大特征值和权重向量。常用的指标权重计算方法包括均方法、和积法、特征向量法和最小二乘法等[29]，本书采用“和积法”计算矩阵的最大特征根和权重向量。“和积法”的计算过程包含以下四个步骤：①对判断矩阵的每一列进行归一化处理；②将处理后的判断矩阵按行求和；③对第二步得到的向量进行归一化；④求出判断矩阵的最大特征根。假定一个判断矩阵 $\boldsymbol{C}$ 中的元素为 c_{ij}（i，j=1，2，3，…，n，n 为判断矩阵的阶数）。具体计算过程如下：

第一步：对构建的判断矩阵中的每一列元素进行归一化整理，计算公式如下：

$$\overline{c_{ij}} = \frac{c_{ij}}{\sum c_{ij}}(i,\ j=1,\ 2,\ 3,\ \cdots,\ n) \tag{8-6}$$

第二步：将上述归一化整理后的判断矩阵按行进行相加，计算公式如下：

$$w_i = \sum_{i=1}^{n} \overline{c_{ij}}(i,\ j=1,\ 2,\ 3,\ \cdots,\ n) \tag{8-7}$$

第三步：将得到的向量进行正规化处理，计算公式如下：

$$\overline{w_i} = \frac{w_i}{\sum_{i=1}^{n} w_i}(i, j=1, 2, 3, \cdots, n) \tag{8-8}$$

第四步：计算最大特征根，计算公式如下：

$$\lambda_{\max} = \sum_{i=1}^{n} \frac{[\overline{w_i}]_i}{n(w_i)_i} \tag{8-9}$$

（4）一致性检验。

通过一致性检验对判断矩阵的合理性进行验证，避免判断矩阵之间存在不一致问题。具体计算公式如下：

$$CI = \frac{\lambda_{\max} - n}{n-1} \tag{8-10}$$

式中 $\lambda_{\max}$——比较矩阵的最大特征值；

n——受检验层次的子目标数。

当构建的判断矩阵阶数大于或等于 3 阶时，矩阵可能出现不一致的情况。因此，对于阶数大于或等于 3 的矩阵，需进行一致性检验。*RI* 用于检验不同阶数矩阵的一致性，其数值与判断矩阵的阶数相关，阶数越大，*RI* 值越高[30]。平均随机一致性指数见表 8-10。

表 8-10　平均随机一致性指数

矩阵阶数	1	2	3	4	5	6	7	8	9	10
CI	0	0	0.520	0.890	1.120	1.260	1.360	1.410	1.460	1.490

一致性比率（*CR*）的计算式：

$$CR = \frac{CI}{RI} \tag{8-11}$$

当 *CR* 小于 0.1 时，表示比较矩阵是一致的，反之，则需要对判断矩阵指标的两两比较结果进行调整。

（5）计算指标组合权重。

通过数据分析平台可以计算出同一准则下各指标的权重，但一级指标、二级指标和三级指标的权重均为独立值。因此，为了获得目标层对准则层和方案层的权重，需进一步计算各级指标的合成权重。本书计算合成权重最常用的乘积法计算指标的合成权重，具体计算公式如下：

$$W = W_{Ai} \cdot W_{Bij} \cdot W_{Cij} \tag{8-12}$$

式中 W——最终的合成权重；

W_{Ai}——同一准则下一级指标的独立权重；

W_{Bij}——一级指标下二级指标的独立权重；

W_{Cij}——二级指标下三级指标的独立权重。

2. 指标权重的计算结果分析

本书以一级指标为例，阐述指标权重的计算过程。

（1）指标的权重计算。

本研究确定了 6 项一级指标，分别为组织韧性、制度韧性、设施韧性、社会韧性、职业韧性和技术韧性。一级指标判断矩阵见表 8–11。

表 8–11　一级指标判断矩阵

项目	组织韧性	制度韧性	设施韧性	社会韧性	职业韧性	技术韧性
组织韧性	1	1/2	4	4	2	4
制度韧性	2	1	5	4	2	4
设施韧性	1/4	1/5	1	1/2	1/4	1/2
社会韧性	1/4	1/4	2	1	1/4	2
职业韧性	1/2	1/2	4	4	1	4
技术韧性	1/4	1/4	2	1/2	1/4	1

对 6 项一级指标构建的 6 阶判断矩阵进行层次分析法研究（计算方法为和积法），分析得到特征向量为（1.534，2.010，0.300，0.506，1.243，0.406），并且 6 项指标对应的权重值分别是 0.256、0.335、0.050、0.084、0.207 和 0.068，最大特征值为 6.244，*CI* 值为 0.049。一级指标层级分析结果见表 8–12。

表 8–12　一级指标层次分析结果

项目	特征向量	权重值	最大特征根	*CI* 值
A1 组织韧性	1.534	0.256	6.244	0.049
A2 制度韧性	2.010	0.335		
A3 设施韧性	0.300	0.050		
A4 社会韧性	0.506	0.084		
A5 职业韧性	1.243	0.207		
A6 技术韧性	0.406	0.068		

（2）一级指标一致性检验。

通常 *CR* 值越小，意味着判断矩阵的一致性越佳。一般来说，若 *CR* 值低于 0.1，则判断矩阵通过一致性检验。若 *CR* 值大于 0.1，则表明矩阵不具备一致性，需对判断矩阵进行适当调整后重新分析。通过计算得到了由 6 项一级指标构成的 6 阶判断矩阵的 *CI* 值为 0.049，通过查询 *RI* 表得到 6 阶矩阵对应的 *RI* 值为 1.260，计算得到 *CR* 值为 0.039，小于 0.1，说明计算所得权重具有一致性。

表 8-13　一级指标一致性检验结果汇总

最大特征根	*CI* 值	*RI* 值	*CR* 值	一致性检验结果
6.244	0.049	1.260	0.039	通过

3. 各级指标权重及组合权重

通过计算各级指标的权重及最终的合成权重，最终得到了上海公共卫生“应急韧性”治理指标体系的权重系数。具体见表 8-14。

表 8-14　指标的组合权重

一级指标	权重	二级指标	权重	组合权重	三级指标	权重	组合权重
A1 组织韧性	0.256	B1-1 应急指挥体系	0.294	0.075	C1-1-1 建立应急指挥领导小组	0.226	0.066
					C1-1-2 建立、市区两级公共卫生应急指挥中心	0.049	0.014
					C1-1-3 建立分级分类响应标准	0.29	0.085
					C1-1-4 建立多部门协同的应急指挥体系	0.049	0.014
					C1-1-5 公共卫生应急指挥信息系统建设	0.385	0.113
		B1-2 监测预警体系	0.417	0.107	C1-2-1 传染病事件监测覆盖率	0.077	0.032
					C1-2-2 传染病事件报告机制	0.437	0.182
					C1-2-3 预警信息处置	0.053	0.022
					C1-2-4 开展风险评估	0.333	0.139
		B1-3 医疗救治体系	0.213	0.055	C1-3-1 传染病医疗救治网络建设	0.498	0.106
					C1-3-2 建立重大疫情下的分级诊疗制度	0.354	0.075
					C1-3-3 建立应急救治“预备役”制度	0.087	0.019
					C1-3-4 中医药应急救治能力建设	0.061	0.013
		B1-4 组织保障体系	0.076	0.019	C1-4-1 应急能力建设和发展规划	0.053	0.004
					C1-4-2 制定疾控、医疗、市政府相关委办局的公共卫生职责清单	0.098	0.007
					C1-4-3 制定阻碍疫情防控、哄抬物价、造谣等违法行为的奖惩政策	0.389	0.030
					C1-4-4 建立应急状态下居民自付费用减免制度	0.389	0.030
					C1-4-5 制定应急状态下重点行业和中小企业的帮扶政策	0.071	0.005

（续表）

一级指标	权重	二级指标	权重	组合权重	三级指标	权重	组合权重
A2 制度韧性	0.335	B2-1 应急队伍建设与管理制度	0.131	0.044	C2-1-1 疾病预防控制、医疗救治等专业应急处置队伍建设	0.227	0.030
					C2-1-2 队员结构和专业能力分布	0.059	0.008
					C2-1-3 重大传染病处置专家库建设	0.335	0.044
					C2-1-4 建立应急队伍的管理制度	0.044	0.006
					C2-1-5 应急队伍专项经费	0.335	0.044
		B2-2 应急培训与演练制度	0.204	0.068	C2-2-1 应急预案的完备性	0.133	0.027
					C2-2-2 制定年度应急培训、演练计划	0.424	0.086
					C2-2-3 应急培训、演练开展的频率	0.073	0.015
					C2-2-4 制定培训教材、演练方案	0.321	0.065
					C2-2-5 建立培训、演练效果评估	0.05	0.010
		B2-3 应急物资与资金管理制度	0.294	0.098	C2-3-1 应急物资的储备形式	0.226	0.066
					C2-3-2 制定应急物资储备目录与动态管理办法	0.049	0.014
					C2-3-3 应急物资储备量与应急需求的适配程度	0.385	0.113
					C2-3-4 年度应急储备金情况	0.049	0.014
					C2-3-5 应急物资紧急采购	0.29	0.085
		B2-4 平战结合机制	0.131	0.044	C2-4-1 建立人员应急征用、区域调动机制	0.1	0.013
					C2-4-2 建立传染病救治床位应急腾空机制	0.437	0.057
					C2-4-3 建立疾控、医疗、高校、科研院所、海关、第三方检测机构间的实验室网络	0.077	0.010
					C2-4-4 生产企业的紧急增产和转产	0.053	0.007
					C2-4-5 建立大型场所的应急转换机制	0.333	0.044
		B2-5 联防联控机制	0.204	0.068	C2-5-1 公共卫生工作联席会议制度	0.297	0.061
					C2-5-2 医疗卫生单位间联防联控机制	0.056	0.011
					C2-5-3 医疗卫生单位与非医疗单位（教育、农业、林业、动物 CDC、机场等）联防联控机制	0.421	0.086

（续表）

一级指标	权重	二级指标	权重	组合权重	三级指标	权重	组合权重
A2 制度韧性	0.335	B2–5 联防联控机制	0.204	0.068	C2–5–4 与长三角区域和其他省市的协同联动机制	0.169	0.034
					C2–5–5 积极参与公共卫生全球治理	0.056	0.011
		B2–6 事后恢复与评估制度	0.038	0.013	C2–6–1 及时复工复产	0.221	0.008
					C2–6–2 参与应对人员安抚与补偿机制	0.363	0.014
					C2–6–3 事后总结与评估机制	0.053	0.002
					C2–6–4 后续制度、机制、应急预案及防范水平的完善	0.363	0.014
A3 设施韧性	0.050	B3–1 基础设施建设	0.312	0.016	C3–1–1 生物安全防护三级的实验室数量	0.053	0.017
					C3–1–2 体育馆等大型室内场所数量	0.447	0.139
					C3–1–3 可作为集中隔离场所的设施数量	0.099	0.031
					C3–1–4 医疗机构的数量	0.328	0.102
					C3–1–5 专业公共卫生机构的数量	0.073	0.023
		B3–2 设备配备情况	0.198	0.010	C3–2–1 负压救护车等特种车辆数量	0.339	0.067
					C3–2–2 传染病病房与床位数量	0.099	0.020
					C3–2–3 呼吸机等大型救治设备配比	0.066	0.013
					C3–2–4 发热门诊设置数量	0.497	0.098
		B3–3 装备配备情况	0.491	0.025	C3–3–1 现场流行病学调查、现场采样等应急处置装备配备	0.164	0.081
					C3–3–2 医疗急救装备配备	0.297	0.146
					C3–3–3 通信装备配备	0.539	0.265
A4 社会韧性	0.084	B4–1 公众宣传与健康教育	0.491	0.025	C4–1–1 制定健康宣传方案	0.359	0.176
					C4–1–2 定期进行健康宣传教育活动	0.564	0.277
					C4–1–3 宣传教育途径的多样性	0.077	0.038
		B4–2 社会基层治理	0.491	0.041	C4–2–1 建立社会动员机制	0.497	0.098
					C4–2–2 建立志愿者队伍管理制度	0.066	0.013
					C4–2–3 基层工作人员与志愿者队伍培训情况	0.339	0.067
					C4–2–4 建立与村（居）公共卫生委员会的协同机制	0.099	0.020
		B4–3 舆情应对	0.198	0.017	C4–3–1 开展舆情监测	0.556	0.173
					C4–3–2 政府信息发布	0.09	0.028
					C4–3–3 媒体沟通和舆情引导	0.354	0.110

（续表）

一级指标	权重	二级指标	权重	组合权重	三级指标	权重	组合权重
A5 职业韧性	0.207	B5-1 疾病预防控制	0.312	0.026	C5-1-1 确诊病例的流行病学调查和现场处置能力	0.115	0.040
					C5-1-2 疑似病例和密切接触者的管控能力	0.050	0.017
					C5-1-3 场所环境消杀能力	0.440	0.152
					C5-1-4 实验室检测诊断能力	0.318	0.110
					C5-1-5 组织应急接种能力	0.077	0.027
		B5-2 医疗救援	0.346	0.072	C5-2-1 符合收治条件的医院	0.246	0.027
					C5-2-2 医院病例收容量	0.049	0.005
					C5-2-3 医院相关科室医疗救治能力	0.390	0.043
					C5-2-4 医院内感染预防与控制能力	0.068	0.007
					C5-2-5 传染病患者转运能力	0.246	0.027
		B5-3 指挥协调与沟通	0.11	0.023	C5-3-1 指挥中心与现场指挥的协调与沟通能力	0.484	0.053
					C5-3-2 与当地驻军、武警的协调与沟通能力	0.071	0.008
					C5-3-3 跨部门的协调与沟通能力	0.344	0.038
					C5-3-4 与长三角和其他区域省市的协调与沟通能力	0.101	0.011
A6 技术韧性	0.068	B6-1 应急信息技术	0.544	0.113	C6-1-1 传染病网络报告信息平台建设	0.095	0.067
					C6-1-2 预警信号报告系统新技术的运用	0.642	0.451
					C6-1-3 监测信息收集能力	0.095	0.067
					C6-1-4 公共卫生应急信息标准化建设	0.168	0.118
		B6-2 科研转化	0.703	0.048	C6-2-1 建立疾控、高校、科研院所等单位的合作机制	0.564	0.103
					C6-2-2 建立产学研用对接平台	0.359	0.065
					C6-2-3 应用型应急课题研究	0.077	0.014
		B6-3 药品与疫苗	0.182	0.012	C6-3-1 针对性药品与疫苗应急研发	0.101	0.012
					C6-3-2 药品与疫苗应急使用	0.739	0.085
					C6-3-3 药品与疫苗安全性监管	0.160	0.018

8.3 城市公共卫生“应急韧性”治理指标体系的应用

上海是典型的超大型城市。据《2024 年上海统计年鉴》统计数据显示，截至 2023 年 12 月 31 日，上海市常住人口为 2 487.45 万人，其中外来人口为 1 007.28 万人，占常住人口的 40.49%，人口密度为 3 923 人 / 平方公里。截至 2023 年底，上海市 60 岁及以上老年人口 568.05 万人，占总人口的 37.4%；65 岁及以上老年人口 437.92 万人，占总人口的 28.8%。上海是我国的经济中心城市和金融中心城市，拥有丰富的医疗资源。因此，本节以上海市为例，运用构建的城市公共卫生“应急韧性”治理指标体系对其公共卫生应急管理体系现状进行评价。

8.3.1 上海市公共卫生应急管理体系建设现状分析

1. 管理与指挥体制

根据《上海市突发公共卫生事件专项应急预案》，当发生特别重大或重大突发公共卫生事件时，市委、市政府应根据需求，设立市突发公共卫生事件应急处置指挥部，统一指挥应急处置工作。

为满足应对重大传染病疫情的防控需求，上海市成立了传染病疫情防控工作领导小组，下设领导小组办公室，即突发公共卫生事件应急处置指挥部（以下简称“指挥部”）。同时，为加强传染病疫情防控措施的有效实施，指挥部下设 11 个工作组。通过与区、社区的协同联动，形成了上海市公共卫生应急管理组织体系框架，详见图 8–4。

2. 预防与应急准备

（1）应急预案。

上海市政府依据《中华人民共和国突发事件应对法》和《国家突发公共事件总体应急预案》等相关法律法规，制定了《上海市突发事件应急预案管理实施办法》，并编制完善了上海市应急预案体系。其中，《上海市突发公共事件总体应急预案》是最重要的预案，明确了总则、组织体系、工作机制、应急保障和监督管理四个方面的内容。上海市应急委员会根据上海市总体应急预案及实际情况，会同市级有关部门，编制了包含自然灾害类、事故灾难类、社会安全事件类、公共卫生类和应急保障类五大类共 39 个专项应急预案。

为有效应对各类突发公共卫生事件，上海市以国家相关法律法规为依据，参考上级行政部门的突发公共卫生事件应急预案，结合本地实际情况，先后印发了 10 部市级传染病疫情部门应急预案，见表 8–15。

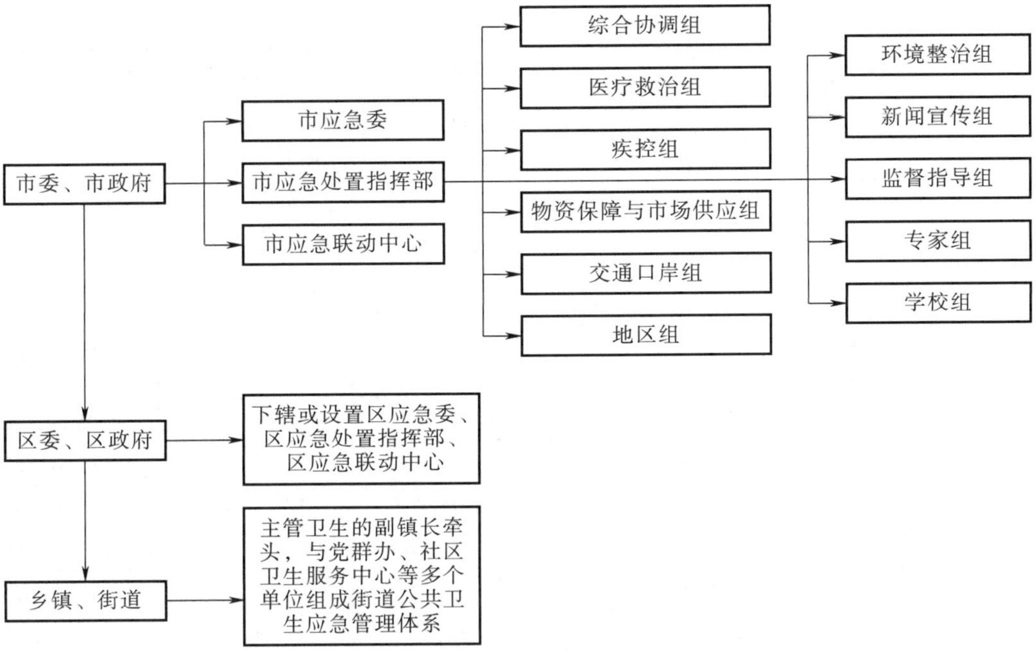

图 8-4　上海市公共卫生应急管理组织体系架构

表 8-15　上海市传染病疫情部门应急预案（市级层面）

序号	预案名称	发布时间 / 年	印发单位
1	上海市预防和控制非典工作预案	2003	市政府
2	上海市突发公共卫生事件专项应急预案	2006	市政府
3	上海市预防和控制人感染高致病性禽流感工作预案（2006 年修订版）	2006	市爱卫办、原市卫生局
4	上海市血吸虫病突发疫情应急处置预案	2006	市爱卫办、原市卫生局
5	上海市血吸虫病疫情预警处理预案	2006	市爱卫办、原市卫生局
6	上海市手足口病防治工作预案	2008	市政府
7	上海市流感大流行应急预案	2012	市政府
8	上海市脊髓灰质炎野病毒输入性疫情和疫苗衍生病毒相关事件应急处置预案	2016	市卫计委
9	上海市新型冠状病毒肺炎防控应急预案	2022	内部文件
10	上海市猴痘疫情控制应急预案	2024	市疾控局

（2）卫生健康机构。

根据《2024 年上海统计年鉴》，上海市二级及以上医院数量为 480 家，基层医疗卫生机构为 5 796 家，专业公共卫生机构为 104 家，卫生技术人员达 253 462 人。详见表 8-16。

表 8-16　上海市各类卫生健康机构及卫生技术人员数

机构类别		机构数（占比 /%）	从业人员（占比 /%）	卫生技术人员（占比 /%）
医院	二级及以上医院	480（7.524）	208 362（68.203）	177 584（70.063）
基层医疗卫生机构	社区卫生服务中心（站）	1 192（18.683）	39 775（13.020）	35 182（13.881）
	村卫生室	1 118（17.524）	314（0.103）	314（0.124）
	门诊部	1 499（23.495）	25 008（8.186）	21 599（8.522）
	诊所、卫生所、医务室、护理站	1 987（31.144）	16 983（5.559）	8 479（3.345）
专业公共卫生机构	疾病预防控制中心	19（0.298）	3 568（1.168）	3 017（1.190）
	专科疾病防治院（所、站）	15（0.235）	1 735（0.568）	1 443（0.569）
	健康教育所（站、中心）	6（0.094）	313（0.102）	91（0.036）
	妇幼保健院（所、站）	19（0.298）	2 839（0.929）	2 448（0.966）
	急救中心（站）	12（0.188）	4 337（1.420）	1 561（0.616）
	采供血机构	8（0.125）	801（0.262）	616（0.243）
	卫生监督所（中心）	17（0.266）	1 355（0.444）	1 117（0.441）
	计划生育技术服务机构	8（0.125）	112（0.037）	11（0.004）
总计		6 380	305 502	253 462

（3）卫生应急队伍。

在公共卫生应急处置队伍建设方面，上海市已建立了“市（市疾控中心）–区（区疾控中心）–社区（社区卫生服务中心）”三级公共卫生应急处置队伍。按照《上海市基层传染病应急队伍标准化建设方案》（沪疾控局监测〔2024〕2 号）的要求，截至 2024 年 5 月底，上海市 16 个区的社区卫生服务中心均已建立基层传染病应急队伍。截至 2024 年 8 月，据上海市疾病预防控制中心统计，上海市、区两级公共卫生应急处置队伍人数达到了 1 921 人。上海市、区两级疾控中心公共卫生应急队员的年龄范围为 25 ~ 46 岁，平均年龄为（36.82 ± 9.05）岁，详见表 8-17。

表 8-17　上海市、区两级疾控中心公共卫生应急队员基本情况

特征		市级（n=310）	区级（n=1 611）	合计	
				合计人数	占比 /%
年龄 / 岁	≤ 25	12	138	150	7.81
	26 ~ 35	143	684	827	43.05
	36 ~ 45	99	472	571	29.72
	≥ 46	56	317	373	19.42
性别	男	107	555	662	34.46
	女	203	1 056	1 259	65.54

（续表）

特征		市级（n=310）	区级（n=1 611）	合计	
				合计人数	占比 /%
学历	大学专科及以下	15	109	124	6.45
	大学本科	114	1 032	1 146	59.66
	硕士	151	459	610	31.75
	博士	30	11	41	2.13
职称	医师	200	1 102	1 302	67.78
	技师	72	400	472	24.57
	其他	38	109	147	7.65
职称级别	未定级	32	195	227	11.82
	初级	80	481	561	29.20
	中级	87	703	790	41.12
	副高级	66	193	259	13.48
	正高级	45	39	84	4.37
从事卫生应急工作年限 / 年	≤ 5	185	782	967	50.34
	6 ~ 10	44	291	335	17.44
	≥ 11	81	538	619	32.22
是否患有重大疾病	否	303	1 561	1 864	97.03
	是	7	50	57	2.97
是否有慢性基础性疾病	否	272	1 391	1 663	86.57
	是	38	220	258	13.43

上海市、区两级疾控中心根据突发公共卫生事件的类型，设立了 12 个常规应急组和 2 个后备组。常规应急组包括综合协调组、急性传染病处置组、食源性疾病处置组、病原生物检测组、消毒与病媒生物控制组、慢性传染病处置组、免疫可预防疾病处置组、化学品毒性检测组、环境事件处置组、职业中毒处置组、保障组和放射事件处置组；后备组包括急性传染病处置后备组和健康相关危害因素控制后备组，详见表 8–18。

表 8–18 上海市、区两级疾控中心公共卫生应急队伍小组

组别		市级人数	区级人数	合计	
				合计人数	占比 /%
常规应急组	综合协调组	67	232	299	15.56
	急性传染病处置组	71	618	689	35.87
	食源性疾病处置组	23	275	298	15.51

（续表）

组别		市级人数	区级人数	合计	
				合计人数	占比 /%
常规应急组	病原生物检测组	35	218	253	13.17
	消毒与病媒生物控制组	20	169	189	9.84
	慢性传染病处置组	8	159	167	8.69
	免疫可预防疾病处置组	24	142	166	8.64
	化学品毒性检测组	33	127	160	8.33
	环境事件处置组	22	137	159	8.28
	职业中毒处置组	9	136	145	7.55
	保障组	21	108	129	6.72
	放射事件处置组	8	70	78	4.06
后备应急组	急性传染病处置后备组	83	213	296	15.41
	健康相关危害因素控制后备组	50	56	106	5.52

在紧急医学救援队伍建设方面，截至 2024 年 11 月，上海市已组建了 2 支国家紧急医学救援队、1 支国家中医紧急医学救援队、1 支国家中医疫病防治队、1 支国家突发急性传染病防控队、1 支国家核应急救援分队。并且早在 2016 年，同济大学附属东方医院的 56 名医务人员组成的紧急医学救援队荣获世界卫生组织官方认证，成为全球首批获此认证的救援队之一，即中国国际应急医疗队（上海）。上海市紧急医学救援队伍的构成如图 8–5 所示。

3. 监测与预警

近年来，世界卫生组织（WHO）为了达成早期预警的目标，强调了加强指标型监测系统和事件型监测系统的必要性，特别是对事件型监测系统的重视和完善。我国在 2004 年建立了全国性的突发公共卫生事件监测报告系统，统一了事件报告的标准和时限，从而显著提升了突发公共卫生事件报告的时效性和质量。然而，许多事件很难达到突发公共卫生事件的报告标准。鉴于此，上海市对原有报告标准进行优化，建立了突发公共卫生苗子事件的报告与响应标准。

监测业务流程的设计采用了市、区两级应急管理部门相互衔接的方式。区疾控中心的业务部门在接到符合突发公共卫生早期事件定义的报告后，会将信息转交给本中心的应急管理部门，该部门随后将信息上报至市疾控中心的应急管理处进行汇总。这种模式有效利用了区疾控中心应急管理部门在信息收集和管理方面的职能。市疾控中心应急管理部门在接收到区疾控中心的报告后，迅速与市疾控中心的相关业务部门进行信息交流，以保证各业务线能够及时跟进、指导，并指派人员参与应急处理。上海市突发公共卫生苗子事件监测系统业务流程见图 8–6。

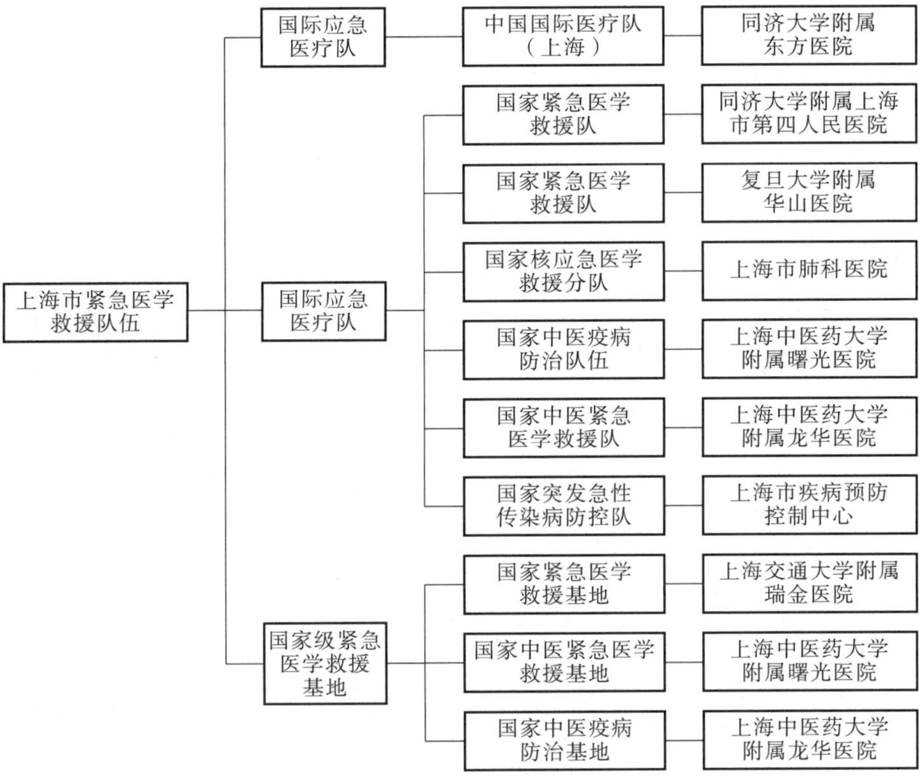

图 8-5　上海市紧急医学救援队伍的构成

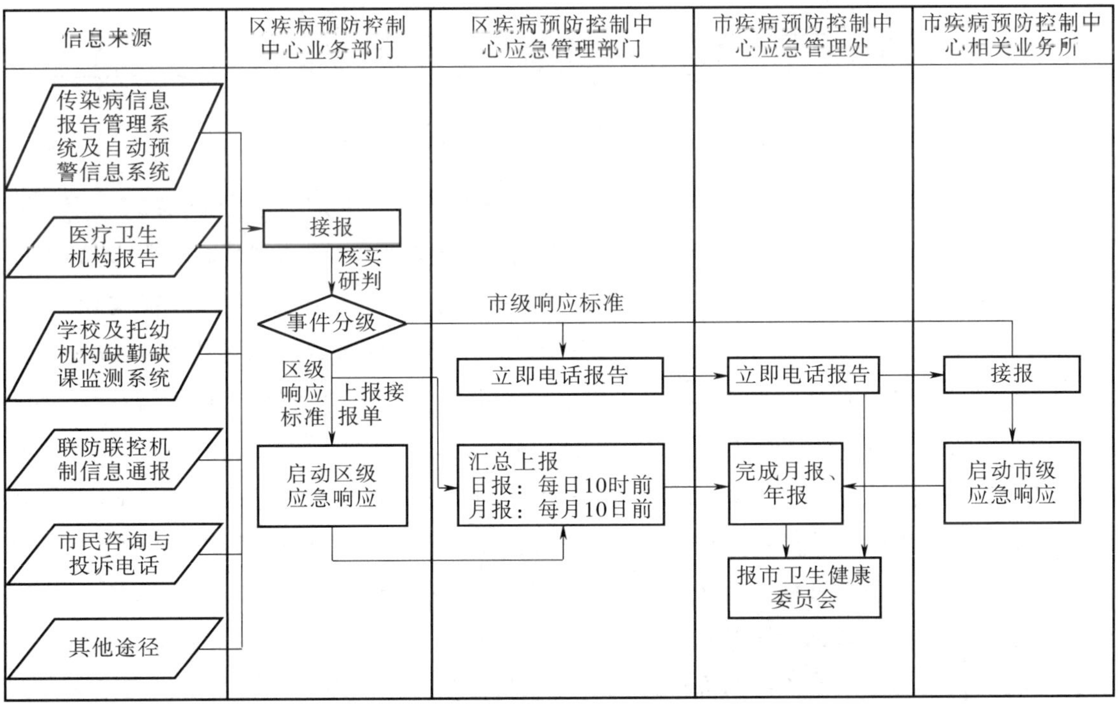

图 8-6　上海市突发公共卫生苗子事件监测系统业务流程[31]

4. 应急处置与救援

2003 年 9 月，上海市人民政府发布了《上海市实施〈突发公共卫生事件应急条例〉细则》，标志着上海市在应对突发公共卫生事件方面建立了明确的法规和机制。2004 年，上海市建立了由各相关部门共同参与的公共卫生工作联席会议制度，并成立了突发公共事件应急管理委员会。该委员会对上海市突发公共事件的预防和管理工作进行了统一领导和协调，构建了一个涵盖政府、市卫生主管部门、各级地方医疗卫生机构、社会相关组织和团体、个人及全体市民共同参与的“分类管理、分级负责、条块结合、属地为主”的应急管理机制。当突发公共卫生事件发生时，人民政府与卫生健康委员会将联合开展核实调查工作，制定相关防控措施，并向社会发布公告。突发公共卫生事件报告流程如图 8-7 所示。

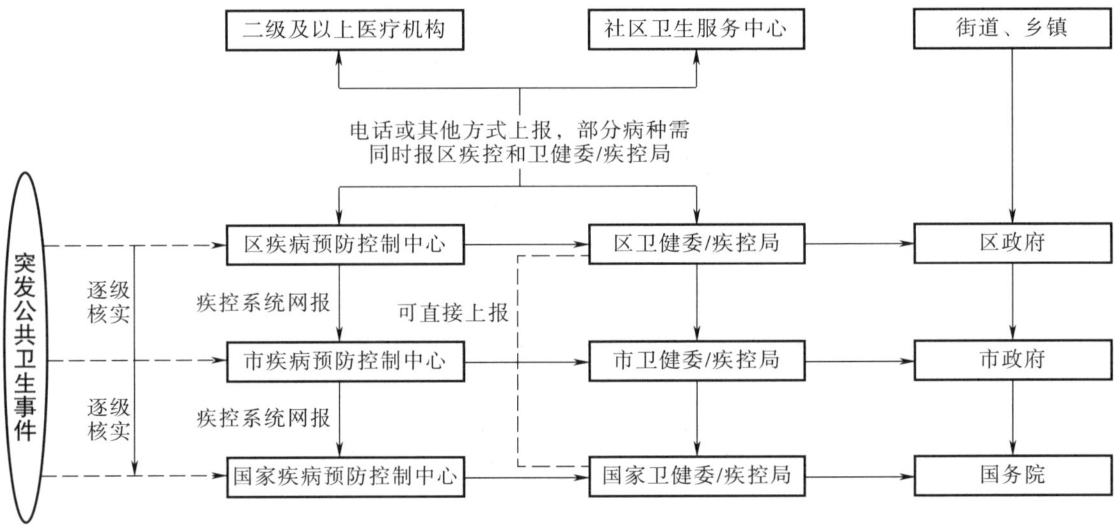

图 8-7　突发公共卫生事件报告流程

在紧急医学救援方面，上海市积极推进分级诊疗制度。2022 年末，随着新冠疫情防控策略的逐步调整，大量感染者涌入二、三级医院，造成医疗资源吃紧的局面，医务工作者面临巨大的工作压力。截至 2022 年 12 月，上海市 145 家二级及以上医疗机构和 2 226 家社区卫生服务中心共设有 2 371 个发热门诊[32]。249 家社区卫生服务中心、53 所区级综合医院以及 17 所市级综合医院联合构建了“三级对口”联动机制，确保了新冠病毒感染者的双向转诊顺畅[33]。2022 年 7 月，上海市以复旦大学附属华山医院为示范诊治中心（组长单位），建立了一个“上海市传染病临床诊治网络体系”，包括 5 家市级和 9 家区域传染病临床诊治中心。该体系的建立旨在提升上海市应对传染性疾病突发事件的能力，完善重大公共卫生应急管理机制，为城市公共安全构筑一道坚固的防线[34]。上海市 15 家市级和区域中心的隔离病房总床位数为 527 张，通过应急机制可以扩充至超过 1 200 张。同时，上海市首次成立了由 100 多人组成的综合型传染病专家团队，使得传染病救治人才队伍总规模达到 600 多人。2024 年 8 月，上海市卫生健康委员会等八部门联合制定了《上海市加强突发事件紧急医学救援体系建设行动计划（2024—2027 年）》，致力于构建与国际化大都市功能定位相适应的突发事件紧急医学救援体系。通过在政策规划、基地建设、队伍建设、能力提升、协作联动和物资保障等多方面的努力，上海市已建立起更加完善、高效、专业的紧急医学救援体系，为应对各类突发事件提供了坚实保障。

5. 应急保障

（1）应急物资保障。

上海市的医疗应急物资管理工作由上海市卫生健康委员会负责，上海市药品监督管理局、上海市经济和信息化委员会等部门分别负责医疗应急物资的质量监管、生产和供应、规划、资金保障等。在新冠疫情初期，上海市人民政府办公厅成立了上海市新型冠状病毒感染的肺炎疫情防控工作领导小组（以下简称“领导小组”），并指定了上海医药集团股份有限公司（以下简称“上药集团”）为上海市医疗应急物资的采购方。2020 年 2 月 1 日，领导小组将物资保障组扩展为物资保障与市场供应组。全市的医疗物资保障工作由市卫健委、市商务委和市经信委三家机构作为组长单位共同承担，市发展改革委、市市场监管局等机构进行协助。为了保障新冠疫情防控期间各相关单位的医疗物资供应，上海市物品防疫与物资保障组采取了“ABC”的按优先级分类和“红、黄、绿灯”的按库存分级的医疗物资供应应急处置模式，将供应紧急情况细分为三类三级（图 8-8）。每周联合上海

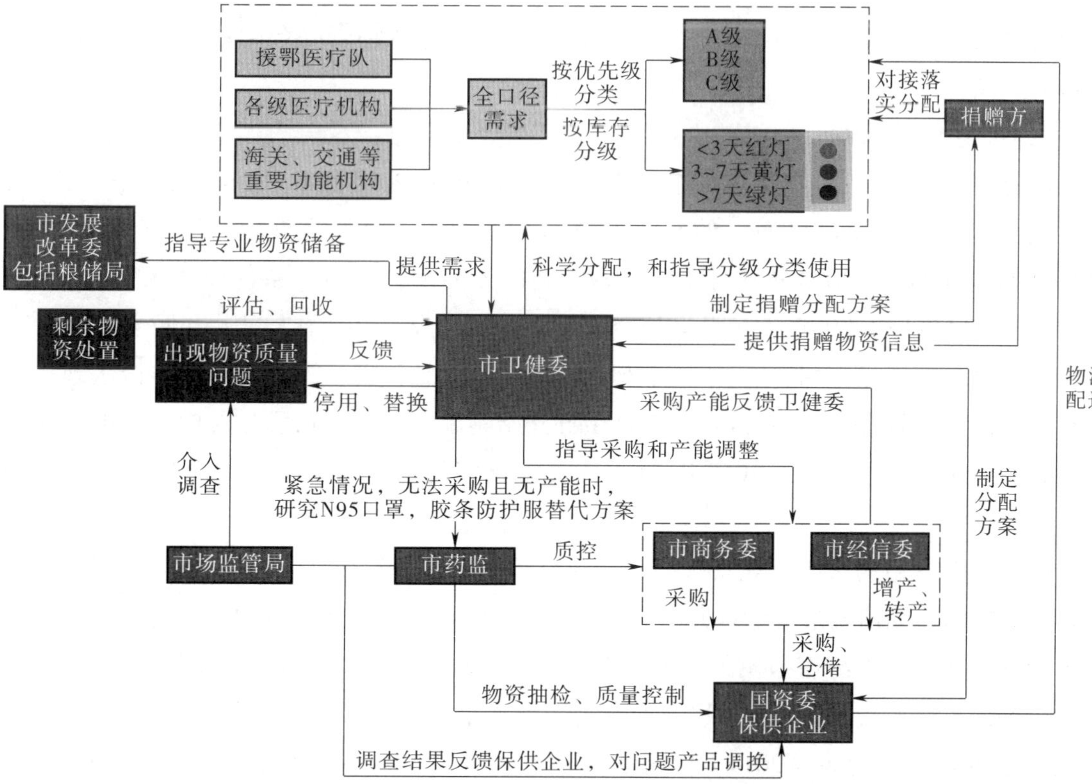

图 8-8　上海市物资保障与市场供应组运行机制

申康医院发展中心与各区防控办负责人，整理并形成每周物资使用情况报表，加强基层储备实况调研和分级分类管理，对数据进行分析，切实把有限的资源用在最需要的地方，确保上海市医疗物资供应有序、有力。

2020 年 7 月，上海市发展改革委、市卫生健康委等 14 个部门联合发布《关于建立健全上海市公共卫生应急物资保障体系的实施意见》，形成了常规防护物资和专业医用物资两张储备清单，切实提升了应对突发公共卫生事件应急物资保障能力。2020 年 12 月，上海市财政局依据《中共上海市委、上海市人民政府关于完善重大疫情防控体制机制健全公共卫生应急管理体系的若干意见》中，关于加强公共卫生应急物资储备的要求，积极联合相关部门研究建立专业医用物资储备机制，支持完善公共卫生应急物资保障体系，并全力保障上海市公共卫生应急专业医用物资储备的资金需求。根据医疗卫生领域的防控保障需求，上海市采用企业动态储备的方式，建立了五类专业医用物资储备清单，包括医疗救治装备类、诊断设备和配套试剂类、个人防护类、疫苗药品类、现场消杀灭装备及用品类。同时，按照国家应对秋冬季疫情防控工作的要求，相关部门及时调整了相关物资的储备规模。上海市各区也积极建设应急物资储备仓库。2020 年 11 月，上海淮海商业（集团）有限公司下属的上海药房股份有限公司，根据黄浦区卫生健康委员会的专门委托，签约设立了“黄浦区公共卫生应急物资储备中心”。随后，在 2021 年 2 月，上海市救灾物资储备库闵行分库和闵行区应急物资储备库投入使用，涵盖了市级和区级的应急及防疫物资储备。2024 年 5 月，浦东新区立项区级应急物资综合储备中心库新建工程项目。

（2）应急法治保障。

现行的全国性突发公共事件应急管理法律法规有 2024 年 6 月 28 日十四届全国人大常委会第十次会议修订通过的新版《中华人民共和国突发事件应对法》（于 2024 年 11 月 1 日起施行），2003 年 5 月 9 日开始实施的《突发公共卫生事件应急条例》，2013 年 6 月 29 日修订的《中华人民共和国传染病防治法》等。《中华人民共和国立法法》第八十一条明确，直辖市可以根据本行政区域的具体情况和实际需要制定地方性法规。上海市现行的应急管理法规有 2013 年 5 月 1 日开始实施的《上海市实施〈中华人民共和国突发事件应对法〉办法》，2020 年 11 月 1 日开始实施的《上海市公共卫生应急管理条例》等。

同时，根据相关法律法规及《突发公共事件应急预案管理办法》《突发公共卫生事件与传染病疫情监测信息报告管理办法》《医院感染管理办法》《传染病疫情应急预案管理办法》等部门规章，上海市印发了《上海市实施〈突发公共卫生事件应急条例〉细则》（沪府令〔2003〕8 号）、《上海市人民政府办公厅关于印发上海市突发事件应急预案管理实施办法的通知》（沪府办发〔2014〕17 号）、《上海市人民政府办公厅关于建立上海市公共卫生工作联席会议制度的通知》（沪府办〔2019〕55 号）、《上海市人民政府办公厅关于转发市卫生健康委等四部门制订的〈上海市加强公共卫生体系建设三年行动计划（2023–2025年）〉的通知》（沪府办发〔2023〕9 号）、《上海市人民政府办公厅关于推动本市疾病预防控制事业高质量发展的实施意见》（沪府办发〔2024〕12 号）、《上海市加强突发事件紧急医学救援体系建设行动计划（2024 — 2027 年）》（沪卫应急〔2024〕9 号）等针对突发公共事件的指导性文件和相关管理制度，在地方层面上对突发公共卫生事件的应急管理工作也有一定的适应性。

8.3.2　上海市公共卫生应急管理体系建设现状评价

1. 评价标准与问卷设计

经过两轮专家咨询问卷调查以及使用层次分析法，对各指标进行权重确定，构建了上海公共卫生“应急韧性”治理指标体系，包括一级指标 6 项、二级指标 22 项、三级指标 93 项。根据构建的指标体系的第三级指标，共设计了 93 项内容，并制定了 5 级的评价等级，即“1– 差，2– 较差，3– 一般，4– 较好，5– 优秀”。为方便各位专家对各项指标进行评价，本研究依据上述评价等级制定了细化的指标评价标准，供专家参考。评价等级与评价标准为一一对应关系。例如，指标“C1–1–1 建立应急指挥领导小组”，若专家参考评价标准认为该指标的评价为“1– 未建立”，则对应评价等级“1– 差”。

本研究设计的评价问卷主要包括三个部分。在问卷起始部分先介绍了本次问卷调查的研究目的、主题、内容。第一部分是关于“应急韧性”的内涵介绍，便于专家了解相关概念。第二部分是问卷的核心部分，包括填表说明、指标的评分、补充建议等。第三部分是专家基本情况调查表，包括性别、年龄、学历、工作单位所属行业、工作年限、从事工作方向、对该研究的熟悉程度等内容。

2. 模糊综合评价模型构建

模糊综合评价法是一个基于模糊几何的概念，旨在通过模糊关系合成的原理，将复杂的现象转化为可定量化的结果，以便更好地评估受多种因素影响现象的方法。它可以解答模糊性强、不易定量的难题，并建立评价模型，从而更好地理解和解决实际问题，并实现目标。上海公共卫生“应急韧性”治理体系需要多层次、多角度的综合评价，各因素对结果的影响程度受主观变动。因此，为了更准确地评估第 4 章构建的上海公共卫生“应急韧性”治理指标体系效果，本研究采取模糊综合评价法，具体包括以下六个步骤。

第一步，建立评价对象的因素集。设因素集 $\boldsymbol{U}=\{U_1，U_2，U_3，U_4，U_5，U_6\}$ 为上海公共卫生“应急韧性”治理体系评价因素的集合，则组织韧性、制度韧性、设施韧性、社会韧性、职业韧性和技术韧性 6 项为一级评价指标，即准则层，各一级指标下设的二级指标为子准则层，各二级指标下设的三级指标为方案层。

第二步，建立评价对象的评价集。将评价集区分为五种级别：$\boldsymbol{V}=\{V_1，V_2，V_3，V_4，$

V_5}={40，55，70，85，100}，分别代表差，较差，一般，较好，优秀。

第三步，确定评价因素的权重向量。评价指标的权重向量可表示为 **W**=（A_1，A_2，⋯，A_n），且权重向量需满足归一性，通常采用和积法进行分析处理。

第四步，单因素模糊评价并确定模糊综合评价矩阵。确定每项因素在评价集 **V** 中对应各个评价等级的隶属程度（**R**|ui），隶属程度是某项指标对于某评价等级的属于程度，从而构成模糊综合评价矩阵 **R**。

$$\boldsymbol{R}=\begin{pmatrix} r_{11} & r_{12} & \cdots & r_{1n} \\ r_{21} & r_{22} & \cdots & r_{2n} \\ \vdots & \vdots & & \vdots \\ r_{m1} & r_{m2} & \cdots & r_{mn} \end{pmatrix} \tag{8-13}$$

第五步，多指标模糊综合评价和结果分析。利用模糊合成因子将权重向量 **W** 与模糊综合评价矩阵 **R** 进行合成，可获得被评价事物的模糊综合评价结果 **B**。

$$\boldsymbol{B}=\boldsymbol{W}\cdot\boldsymbol{R}=(a_1,\ a_2,\ \cdots,\ a_n)\cdot\begin{pmatrix} r_{11} & r_{12} & \cdots & r_{1n} \\ r_{21} & r_{22} & \cdots & r_{2n} \\ \vdots & \vdots & & \vdots \\ r_{m1} & r_{m2} & \cdots & r_{mn} \end{pmatrix} \tag{8-14}$$

$$=(b_1,\ b_2,\ \cdots,\ b_n)$$

第六步，指标的综合评分结果分析。利用综合模糊评价结果 **B** 与评价集 **V** 进行合成，可获得被评价事物的综合评分结果 **Q**。

$$\boldsymbol{Q}=\boldsymbol{V}\cdot\boldsymbol{B}=(40,\ 55,\ 70,\ 85,\ 100)\cdot(b_1,\ b_2,\ \cdots,\ b_n) \tag{8-15}$$

3. 专家基本情况分析

本研究共邀请专家 25 人，实际参与 25 人。其中，男性 12 人，女性 13 人。年龄在 30 ~ 39 岁的 10 人，40 ~ 50 岁的 10 人，50 岁以上的 5 人。本科及以下学历的 4 人，硕士研究生学历的 11 人，博士研究生学历的 10 人。来自高校的 9 人，来自疾控中心的 5 人，来自医院的 5 人，来自市政府相关机构的 6 人。有 4 人工作年限小于 10 年，有 13 人工作年限为 10 ~ 19 年，有 6 人工作年限为 20 ~ 29 年，有 2 人工作年限超过 30 年。详见表 8-19。

表 8-19　专家基本情况

项目	基本情况	频数	占比 /%
性别	男	12	48.0
	女	13	52.0
年龄 / 岁	< 30	0	0.0
	30 ~ 39	10	40.0
	40 ~ 49	10	40.0
	≥ 50	5	20.0

（续表）

项目	基本情况	频数	占比 /%
最高学历	本科及以下	4	16.0
	硕士研究生	11	44.0
	博士研究生	10	40.0
单位性质	高校	9	36.0
	疾控中心	5	20.0
	医院	5	20.0
	市政府相关机构	6	24.0
工作年限 / 年	< 10	4	16.0
	10 ~ 19	13	52.0
	20 ~ 29	6	24.0
	≥ 30	2	8.0

4. 构建隶属度矩阵

在模糊综合评价体系中，隶属度作为一个核心和基础的概念，它量化了不同评价者对于一个特定评价对象在某一评价标准下给出特定评价结果的概率水平。根据调查问卷数据统计，得出上海公共卫生“应急韧性”治理体系模糊综合评价隶属度矩阵（表 8–20）。

表 8–20　上海公共卫生“应急韧性”治理体系模糊综合评价隶属度矩阵

一级指标	二级指标	三级指标	差	较差	一般	较好	优秀
A1 组织韧性	B1–1 应急指挥体系	C1–1–1 建立应急指挥领导小组	0.000	0.000	0.080	0.480	0.440
		C1–1–2 建立市、区两级公共卫生应急指挥中心	0.000	0.000	0.240	0.560	0.200
		C1–1–3 建立分级分类响应标准	0.000	0.000	0.160	0.520	0.320
		C1–1–4 建立多部门协同的应急指挥体系	0.000	0.000	0.240	0.480	0.280
		C1–1–5 公共卫生应急指挥信息系统建设	0.000	0.200	0.400	0.400	0.000
	B1–2 监测预警体系	C1–2–1 传染病事件监测覆盖率	0.000	0.000	0.000	0.440	0.560
		C1–2–2 传染病事件报告机制	0.000	0.000	0.080	0.600	0.320
		C1–2–3 预警信息处置	0.000	0.040	0.280	0.520	0.160
		C1–2–4 开展风险评估	0.000	0.040	0.280	0.600	0.080

（续表）

一级指标	二级指标	三级指标	差	较差	一般	较好	优秀
A1 组织韧性	B1–3 医疗救治体系	C1–3–1 传染病医疗救治网络建设	0.000	0.000	0.080	0.600	0.320
		C1–3–2 建立重大疫情下的分级诊疗制度	0.000	0.000	0.400	0.440	0.160
		C1–3–3 建立应急救治“预备役”制度	0.000	0.080	0.440	0.440	0.000
		C1–3–4 中医药应急救治能力建设	0.000	0.240	0.360	0.400	0.000
	B1–4 组织保障体系	C1–4–1 应急能力建设和发展规划	0.000	0.000	0.360	0.480	0.160
		C1–4–2 制定疾控、医疗、市政府相关委办局的公共卫生职责清单	0.000	0.080	0.400	0.440	0.080
		C1–4–3 制定阻碍疫情防控、哄抬物价、造谣等违法行为的奖惩政策	0.000	0.040	0.480	0.280	0.200
		C1–4–4 建立应急状态下居民自付费用减免制度	0.000	0.200	0.400	0.400	0.000
		C1–4–5 制定应急状态下重点行业和中小企业的帮扶政策	0.000	0.160	0.320	0.400	0.120
A2 制度韧性	B2–1 应急队伍建设与管理制度	C2–1–1 疾病预防控制、医疗救治等专业应急处置队伍建设	0.000	0.000	0.120	0.400	0.480
		C2–1–2 队员结构和专业能力分布	0.000	0.000	0.320	0.400	0.280
		C2–1–3 重大传染病处置专家库建设	0.000	0.000	0.200	0.480	0.320
		C2–1–4 建立应急队伍的管理制度	0.000	0.000	0.200	0.400	0.400
		C2–1–5 应急队伍专项经费	0.000	0.000	0.200	0.440	0.360
	B2–2 应急培训与演练制度	C2–2–1 应急预案的完备性	0.000	0.000	0.320	0.560	0.120
		C2–2–2 制订年度应急培训、演练计划	0.000	0.000	0.280	0.440	0.280
		C2–2–3 应急培训、演练开展的频率	0.000	0.000	0.160	0.360	0.480
		C2–2–4 制定培训教材、演练方案	0.000	0.080	0.440	0.400	0.080
		C2–2–5 建立培训、演练效果评估	0.000	0.040	0.520	0.440	0.000
	B2–3 应急物资与资金管理制度	C2–3–1 应急物资的储备形式	0.000	0.080	0.480	0.440	0.000
		C2–3–2 制定应急物资储备目录与动态管理办法	0.000	0.120	0.640	0.240	0.000
		C2–3–3 应急物资储备量与应急需求的适配程度	0.000	0.000	0.320	0.480	0.200

（续表）

一级指标	二级指标	三级指标	差	较差	一般	较好	优秀
A2 制度韧性	B2-3 应急物资与资金管理制度	C2-3-4 年度应急储备金情况	0.000	0.160	0.440	0.360	0.040
		C2-3-5 应急物资紧急采购	0.000	0.080	0.560	0.320	0.040
	B2-4 平战结合机制	C2-4-1 建立人员应急征用、区域调动机制	0.000	0.000	0.440	0.440	0.120
		C2-4-2 建立传染病救治床位应急腾空机制	0.000	0.000	0.400	0.520	0.080
		C2-4-3 建立疾控、医疗、高校、科研院所、海关、第三方检测机构间的实验室网络	0.000	0.040	0.520	0.360	0.080
		C2-4-4 生产企业的紧急增产和转产	0.000	0.080	0.600	0.280	0.040
		C2-4-5 建立大型场所的应急转换机制	0.000	0.000	0.400	0.440	0.160
	B2-5 联防联控机制	C2-5-1 公共卫生工作联席会议制度	0.000	0.000	0.320	0.520	0.160
		C2-5-2 医疗卫生单位间联防联控机制	0.000	0.040	0.360	0.480	0.160
		C2-5-3 医疗卫生单位与非医疗单位（教育、农业、林业、动物 CDC、机场等）联防联控机制	0.000	0.000	0.440	0.440	0.120
		C2-5-4 与长三角区域和其他省市的协同联动机制	0.000	0.000	0.400	0.360	0.240
		C2-5-5 积极参与公共卫生全球治理	0.000	0.160	0.520	0.320	0.000
	B2-6 事后恢复与评估制度	C2-6-1 及时复工复产	0.000	0.240	0.440	0.320	0.000
		C2-6-2 参与应对人员安抚与补偿机制	0.000	0.000	0.600	0.400	0.000
		C2-6-3 事后总结与评估机制	0.000	0.000	0.480	0.520	0.000
		C2-6-4 后续制度、机制、应急预案及防范水平的完善	0.000	0.000	0.480	0.520	0.000
A3 设施韧性	B3-1 基础设施建设	C3-1-1 生物安全防护三级的实验室数量	0.000	0.080	0.480	0.440	0.000
		C3-1-2 体育馆等大型室内场所数量	0.000	0.000	0.160	0.600	0.240

（续表）

一级指标	二级指标	三级指标	差	较差	一般	较好	优秀
A3 设施韧性	B3-1 基础设施建设	C3-1-3 可作为集中隔离场所的设施数量	0.000	0.000	0.240	0.440	0.320
		C3-1-4 医疗机构的数量	0.000	0.000	0.160	0.720	0.120
		C3-1-5 专业公共卫生机构的数量	0.000	0.000	0.200	0.480	0.320
	B3-2 卫生设备配备情况	C3-2-1 负压救护车等特种车辆数量	0.000	0.000	0.160	0.520	0.320
		C3-2-2 传染病病房与床位数量	0.000	0.000	0.200	0.400	0.400
		C3-2-3 呼吸机等大型救治设备配比	0.000	0.000	0.280	0.520	0.200
		C3-2-4 发热门诊设置数量	0.000	0.000	0.200	0.520	0.280
	B3-3 装备配备情况	C3-3-1 现场流行病学调查、现场采样等应急处置装备配备	0.000	0.000	0.240	0.520	0.240
		C3-3-2 医疗急救装备配备	0.000	0.000	0.240	0.400	0.360
		C3-3-3 通信装备配备	0.000	0.000	0.200	0.360	0.440
A4 社会韧性	B4-1 公众宣传与健康教育	C4-1-1 制定健康宣传方案	0.000	0.000	0.320	0.480	0.200
		C4-1-2 定期进行健康宣传教育活动	0.000	0.000	0.160	0.280	0.560
		C4-1-3 宣传教育途径的多样性	0.000	0.000	0.240	0.680	0.280
	B4-2 社会基层治理	C4-2-1 建立社会动员机制	0.000	0.000	0.200	0.440	0.360
		C4-2-2 建立志愿者队伍管理制度	0.000	0.000	0.400	0.400	0.200
		C4-2-3 基层工作人员与志愿者队伍培训情况	0.000	0.240	0.520	0.240	0.000
		C4-2-4 建立与村（居）公共卫生委员会的协同机制	0.000	0.240	0.520	0.240	0.000
	B4-3 舆情应对	C4-3-1 开展舆情监测	0.000	0.000	0.240	0.440	0.320
		C4-3-2 政府信息发布	0.000	0.000	0.280	0.280	0.440
		C4-3-3 媒体沟通和舆情引导	0.000	0.000	0.280	0.400	0.320
A5 职业韧性	B5-1 疾病预防控制	C5-1-1 确诊病例的流行病学调查和现场处置能力	0.000	0.000	0.200	0.360	0.440
		C5-1-2 疑似病例和密切接触者的管控能力	0.000	0.000	0.280	0.560	0.160
		C5-1-3 场所环境消杀能力	0.000	0.000	0.240	0.520	0.240
		C5-1-4 实验室检测诊断能力	0.000	0.000	0.240	0.400	0.360
		C5-1-5 组织应急接种能力	0.000	0.000	0.280	0.400	0.320

（续表）

一级指标	二级指标	三级指标	差	较差	一般	较好	优秀
A5 职业韧性	B5-2 医疗救援	C5-2-1 符合收治条件的医院	0.000	0.000	0.240	0.480	0.280
		C5-2-2 医院病例收容量	0.000	0.000	0.280	0.440	0.280
		C5-2-3 医院相关科室医疗救治能力	0.000	0.000	0.320	0.440	0.240
		C5-2-4 医院内感染预防与控制能力	0.000	0.000	0.280	0.320	0.400
		C5-2-5 传染病患者转运能力	0.000	0.000	0.280	0.320	0.400
	B5-3 指挥协调与沟通	C5-3-1 指挥中心与现场指挥的协调与沟通能力	0.000	0.000	0.240	0.400	0.360
		C5-3-2 与当地驻军、武警的协调与沟通能力	0.000	0.000	0.400	0.440	0.160
		C5-3-3 跨部门的协调与沟通能力	0.000	0.000	0.400	0.360	0.240
		C5-3-4 与长三角和其他区域省市的协调与沟通能力	0.000	0.000	0.440	0.280	0.280
A6 技术韧性	B6-1 应急信息技术	C6-1-1 传染病网络报告信息平台建设	0.000	0.000	0.360	0.480	0.160
		C6-1-2 预警信号报告系统新技术的运用	0.000	0.000	0.320	0.600	0.080
		C6-1-3 监测信息收集能力	0.000	0.000	0.320	0.520	0.160
		C6-1-4 公共卫生应急信息标准化建设	0.000	0.240	0.440	0.320	0.000
	B6-2 科研转化	C6-2-1 建立疾控、高校、科研院所等单位的合作机制	0.000	0.000	0.400	0.360	0.240
		C6-2-2 建立产学研用对接平台	0.000	0.080	0.600	0.320	0.000
		C6-2-3 应用型应急课题研究	0.000	0.000	0.640	0.240	0.120
	B6-3 药品与疫苗	C6-3-1 针对性药品与疫苗应急研发	0.000	0.000	0.320	0.480	0.200
		C6-3-2 药品与疫苗应急使用	0.000	0.000	0.400	0.440	0.160
		C6-3-3 药品与疫苗安全性监管	0.000	0.000	0.400	0.400	0.200

5. 模糊综合评价结果计算

依据 8.2.3 节计算的上海公共卫生“应急韧性”治理体系权重系数，构造评价指标权重向量 $\boldsymbol{W}$ 和模糊综合评价矩阵 $\boldsymbol{R}$，运用计算公式，使用加权平均型模糊算子，实现模糊合成，并且通过分析得到 5 个评价集权重值，即综合隶属度，详见表 8-21。

根据 $\boldsymbol{V}=\{V_1，V_2，V_3，V_4，V_5\}=\{40，55，70，85，100\}$ 进行赋值，得出上海公共卫生“应急韧性”治理体系和各级指标的综合评分，详见表 8-22。

表 8-21　上海公共卫生“应急韧性”治理体系评价综合隶属度

目标层	综合隶属度					准则层	综合隶属度					子准则层	综合隶属度				
	差	较差	一般	较好	优秀		差	较差	一般	较好	优秀		差	较差	一般	较好	优秀
上海公共卫生“应急韧性”治理体系	0.000	0.024	0.301	0.446	0.220	A1 组织韧性	0.000	0.042	0.214	0.492	0.208	B1–1 应急指挥体系	0.000	0.077	0.242	0.464	0.216
												B1–2 监测预警体系	0.000	0.015	0.143	0.523	0.218
												B1–3 医疗救治体系	0.000	0.022	0.242	0.517	0.216
												B1–4 组织保障体系	0.000	0.113	0.423	0.361	0.103
						A2 制度韧性	0.000	0.027	0.382	0.434	0.159	B2–1 应急队伍建设与管理制度	0.000	0.000	0.189	0.440	0.371
												B2–2 应急培训与演练制度	0.000	0.028	0.340	0.438	0.195
												B2–3 应急物资与资金管理制度	0.000	0.055	0.447	0.406	0.091
												B2–4 平战结合机制	0.000	0.007	0.424	0.460	0.109
												B2–5 联防联控机制	0.000	0.011	0.397	0.445	0.148
												B2–6 事后恢复与评估制度	0.000	0.053	0.515	0.432	0.000

（续表）

目标层	综合隶属度					准则层	综合隶属度					子准则层	综合隶属度				
	差	较差	一般	较好	优秀		差	较差	一般	较好	优秀		差	较差	一般	较好	优秀
上海公共卫生“应急韧性”治理体系	0.000	0.024	0.301	0.446	0.220	A3 设施韧性	0.000	0.001	0.204	0.485	0.311	B3-1 基础设施建设	0.000	0.004	0.188	0.606	0.202
												B3-2 卫生设备配备情况	0.000	0.000	0.192	0.509	0.300
												B3-3 装备配备情况	0.000	0.000	0.218	0.398	0.383
						A4 社会韧性	0.000	0.021	0.260	0.386	0.342	B4-1 公众宣传与健康教育	0.000	0.000	0.224	0.383	0.409
												B4-2 社会基层治理	0.000	0.105	0.354	0.350	0.192
												B4-3 舆情应对	0.000	0.000	0.258	0.411	0.331
						A5 职业韧性	0.000	0.000	0.292	0.408	0.299	B5-1 疾病预防控制	0.000	0.000	0.240	0.456	0.303
												B5-2 医疗救援	0.000	0.000	0.285	0.412	0.302
												B5-3 指挥协调与沟通	0.000	0.000	0.327	0.377	0.296
						A6 技术韧性	0.000	0.034	0.376	0.487	0.103	B6-1 应急信息技术	0.000	0.040	0.344	0.534	0.082
												B6-2 科研转化	0.000	0.029	0.490	0.336	0.145
												B6-3 药品与疫苗	0.000	0.000	0.392	0.438	0.170

表 8-22 上海公共卫生"应急韧性"治理体系综合评价得分表

目标层	得分	准则层	得分	子准则层	得分
上海公共卫生"应急韧性"治理体系	82	A1 组织韧性	80	B1-1 应急指挥体系	82
				B1-2 监测预警体系	77
				B1-3 医疗救治体系	84
				B1-4 组织保障体系	77
		A2 制度韧性	81	B2-1 应急队伍建设与管理制度	88
				B2-2 应急培训与演练制度	82
				B2-3 应急物资与资金管理制度	78
				B2-4 平战结合机制	80
				B2-5 联防联控机制	81
				B2-6 事后恢复与评估制度	76
		A3 设施韧性	87	B3-1 基础设施建设	85
				B3-2 卫生设备配备情况	87
				B3-3 装备配备情况	87
		A4 社会韧性	86	B4-1 公众宣传与健康教育	89
				B4-2 社会基层治理	80
				B4-3 舆情应对	86
		A5 职业韧性	85	B5-1 疾病预防控制	86
				B5-2 医疗救援	85
				B5-3 指挥协调与沟通	85
		A6 技术韧性	80	B6-1 应急信息技术	80
				B6-2 科研转化	79
				B6-3 药品与疫苗	82

6. 模糊综合评价结果分析

根据上述设定的评级集及其赋值，模糊综合评价结果分为优秀（86 ~ 100 分）、良好（71 ~ 85 分）、一般（56 ~ 70 分）、较差（41 ~ 55 分）和差（≤ 40 分）5 个等级。

通过表 8-22 可知，上海公共卫生"应急韧性"治理体系的综合评价得分为 82，说明上海市公共卫生应急管理体系建设现状良好。准则层中，各项指标的综合评价结果均达到良好及以上水平，但 A1 组织韧性（80 分）、A2 制度韧性（81 分）和 A6 技术韧性（80 分）的综合评价得分相对低于 A3 设施韧性（87 分）、A4 社会韧性（86 分）和 A5 职业韧性（85 分）的综合评价得分。子准则层中，各项指标的综合评价结果均达到良好及以上水平，其中 B2-1 应急队伍建设与管理制度（88 分）、B3-2 卫生设备配备情况（87 分）、B3-3 装备配备情况（87 分）、B4-1 公众宣传与健康教育（89 分）、B4-3 舆情应对（86

分）和 B5–1 疾病预防控制（86 分）6 项指标的评价结果达到优秀水平。B1–2 监测预警体系（77 分）、B1–4 组织保障体系（77 分）、B2–3 应急物资与资金管理制度（78 分）、B2–6 事后恢复与评估制度（76 分）和 B6–2 科研转化（79 分）5 项指标的评价结果达到良好水平，但综合评价得分相较于其他指标偏低且低于 80 分，说明上述 5 项内容可能为目前上海市公共卫生应急管理体系的短板，在未来加强体系建设时应着重关注。

8.4 存在问题分析

8.4.1 应急预案针对性和可操作性不强

上海市政府目前已编制《上海市突发公共事件总体应急预案》，并针对突发公共卫生事件制定了公共卫生事件类和应急保障类共 9 个专项应急预案。然而，其中最新版的预案年份为 2020 年，最旧版的为 2006 年。相关预案未得到及时更新，导致无法满足当今环境下的应急需求，缺乏针对性。此外，部门之间缺乏有效协作，应急预案多由科室工作人员编制，专业性和可操作性不足，可能导致预案在实际实施中无法发挥预期作用。同时，由于专业预案编制人员不足等原因，上海市应急预案的修订工作进展缓慢，大部分预案至今尚未更新或制定新版。例如，上海市政府于 2012 年首次发布的《上海市突发公共卫生事件专项应急预案》，在过去十多年中一直未进行修订。

突发公共卫生事件的应急预案编制是一项系统性和专业性的工作，应急预案编制质量的好坏直接影响实施的效果。部分部门在自行制定突发公共卫生事件应急预案时，受人员专业知识、技术水平和个人素质的限制，所制定的预案往往缺乏针对性和可操作性。特别是在编制过程中，缺乏可行性评估。由于对应急能力需求和应急管理脆弱性的分析不够充分，预案的框架结构存在不合理之处，责任分工和处置流程也因此显得不够明确。这使得在面对突发公共卫生事件时，缺乏可参照执行的应急管理手册，从而加剧了灾害范围的扩大。上海市的应急预案体系由三部分组成：突发公共事件总体应急预案、突发公共卫生事件专项应急预案以及相关单位为特定事件制定的应急预案。其中，突发公共事件总体应急预案适用于上海市区域内所有突发公共事件，属于一般性规定，针对性相对较弱。突发公共卫生专项应急预案虽然较为全面地考虑了政府职能部门在应对某类突发公共卫生事件中的协作关系，但仍存在综合性与操作性不足的问题。上海市地方政府突发公共卫生事件应急预案体系的一大弱点是缺乏一定范围内的综合预案，且各专项预案之间的衔接不够紧密。

一个完善的应急预案若未得到有效落实和执行，便只是纸上谈兵。因此，在应急预案编制完成后，还需开展实战应急检验。应急演练是应急准备阶段的核心内容之一，贯穿于应急管理的全过程。尽管“贴近实战”常被视为应急演练的口号，但演练的层次和水平与实际需求仍存在一定差距。上海市每年开展的各类演练多达上百场，但演练形式较为单一，大多数演练仅限于部门内部进行，突发公共卫生事件的应急演练更是如此。上海市政府每年都会组织市级综合性应急演练，但这些演练主要针对自然灾害、事故灾难和紧急医学救援等领域，涉及突发公共卫生事件的演练较少，且大多局限于卫生系统内部。参与单位主要包括疾控中心、卫生监督执法机构和公立医疗机构，缺乏全市性的大型突发公共卫生事件应急演练，导致演练的实战操作性不足。此外，基层机构和社会组织很少参与演练，且对预案的后期评估和改进工作重视不够。部分应急预案涉及多个部门，但在编制完成后从未组织过联合演练。由于缺乏对实践和演练的深入分析与研究，这些预案的实际指导意义有限，最终可能成为备而无用的文件。

8.4.2 公共卫生应急处置队伍建设有待完善

上海市、区两级疾控中心公共卫生应急队员中，59.66% 为本科学历，且以中级职称人员为主，研究生和高级职称人员比例较低，博士研究生和正高级职称人员仅占 2.13% 和 4.37%。此外，部分区级疾控中心卫生应急队伍中甚至没有博士研究生，这表明上海市、区两级疾控中心公共卫生应急队伍中高层次人才和领军人才较为匮乏。这一问题的根源在于缺乏顶层设计和统筹规划，同时也与我国目前尚未出台专门的公共卫生应急队伍建设制度文件有关。处理突发公共卫生事件是一项涉及众多环节的复杂工程，需要由经验丰富且具备专业能力的团队来执行。但《全国疾病预防控制机构卫生应急工作规范（试行）》仅在个别条款中提及应急队伍的工作内容与要求，而对不同类别应急队伍的构成、管理机制和工作模式等缺乏详细规定和标准。目前，我国尚未建立公共卫生应急队伍顶层设计和统筹规划的长效管理机制。

应急队员的综合能力仍需进一步提升。调查显示，上海市、区两级疾控中心的公共卫生应急队员中，熟悉急性传染病防治、综合协调、慢性非传染性疾病防治、应急管理、微生物检测、环境卫生和食品卫生等专业的人员较多，但熟悉放射卫生、寄生虫病防治、儿少卫生、免疫规划和职业卫生等专业的人员比例均不足 10%。这表明，当前上海市、区两级疾控中心的公共卫生应急队伍中，复合型人才较为缺乏。出现这一现象的原因在于，我国公共卫生相关专业的社会关注度较低，学生选择该专业的意愿不强，导致招生数量不足和质量较差。同时，就业渠道狭窄也降低了毕业生的从业意愿，最终限制了公共卫生人才队伍的培养和输出。公共卫生应急工作需要具备公共卫生、临床医学、检验检疫、心理学等多学科技能的复合型人才。然而，目前我国医学专业毕业生的专业分布严重失衡，公共卫生、预防医学等与卫生应急管理相关的专业学生数量较少，尤其是“双一流”和综合型高校的学生更为稀缺，这直接导致了卫生应急队伍后备人才的严重不足。

应急队伍结构存在失衡问题。上海市、区两级疾控中心的公共卫生应急队员中，女性人数明显多于男性，且博士研究生和高级职称人员比例较低，这表明当前上海市、区两级疾控中心的公共卫生应急队伍结构不够合理。产生这种情形的原因在于，疾控中心的薪酬水平与其作为公共卫生专业技术机构的岗位责任不相匹配，难以充分体现工作人员的劳动价值，导致“招人难”和“留人难”现象普遍存在。这一问题长期存在，使得疾控中心人才流失严重，尤其是中青年骨干人才的流失更为突出。

应急处置经验有待加强。调查显示，2020 年至 2022 年期间，上海市、区两级疾控中心应急队伍中，超过 90% 的队员参与了新冠疫情的防控工作，其中 69.86% 的队员参与疫情处置的频次达到或超过 31 次。然而，参与其他公共卫生应急工作的队员比例均低于 45%，参与自然灾害或事故灾难公共卫生救援的队员比例仅为 9.47%，且参与频次大多为 1 ~ 5 次。同时，半数队员从事卫生应急工作的年限不超过 5 年，且熟悉急性传染病防治、综合协调和应急管理等专业的人员比例远高于其他专业。这些现象表明，上海市疾控机构的公共卫生应急队伍缺乏“一专多能”的复合型人才，应对不同类型突发公共卫生事件的应急处置经验和能力不足。其主要原因是缺乏合理的培训演练机制。培训演练的缺乏、形式单一以及内容针对性不足，都可能导致公共卫生应急队员的现场处置能力和应对能力不足，从而难以满足日益频发的突发公共卫生事件的应急处置需求。

8.4.3　应急物资储备缺乏多样性

首先，上海市应急物资储备的主体和形态较为单一。储备主体决定了物资的响应性，而储备形态则影响物资的可靠性和灵活性。除政府外，应急物资的生产和流通企业以及居民个体也应成为应急物资储备的参与主体。应急物资储备形态包括实物储备和虚拟储备（即产能储备）两种形式。理想的应急物资储备体系应结合政府的实物储备、流通企业的实物储备以及生产企业的虚拟（产能）储备，形成有机配合，而非各自为政。然而，目前上海市的应急物资储备主要依赖政府实物储备这一单一形态，企业参与度不足，导致储备主体和形态单一，储备方式组合不合理。一方面，实物储备流动性较低，受限于物资有效期和仓库管理水平，容易出现应急物资过期或轮换不及时的问题。另一方面，应急物资的实物储备仓库面积有限，这在一定程度上限制了储备物资的种类和数量，难以全面保障所有应急物资的储备需求。一旦发生重大突发事件，若仓库中缺乏所需物资种类或储备数量不足，上海市的应急物资将无法灵活应对危机。此外，依赖单一的政府实物储备形态应对突发事件的不确定性，可能导致社会资产积压和利用率低下，从而在一定程度上造成国家和社会财富的浪费。

其次，上海市应急物资储备在常态化与非常态化协调方面存在不足。应急物资储备应实现常态化规范管理与非常态化高效响应的有机结合。在常态化管理中，应急物资的有序轮换和合理存储是重点任务。通过常态化的应急物资储备工作，可以不断完善应急物资体系，确保应急物资的有效供应。然而，包括上海在内的我国部分城市，在应急物资常态化管理过程中，时常出现部分物资储备过剩而其他物资紧缺的现象。应急物资储备结构不合理、冗余度未优化、信息与实物不同步等问题，严重影响了常态化应急物资管理工作的规范化。应急物资的非常态化响应是指在城市突发事件发生时，应急物资管理部门根据危机等级和实际需求，通过启动储备库物资调配、紧急市场采购、社会募捐、企业紧急生产等多种方式筹措应急物资，并协调物流系统进行配送。危机处置后，管理部门还需通过协同物流体系完成应急物资的回收入库和信息更新，将可回收物资重新纳入储备库，从而实现非常态化响应的全过程管理。但是，上海及我国许多城市的应急物资非常态化管理存在明显不足。各管理部门内部、管理部门与生产企业、物流系统之间的联动性较差，缺乏统一的指挥调度和物资保障协调机制，导致非常态化下的应急物资响应不够专业、迅速、有效和灵活。

最后，上海市应急物资储备在长、短期规划，尤其是长期规划方面仍有较大改进空间。从时间周期来看，应急物资储备可分为长期储备和短期储备，科学规划城市应急物资储备是应急物资管理的重要保障。从综合实力来看，上海市的应急物资保障体系较为强大，但在危机事件暴发后的短时间内，物资保障能力仍存在不足。以新冠疫情为例，2020年，武汉市等重灾区在疫情防控初期曾出现口罩、防护服等应急医疗物资严重短缺、调运效率低下的情况，并在较长时间内只能维持紧平衡状态。与此同时，千里之外的上海市也因新冠疫情出现了口罩等物资供不应求的现象。尽管这与疫情暴发时正值春节假期、物资生产和物流供应中断有关，但也暴露出上海市应急物资储备缺乏长期规划的问题。由于应急物资储备缺乏长期规划，管理灵活性不足，重大突发事件发生后，相关部门难以迅速有效应对危机，甚至可能错失前期应对的最佳时机。

8.4.4 中医药优势未有效发挥

中医药在突发公共卫生事件中的应急响应机制和法律法规体系还不够完善。《中华人民共和国中医药法》《中华人民共和国突发事件应对法》《中华人民共和国传染病防治法》《中华人民共和国中医药法》《上海市公共卫生应急管理条例》等法律法规规定了中医药参与应对重大突发公共卫生事件，但中医药在重大传染病疫情救治中的具体措施和运行机制缺乏明确规定，法律规范的刚性约束力不足，导致其在参与救治过程中面临公共卫生伦理和法律难题。在新冠疫情防控过程中，国家卫生健康委员会和国家中医药管理局等部门发布了大量政策性文件，推动中医药参与疫情防控工作。然而，与法律法规相比，这些政策缺乏法律效力，强制性和社会执行力度较弱，且规范程度较为宽松，难以为中医药参与公共卫生事件防控提供具有法律强制力的保障。

中医药在重大公共卫生事件的防控中存在碎片化、阶段性、局部性的特点，缺乏系统性和制度性。中医药通常是在部分地区的抗疫过程中取得一定成效，并在经过国家反复确认后，才通过政策发布进行经验推广，从而使其作用得以充分发挥。当新冠疫情暴发时，社会各界未能充分认识到中医药在传染病治疗中的独特优势，也忽略了中医药自新中国成立以来多次在重大传染病防治中所作出的显著贡献，导致《新型冠状病毒感染的肺炎诊疗方案》试行第一版和第二版没有纳入中医诊疗方案，中医药没能第一时间参与新冠感染患者的救治。

缺乏成熟的中医药传染病学科体系和相关领域的专业人才队伍。由于中医药防治传染病人才和中医药应急人才队伍严重不足，新冠疫情暴发后，只能从中医临床各科紧急抽调人员，临时组建中医救治队伍奔赴救治前线。目前，上海市仅建设有一支由上海中医药大学附属曙光医院组建的国家中医疫病防治队伍，以及一个由上海中医药大学附属龙华医院建设的国家中医疫病防治基地。同时，中医药的科研平台和临床研究基地不够完善，中医院校也未充分重视中医传染病学的学科队伍建设，导致该领域科研人员严重不足。疫情暴发时，难以在短时间内组织开展大规模的中医药临床研究，有效方药的筛选和评价工作滞后，中医诊疗方案无法及时制定和发布。

8.4.5 应急信息共享共用程度不高

掌握全面、充分的风险信息，有助于快速高效地排查风险、准确研判风险发展趋势，并确保应急管理中科技手段的顺畅应用。然而，上海市目前的应急信息管理主要采用逐级管理、对上负责的模式，信息共享程度低且容易延迟，这影响了风险的分析研判及响应决策的效率。应急主体之间的风险信息和基础数据共享不足，阻碍了科学应急决策的制定和合理应对措施的实施，降低了城市应急管理机制的运行效率。在对上海市某区级疾控中心应急管理办公室工作人员进行访谈时他们表示，大部分应急管理相关的信息和数据都较为敏感，除特别要求应急管理主体要共享数据信息外，通常情况下各部门、各单位都倾向于守着自己的一亩三分地，不愿意将自己的信息和数据拿出来，也是对本部门单位数据信息安全方面的考虑；应急管理涉及多领域、多范围，不少部门、单位都有自己的应急信息管理系统，独立的操作软件、独立的数据库和只适用于自身小范围内的信息管理标准，应急信息与数据共享的利用率较低。

应急管理主体普遍存在不愿分享应急信息的现象，应急信息部门化问题较为突出。无论是政府组织内部还是其他社会主体，在自我建设和发展过程中往往相对独立，更多关注自身利益诉求，而对全局观和共享观的认识与实践仍显不足。部分应急管理主体存在认知局限，担心与其他主体共享信息数据会威胁自身信息安全或损害其他利益，因此不愿参与信息共享。部分应急主体或部门的信息系统仅对内部开放，应急信息在收集、存储和使用过程中较少与其他应急主体互联互通。这些主体尚未充分认识到，信息共享实际上能够在共享过程中实现双赢。部分应急主体未能及时转变自闭保守的传统观念，不愿主动共享信息，仅在不得已时被迫进行共享，甚至故意拖延共享进度。这种行为在一定程度上阻碍了应急相关信息的流通，降低了应急管理的效率。

各主体的应急信息系统与标准不兼容，导致信息共享受阻。上海市各应急管理主体在构建自身应急信息系统时，缺乏统一的建设标准和系统的合理规划，大多依据各自的职能或业务需求进行设计。在构建应急信息系统和设置应急信息标准时，各主体往往缺乏对未来信息共享需求的考虑。当突发事件暴发、应急信息需求增加时，各主体需要共享应急信息资源，却因数据标准不一致和系统不兼容等问题，无法实现信息的传输与共享。尽管我国许多城市已制定了数据信息管理的相关标准，但在实际操作中，各标准之间缺乏统领性规定，导致应急信息管理较为混乱。由于数据标准存在差异，应急信息共享难以实现，从而形成了“信息孤岛”现象。

8.4.6 基层公共卫生应急管理体系不健全

组织框架不完善，人才队伍不健全。一方面，社区工作人员中缺乏医疗人员、公共卫生专业人员和应急管理人员，导致在应对突发公共卫生事件时，工作人员的专业性不足。大多数人员未接受过相关专业知识的学习，在面对突发公共卫生事件时，只能依赖指示进行部署。近年来，尽管社区开始重视公共卫生人才的选拔，但由于缺乏严格的组织框架来规范社区应急管理的人员构成，大多数社区在应急管理专业人才的配备上仍显不足。社区现有工作人员未接受过系统的应急管理知识培训，相关培训往往在突发公共卫生事件发生后才紧急开展，难以有效提升工作人员的应急管理能力。另一方面，社区志愿者队伍的成员年龄普遍偏大，主要由退休或即将退休的老年人组成，导致大多数志愿者不具备应急专业知识。由于相关法律法规不健全，志愿者在应急管理中的合法性常受到质疑，且其在应急管理过程中受到的损害难以得到有效保障。志愿者队伍的壮大与发展需要经济支持，资金短缺限制了志愿者的行动，阻碍了志愿者队伍的进一步发展。

制度体系不完善，信息传达不及时。及时的信息传递与沟通对应对变化迅速的突发公共卫生事件至关重要，但实际情况往往不尽人意。应急管理过程中，信息常常无法及时准确地传达。由于传染病类突发公共卫生事件通常变化迅速，上级部门需要不断更新指令以应对新的情况。部门之间的责任分工存在模糊或重叠，导致紧急情况下难以明确责任主体和行动方。由于缺乏跨部门协调与合作机制，各部门可能各自为战，缺乏统一的应对方案和行动计划。此外，部门之间的沟通障碍也导致信息传递不及时或不完整。

本章深入探讨了城市“应急韧性”的内涵，包括其构成要素与特性，并分析了其融入城市公共卫生应急管理体系的必要性、重要性与可行性。以公共卫生事件为研究对象，构建了城市公共卫生“应急韧性”治理指标体系，并选取上海市作为应用案例，对其公共卫生应急管理体系的建设现状进行了深入评价与详细分析。

研究发现，上海市在应急预案的针对性与可操作性、公共卫生应急处置队伍建设、应急物资储备的多样性、中医药的运用、应急信息共享共用程度以及基层公共卫生应急管理体系等方面存在不足。这些问题的发现为上海市进一步完善公共卫生应急管理体系提供了明确的方向。

未来，城市应持续强化“应急韧性”建设，从组织、制度、设施、社会、职业和技术等多个维度协同发力，以应对日益复杂的灾害风险挑战，推动城市可持续发展。通过不断优化应急管理体系，提升城市的综合韧性，能够更好地保障城市居民的生命健康与财产安全，为城市的稳定繁荣奠定坚实基础。

参考文献

[1] 魏丽，经纶 . 防疫常态化下我国公共卫生体系建设的思考 [J]. 湖北经济学院学报（人文社会科学版），2021，18（7）：51-54.

[2] ZHANG Y，LIU Q，LI X，et al. Spatial-temporal evolution characteristics and critical factors identification of urban resilience under public health emergencies [J]. Sustainable Cities and Society，2024，102（3）：105221.

[3] LEE J M，JANSEN R，SANDERSON K E，et al. Public health emergency preparedness for infectious disease emergencies：a scoping review of recent evidence [J]. BMC Public Health，2023，23（1）：420.

[4] 肖文涛，王鹭 . 韧性视角下现代城市整体性风险防控问题研究 [J]. 中国行政管理，2020(2)：123-128.

[5] 余敏江，杨旭 . 制度韧性：不确定性风险下市域环境治理的逻辑转向——基于 H 市黑臭水体治理的“过程 - 事件”分析 [J]. 学术研究，2023（7）：69-76.

[6] 周利敏 . 韧性城市：风险治理及指标建构——兼论国际案例 [J]. 北京行政学院学报，2016（2）：13-20.

[7] 颜德如 . 构建韧性的社区应急治理体制 [J]. 行政论坛，2020，27（3）：89-96.

[8] 房欣 . 护士职业韧性、职业认同与工作生活质量的相关性研究 [D]. 长春：长春中医药大学，2021.

[9] 张龙辉，肖克 . 人工智能应用下的特大城市风险治理：契合、技术变革与路径 [J]. 理论月刊，2020（9）：60-72.

[10] 于成琪，梁晖，门伟莉 . 以基层社区为核心的公共卫生应急协同治理体系研究 [J] . 中国医学伦理学，2023，36（11）：1244-1252.

[11] 魏洁，郑迎迎，刘畅，等 . 政府补贴下应急医疗物资政企协议储备决策研究 [J] . 中国管理科学，2023，31（11）：1-11.

[12] 曾晴文，汤波 . 突发公共卫生事件中大数据技术的应用探讨 [J] . 卫生软科学，2023，37（12）：80-84.

[13] 范如国 ."全球风险社会"治理：复杂性范式与中国参与 [J] . 中国社会科学，2017（2）：65-83，206.

[14] 朱正威，刘莹莹 . 韧性治理：风险与应急管理的新路径 [J] . 行政论坛，2020，27（5）：81-87.

[15] 何文凤，鲜国炜，马勇 . 基于文献计量分析的我国突发公共卫生事件应急治理研究现状 [J] . 中国医院，2024，28（2）：24-28.

[16] 王若楠，何艳婷，何洛轩，等 . 珠三角城市公共卫生应急系统脆弱性测度与差异性应对策略 [J] . 中国卫生事业管理，2023，40（4）：241-246.

[17] 肖秘苏，朱雯晴，黄晓燕，等 . 特大型城市应急医疗物资保障体系建设的实践与思考 [J] . 职业卫生与应急救援，2023，41（2）：211-214.

[18] WHO. Classification and minimum standards for emergency medical teams[EB/OL]. [2021-06-18]（2023-01-26）. https：//www.who.int/publications/i/item/9789240029330.

[19] 杨嘉敏，陈熙，李冬琼，等 . 协同治理下突发公共卫生事件的社区应急管理模式探析 [J] . 中国农村卫生事业管理，2024，44（1）：62-66.

[20] 周思宇，吴珍，黄仙红 . 基于数字治理的浙江省未来社区卫生应急管理路径研究 [J] . 职业卫生与应急救援，2023，41（3）：329-333.

[21] 金莹，刘艳灵 . 抗逆力塑造：乡村社区应急治理新框架 [J] . 农业经济问题，2022（2）：29-40.

[22] WHO.Global tuberculosis report 2024 [EB/OL] . [2024-10-29]（2025-01-20）. https://www.who.int/teams/global-tuberculosis-programme/tb-reports/global-tuberculosis-report-2024.

[23] 腾讯网 . 最新 | 流感阳性率在各区域、各年龄组门急诊及住院病例中均升至首位，短期仍将处于较高流行水平；多种急性呼吸道传染病交替或共同流行 [EB/OL] . [2025-01-17]（2025-01-20）.https://news.qq.com/rain/a/20250117A07V3T00.

[24] WILLERMAN B. The adaptation and use of Kendall's coefficient of concordance（W）

to sociometric-type rankings [J] . Psychological Bulletin，1955，52 (2)：132-133.

[25] 陈思颐 . 突发公共卫生事件应对的政府绩效评估研究 [D] . 杭州：浙江大学，2011.

[26] 许树柏 . 层次分析法原理 [M] . 天津：天津大学出版社，1988.

[27] 卢静雅 . ECMO 护理质量评价指标体系的构建 [D] . 湖州：湖州师范学院，2021.

[28] 骆正清，杨善林 . 层次分析法中几种标度的比较 [J] . 系统工程理论与实践，2004 (9)：51-60.

[29] SHEN L，YANG J，JIN X，et al. Based on Delphi method and Analytic Hierarchy Process to construct the Evaluation Index system of nursing simulation teaching quality [J] . Nurse Education Today，2019，79：67-73.

[30] PENG G，HAN L，LIU Z，et al. An application of fuzzy analytic hierarchy process in risk evaluation model [J] . Front Psychol，2021 (12)：715003.

[31] 何懿，陆殷昊，何永超，等 . 上海市突发公共卫生苗子事件监测系统的构建与思考 [J] . 中国卫生资源，2020，23 (2)：94-98.

[32] 唐闻佳 . 上海三甲医院急诊量高位运转，医生呼吁：“非急诊”患者就近分级诊疗，把“生命通道”让给真正需要的人 [EB/OL] . [2022-12-30] (2024-10-06) . https://baijiahao.baidu.com/s? id=1753542087326963156&wfr=spider&for=pc.

[33] 唐闻佳 . 上海推进新冠感染者分级诊疗：全市 249 家社区医院与区级、市级医院建对口机制 [EB/OL] . [2022-12-30] (2024-08-19) . https：//baijiahao.baidu.com/s? id=1753609814989436857&wfr=spider&for=pc.

[34] 左妍 . 上海将建设“1+5+9+N”高效联动的传染病救治三级体系 织牢“一张网”[EB/OL] . [2022-07-26] (2024-08-19) . https：//baijiahao.baidu.com/s? id=1739379013025669372&wfr=spider&for=pc.

第9章
综合应对多种灾害的安全韧性城市治理策略建议

在当今复杂多变的社会环境下，城市面临着多种灾害的严峻挑战，如何提升城市的综合应对能力和安全韧性，已成为各国政府和学术界关注的焦点。本章围绕“综合应对多种灾害的安全韧性城市治理策略”这一主题，从综合应对多种灾害的安全韧性城市治理体系构建、加快推进韧性医院建设、分级诊疗制度实施、积极老龄化战略、应急物资保障体系建设以及公安机关社会安全保障职能等多个维度展开深入探讨。通过分析国内外的先进经验与实践案例，结合我国城市发展现状，提出一系列具有针对性和可操作性的策略建议，旨在为城市治理者、政策制定者及相关领域的研究者提供有益的参考和借鉴，共同推动城市安全韧性建设的发展与完善。

9.1 构建综合应对多种灾害的安全韧性城市治理体系

9.1.1 建立全灾种风险评估与动态监测机制

1. 开展多灾种风险评估

在进行风险评估时，需要综合考虑多种灾害类型，这些灾害类型之间可能存在相互作用和连锁效应，因此，需要建立一个综合的风险评估框架来全面评估这些风险。

风险评估模型和方法的选择对于准确评估风险至关重要。目前，国际上常用的多灾种风险评估方法包括基于物理模型的方法、统计分析方法和专家经验方法等。基于物理模型的方法：这种方法通过建立灾害的物理过程模型，模拟灾害的发生和发展过程，从而评估灾害的风险。例如，地震风险评估中常用的地震动响应谱分析方法，可以模拟地震对建筑物的影响，评估地震风险。统计分析方法：这种方法通过收集和分析历史灾害数据，建立灾害发生的概率模型，从而评估灾害的风险。例如，洪水风险评估中常用的频率分析方法，可以计算洪水发生的概率，评估洪水风险。专家经验方法：这种方法通过专家的经验和判断，对灾害风险进行评估。例如，公共卫生事件风险评估中常用的专家打分法，可以评估传染病疫情的风险。

量化评估不同灾种的发生概率、影响范围、潜在损失。在进行风险评估时，需要对不同灾种的发生概率、影响范围和潜在损失进行量化评估。收集与灾害相关的数据，包括历史灾害数据、地理数据、社会经济数据等。根据收集的这些数据，建立灾害风险模型，评估灾害的发生概率、影响范围和潜在损失。通过对评估结果进行分析，识别高风险区域和关键风险因素，为风险管理和决策提供依据。

2. 构建动态监测预警系统

动态监测预警系统是实现灾害风险管理的重要手段。通过利用物联网、大数据、人工智能等技术，建立覆盖城市各个领域的动态监测网络，实时收集和分析与灾害相关的数据，可以及时发现灾害风险，发布预警信息，为应急响应和决策提供依据。

物联网、大数据和人工智能等技术在动态监测预警系统中发挥着重要作用。物联网技术：通过部署传感器网络，实时收集与灾害相关的数据，如气象数据、地质数据、基础设施运行数据等。例如，地震监测中常用的地震传感器网络，可以实时监测地震活动，提供地震预警信息。大数据技术：通过收集和分析大量的灾害数据，建立灾害风险数据库，为风险评估和预警提供数据支持。例如，洪水监测中常用的大数据技术，可以分析历史洪水数据，预测洪水发生的概率和影响范围。人工智能技术：通过机器学习和深度学习算法，对灾害数据进行分析和预测，提高预警的准确性和及时性。例如，在公共卫生事件监测中，常用的人工智能技术可以分析传染病数据，预测疫情的发展趋势。

预警机制是动态监测预警系统的核心。通过建立完善的预警机制，可以确保预警信息的及时发布和有效传达。根据灾害风险评估结果，设定预警阈值，当监测数据超过阈值时，触发预警。通过多种渠道及时发布预警信息，确保公众和相关部门能够及时收到预警信息。建立预警响应机制，明确各部门和单位在预警发布后的职责和行动方案，确保预警信息能够得到有效响应。

9.1.2　空间韧性规划

1. 优化城市空间布局

城市空间布局的优化是提升城市安全韧性的重要策略之一。在城市规划中，充分考虑灾害风险，合理布局城市功能区，可以有效减少灾害对城市的影响。具体而言，应避免在高风险区域（如地震断裂带、洪水易发区等）建设重要设施和人口密集区，应限制高层建筑和大型基础设施的建设。例如，将易受灾区域规划为绿地、水域等弹性空间，这些空间不仅可以缓冲灾害影响，还能提供应急避难场所。绿地和水域能够吸收和蓄存雨水，减少城市内涝的风险。

2. 加强防灾空间规划

防灾空间规划是确保城市有效应对灾害的重要措施。完善防灾空间格局，保障疏散救援空间的畅通无阻，是防灾空间规划的核心内容。具体而言，应规划合理疏散通道、应急避难场所和救援通道，确保在灾害发生时人员能够迅速疏散，以及救援力量能够及时到达。例如，根据城市规模和人口分布，合理设置紧急避难场所、固定避难场所和中心避难场所，以满足不同灾害情况下的避难需求。避难场所应具备足够的避难容量和应急设施，以保障避难人员的基本生活需求。

3. 推进韧性基础设施建设

韧性基础设施建设是提升城市抗灾能力和恢复能力的关键。将韧性理念融入基础设施规划和建设中，可以有效提升基础设施在灾害中的表现。例如，建设海绵城市，通过建设雨水花园、雨水湿地、透水铺装等设施，增强城市对雨水的自然吸纳、蓄渗和净化能力，缓解城市内涝问题。此外，海绵城市还能补充地下水，调节水循环，改善城市生态环境。在基础设施建设中，还应注重采用抗震、防洪、防火等技术措施，提高基础设施的抗灾能力。

9.1.3 生命线工程韧性提升

1. 开展生命线工程性能评估

城市生命线工程，如供水、供电、通信和交通等，是城市正常运转的关键基础设施。为了有效应对多灾耦合的影响，需要建立科学的性能评估模型，对这些生命线工程在不同灾害情景下的运行状态和受损程度进行量化评估。建立多灾耦合下的性能评估模型。多灾耦合是指多种灾害同时或相继发生，对生命线工程产生叠加或连锁效应。例如，地震可能引发火灾、洪水等次生灾害，对生命线工程造成更严重的破坏。因此，需要建立多灾耦合下的性能评估模型，考虑不同灾害之间的相互作用和影响。性能评估指标应包括工程结构的完整性、功能的可用性、系统的可靠性等。例如，对于供水系统，可以评估管道的完整性、泵站的运行状态、水质的安全性等；对于交通系统，可以评估道路的通行能力、桥梁的结构安全、交通设施的运行状态等。可以采用基于物理模型、统计分析和专家经验相结合的方法。物理模型可以模拟灾害对工程结构的影响，统计分析可以评估灾害发生的概率和损失程度，专家经验可以提供定性的判断和建议。例如，可以采用有限元分析方法评估桥梁在地震作用下的结构响应，采用蒙特卡罗模拟方法评估洪水对供水系统的影响概率。河南省按照国家相关政策指导，系统性推进城市生命线工程建设工作，并印发《河南省城市基础设施生命线安全工程建设三年行动方案（2023—2025 年）》，明确工作目标、重点任务、保障措施。河南省住房和城乡建设厅推动建立了沟通联络、督导调度、考评奖惩等部门协调联动机制。河南省城市生命线安全工程重点任务关系如图 9-1 所示。

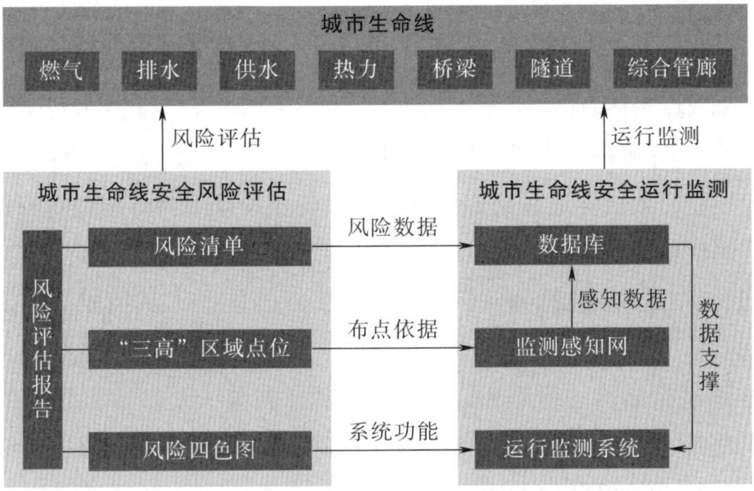

图 9-1　河南省城市生命线安全工程重点任务关系图[1]

2. 加强生命线工程防护与加固

根据性能评估结果，对生命线工程进行防护和加固，提高其抗灾能力。对于地震易损的生命线工程，如桥梁、供水管道等，可以采用结构加固技术，提高其抗震能力。例如，可以采用碳纤维布加固桥梁梁体，提高其抗弯和抗剪能力；采用预应力锚索加固边坡，防止地震引发的滑坡和崩塌。隔震技术是通过在工程结构与地基之间设置隔震层，减少地震能量的传递，从而降低结构的地震响应。例如，可以采用橡胶隔震支座、摩擦摆隔震支座等隔震装置，有效减少地震对建筑物和设备的影响。

对于洪水易发区域的生命线工程，如供水泵站、变电站等，可以采用防洪设计，提高其抗洪能力。例如，可以提高泵站的防洪墙高度，设置防洪闸门，防止洪水倒灌；采用地下电缆隧道，避免洪水对电力线路的破坏。完善排水系统是防洪的重要措施之一。可以采用雨水泵站、排水管道、雨水花园等设施，提高城市的排水能力。例如，建设雨水花园可以吸收和蓄存雨水，减少城市内涝的风险。

对于易发火灾的生命线工程，如燃气管道、变电站等，可以采用防火设计，提高其抗火能力。例如，可以采用防火材料包裹燃气管道，设置防火阀，防止火灾蔓延；采用防火涂料涂覆变电站设备，提高其耐火性能。完善消防设施是防火的重要措施之一。可以采用自动喷水灭火系统、火灾报警系统、消防栓等设施，提高火灾的预警和扑救能力。例如，安装火灾报警系统可以及时发现火灾，安装自动喷水灭火系统可以迅速扑灭火灾。

3. 建立生命线工程应急保障机制

制定生命线工程应急预案。应急预案的制定应基于对生命线工程风险的全面评估和分析。通过识别和评估各类灾害对生命线工程的影响，确定可能的风险点和薄弱环节。例如，利用洪水预报模型和其他风险分析工具，预测特定地点和时间下的极端天气事件、洪涝灾害等的可能性及其可能造成的损失程度。应急预案应明确应急响应的流程和步骤，包括灾害预警、应急启动、抢修恢复、评估总结等环节。例如，当地震发生时，应急预案应规定如何快速启动应急响应，组织抢修队伍，开展桥梁、供水等设施的抢修工作。应急预案应包括资源调配计划，明确在灾害发生时如何调配应急物资、设备和人员。例如，应建立应急物资储备清单，明确各类物资的储备数量和存放地点，确保在灾害发生时能够迅速调配。应急预案应建立有效的沟通和协调机制，确保各相关部门和单位之间的信息共享和协同工作。例如，应明确信息传递的渠道和方式，确保预警信息能够及时传达给所有相关人员。

建立应急抢修队伍。应急抢修队伍应由具备专业技能的人员组成，包括工程师、技术人员、操作人员等。这些人员应接受专业的培训，掌握应急抢修的技术和方法。例如，桥梁抢修人员应掌握桥梁结构的检测和修复技术，供水抢修人员应掌握管道的修复和水质检测技术。定期开展应急演练是提高应急抢修队伍能力的重要手段。通过模拟灾害情景，检验应急预案的可行性和抢修队伍的应急响应能力。例如，可以开展地震应急演练，模拟地震发生后的桥梁抢修和供水恢复过程，提高抢修队伍的实战能力。应急抢修队伍应配备必要的抢修设备和物资，如抢修工具、备用零部件、应急照明设备等。

9.1.4 促进区域协同治理

1. 建立区域协同治理机制

建立区域协同治理机制是提升区域应急管理和灾害应对能力的重要举措。加强城市之间、区域之间的协同合作，建立统一、高效的区域协同治理机制。例如，重庆市通过建立区域应急联动机制，实现了信息共享、资源调配和联合救援，有效提升了应急救援能力。强化联合指挥和联合保障。在救援行动中，建立联合指挥体系，明确任务分工和行动路线，科学调配救援力量，确保救援资源高效整合。同时，建立如“公网 + 自主网 + 卫星网”的通信保障体系，提升应急救援指挥调度能力。

2. 开展区域安全风险评估

区域安全风险评估是识别区域内重大风险源和薄弱环节的重要手段。通过联合开展风险评估，可以制定科学的区域风险防控策略。例如，京津冀、长三角、粤港澳大湾区等地区已经初步建立了协同立法工作机制，通过立法保障区域安全风险评估的实施。根据风险评估结果，制定针对性的防控策略，包括风险源的监控、预警和应急响应措施。

3. 共建区域管理信息平台

区域管理信息平台的建设是实现区域内灾害监测数据、应急资源信息等共享和互通的关键。通过信息平台，可以提高区域协同治理的效率和效果。例如，江苏省东台市和兴化市通过建立区域应急联动合作框架协议，实现了信息共享与通报、应急资源互助、专家技术协作、应急队伍联动、联合演练与培训等全方位合作。区域管理信息平台的建设需要打破“信息孤岛”，促进区域间的协同发展。例如，通过构建区域信息共享交流平台，可以方便区域内的用户快速获取所需信息，促进区域内的资源整合与协同发展，提高区域的应急能力。

9.2　加快推进韧性医院建设

9.2.1　传统医院体系的脆弱性表征与韧性医院建设需求

1. 传统医院体系的脆弱性表征

（1）应急响应机制滞后性。

传统医院应急响应机制的滞后性源于科层制组织的制度惯性与动态适应能力不足。医院科层结构导致突发事件信息需经多级传递（临床 – 科室 – 院办 – 决策层），关键数据在传递中可能会失真或延迟。例如，新冠疫情防控初期，意大利伦巴第大区医院因信息延迟导致重症床位调配滞后[2]。应急预案多基于历史经验构建，形成刚性响应框架。当遭遇新型复合型危机时，难以在第一时间作出有效的应急响应，从而影响医疗救援的效率和效果。

（2）资源冗余与弹性不足的矛盾。

医院通常按历史峰值需求储备物资，但突发事件需求呈现非连续性激增，如新冠疫情防控期间，体外膜氧合器（ECMO）需求剧增，导致静态冗余迅速耗尽。传统冗余策略无法有效应对“黑天鹅”事件，如何公平分配稀缺医疗资源是不容忽视的问题。同时，医院资源网络多采用“中心辐射型”结构，依赖少数关键节点（如单一供应商），一旦节点失效会引发崩溃，如 2021 年美国强生疫苗工厂污染事件。医院物理空间、设备与人力资源高度专业化，也导致了一定程度上的资源僵化。当突发事件导致医疗需求激增时，难以迅速调配足够的资源，表现出资源弹性不足的问题。

（3）多系统协同的失效。

传统医院体系在多系统协同运作方面存在明显缺陷。例如，医院内部的医疗、护理、后勤、信息等部门在突发事件中难以实现高效协同，导致信息传递不畅、资源调配混乱[3]。同时，医院与外部的疾控中心、急救中心、社区卫生机构等在应急响应中也缺乏有效的联动机制，难以形成合力。这种多系统协同的失效，使得医院在应对复杂危机时难以发挥整体优势，从而影响应急处置的效率和效果。

2. 韧性医院建设需求

（1）后疫情时代的常态化防控需求。

在后疫情时代，公共卫生事件的不确定性依然存在。医院作为应对突发公共卫生事件的关键场所，必须具备常态化防控能力。因此，医院需要在设计和运营中贯彻“平急结合”的理念。具体而言，医院应在日常运营中预留可快速转换为传染病隔离区的空间和设施，以确保疫情暴发时能够迅速调整功能布局。同时，医院需要加强应急管理体系的建设，包括制定完善的应急预案、储备充足的医疗物资以及建立高效的应急响应机制，以应对突发疫情导致的医疗需求激增状况。

（2）气候变化引发的极端天气频发。

在全球气候变暖的背景下，极端天气气候事件呈现出发生频率增加、持续时间延长、复合影响加剧等特征，其不可预测性显著增强。为应对这一挑战，医疗机构必须提升基础设施的抗灾能力，重点强化建筑结构在防风、抗震、防洪等方面的性能。同时，还需确保极端天气条件下医院关键生命支持系统（包括供电、供水、供气等）的持续稳定运行。医疗机构应当同步建立完善的极端天气应急响应机制，如医疗物资的预防性储备、患者转运流程的优化设计、外部救援协作网络的强化建设等。

（3）人口老龄化带来的医疗需求结构变化。

人口老龄化进程的加快导致老年群体医疗需求呈现显著增长，其需求结构也发生明显转变，主要体现在慢性病管理、康复护理和长期照护等领域的服务需求增加。统计数据显示，2016—2019 年期间，北京市住院费用增长中有 22.44% 可归因于患者年龄结构的变化[4]。医疗机构在构建韧性体系过程中，应当重点优化资源配置结构，注重提升老年患者的综合服务能力。二级及以上医疗机构还需强化与社区卫生服务中心的协同合作，通过完善分级诊疗机制，实现老年患者的科学分流，有效缓解运营压力。

9.2.2 国际经验借鉴

1. 日本灾害医疗中心体系

日本的灾害医疗中心体系以“灾害医疗救援队（Disaster Medical Assistance Team，DMAT）”为核心，构建了覆盖全国的层级化应急网络。该体系依托《灾害对策基本法》等法规，设立了 1 个国家级灾害医疗中心、2 个区域性中心、12 个地区中心和 550 家指定医疗机构或急救中心[5]，形成了“中央 – 区域 – 地方”三级联动机制。日常通过与当地医院合作的形式进行标准化培训、模拟演练及信息化平台（如 J–SPEED 伤员追踪系统）强化应急能力。灾害发生时，DMAT 可在 2 小时内抵达现场，开展伤员分类、急救及转运。在灾害发生时，灾害医疗中心通过急救医疗信息系统进行协调调度，例如，2011 年 3 月东日本大地震实现 72 小时黄金救援期的高效覆盖；2016 年 4 月的熊本地震中通过区域协作快速搭建临时医疗站，有效减少了伤员死亡率[6]。日本的灾害医疗中心体系要求医疗机构具备较强的抗震能力和应急保障能力，通过抗震设计、配备发电机等，确保在灾害中能够正常运转，继续为患者提供医疗服务。

2. 美国医院应急准备计划

美国的医院应急准备计划以“医院准备计划（Hospital Preparation Plan，HPP）”和“国家灾害医疗系统（National Disaster Medical System，NDMS）”为核心框架，构建了联邦、州、地方三级联动的应急体系。该系统依据《斯塔福德灾难与紧急援助法》和《公共卫生服务法》，要求医院通过标准化预案（如医院紧急事件指挥系统）、跨机构协作演练及资源储备（如战略国家储备库）提升韧性。联邦政府通过资金支持医院升级设施（如移动医疗单元、负压病房）冗余性，并整合 NDMS 的灾害医疗救援队和退伍军人医疗系统，实现全国医疗资源动态调配。“9 · 11”事件后，HPP 推动全美 85% 医院完成反恐应急升级。例如，2017 年飓风“哈维”期间，NDMS 协同民间医疗队在 17 天的时间里，协调中心帮助协调了 1 544 次病人转移、24 家医院和 20 家疗养院的后送[7]；新冠疫情防控期间，HPP 支持的应急协议使纽约州所有医院患者收容量至少扩容 50%，部分医院甚至扩容 100%[8]。

3. 新加坡智慧医疗

新加坡智慧医疗以国家电子健康记录（National Electronic Health Record，NEHR）系统为核心，通过“智慧国家 2025”计划推动医疗数字化。政府整合全域医疗数据，实现公立、私立机构及社区诊所信息互通，并依托 AI、物联网等技术开发远程问诊平台（如 Health Hub）、慢性病管理系统（如 Healthier SG）及 AI 辅助诊断工具。新冠疫情防控期间，远程医疗咨询量激增，NEHR 系统支撑精准流调，助推新加坡成为新冠病死率全球最低国家之一。同时，修订的 2021 年版《个人数据保护法》进一步强化医疗信息安全，为智慧医疗提供了保障。新加坡以“政府主导 + 技术融合”模式成为全球智慧医疗标杆。

9.2.3　实施路径

1. 硬实力提升实施路径

（1）负压病房动态转换机制。

负压病房是应对传染病疫情的关键设施，其动态转换机制对于医院的韧性至关重要。在新建或改建医院时，应预留负压病房的转换接口和基础设施，如独立的通风系统、可调节的压差控制系统等。采用模块化设计，便于在疫情暴发时快速转换为负压病房。引入智能化的负压控制系统，能够实时监测压差、气流方向等关键指标，并自动调节设备运行状态，确保负压病房的稳定运行。建立完善的负压设施运维体系，定期对设备进行检测和维护，确保其长期稳定运行。借鉴美国医院应急准备计划，建立区域乃至国家的医疗资源协调中心，实时掌握患者流向，协助将患者转运至不同医院，避免因患者集中而导致的超负荷。同时，制定详细的应急预案，明确在突发情况下负压病房的启用流程和责任分工。

（2）分布式能源系统建设。

结合医院的地理位置和能源需求，合理选择分布式能源类型，如太阳能光伏发电、天然气分布式能源等。多种能源互补的系统能够更好地应对能源供应波动和突发情况。分布式能源系统应与医院现有的能源系统进行有效集成，实现能源的优化配置和高效利用。通过智能能源管理系统，实时监控能源生产、消耗情况，优化能源调度。积极争取政府的政策支持，争取补贴和优惠政策，降低分布式能源系统的建设和运营成本。同时，与能源企业合作，共同推进分布式能源系统的建设和维护。

（3）关键医疗设备的动态管理与储用结合。

建立医疗设备动态管理平台，实时采集设备的运行数据、使用频率、维护状态等信息。通过数据分析，优化设备的调配和使用，提高设备的利用率。根据医院的业务需求和应急预案，制定合理的医疗设备储备策略。建立设备储备库，储备一定数量的常用关键设备，如呼吸机、监护仪等。定期对医护人员进行设备使用培训，确保在紧急情况下能够熟练操作设备。同时，开展设备应急调配演练，检验设备储备和管理系统的有效性。

2. 软实力优化实施路径

（1）应急人才蓄水池计划。

建立应急人才储备库，涵盖医疗、护理、管理、后勤等多领域专业人员。通过“入池”机制，对现有人员进行分类储备，确保在应急状态下能够快速调配。制定分层分类的培训计划，针对不同岗位需求开展专业技能培训和应急演练。利用模拟训练、在线课程等方式，提升人才的专业能力和应急反应能力。建立人才动态管理机制，定期评估人才能力与表现，优化人才结构。同时，通过激励措施，如绩效奖励、职称晋升等，激发人才的积极性。

（2）多部门协同演练机制。

构建跨部门协同演练平台，支持线上模拟与线下实战相结合的演练模式。平台应具备任务分配、信息共享、实时监控等功能，确保各部门在演练中高效协作。制定常态化的演练计划，定期开展涵盖多场景、多部门的应急演练。利用大数据和云计算技术，对演练数据进行分析，智能化调整应急预案。结合 VR、AR 技术，提升演练的逼真度和参与感，增强人员的实战能力。

（3）数字孪生医院建设。

利用数字孪生技术，构建医院的数字模型，实现对医院物理环境、设备设施、人员流动等的实时监测与模拟。通过数字模型与物理系统的双向反馈，优化医院资源配置和流程管理。基于数字孪生平台，开发智能决策支持系统，利用大数据分析和人工智能算法，为医院管理者提供决策依据[9]。在应急状态下，系统能够快速生成最优应对方案，提升决策效率。在多院区医院中，数字孪生技术能够实现院区间的信息共享和协同管理。通过统一的数字平台，优化多院区的医疗资源调配，提升整体运营效率。

3. 制度建设实施路径

（1）平急结合的财政投入模式。

在常态运营阶段，依据医院的日常医疗服务需求、学科建设规划以及设备维护更新等基础需求，科学合理地分配财政资金，保障医院的基本医疗服务质量和运营效率。同时，设立专门的应急储备资金池，按照一定比例从年度财政预算中提取，确保应急状态下有充足的资金用于物资采购、人员调配、临时医疗设施搭建等。制定应急资金快速审批与拨付制度，简化审批流程，缩短资金到账时间。当突发事件发生时，医院能够迅速启动应急资金使用程序，在第一时间获取所需资金，保障应急医疗救援工作的顺利开展。此外，加强对资金使用的监管与审计，确保资金使用的合规性和有效性。

（2）韧性评价纳入绩效考核。

从医院的应急响应能力、资源储备能力、医疗服务连续性和人员应急素养等多个维度，构建科学合理的韧性评价指标体系。例如，应急响应时间、物资储备种类与数量达标率、医疗信息系统在应急状态下的稳定性、医护人员应急培训参与度及考核通过率等。将韧性评价结果作为医院绩效考核的重要组成部分，与医院及科室的绩效奖金分配、评先评优、职称晋升等直接关联。对在韧性建设方面表现突出的部门和个人给予表彰和奖励，对未达标的进行督促整改，形成有效的激励约束机制，推动医院整体韧性水平的提升。

（3）多院区协同响应机制。

成立跨院区的应急指挥中心，负责统筹协调各院区在突发事件中的应急响应工作。制定统一的应急响应预案和指挥流程，明确各院区医疗、科教、后勤的职责分工和协同配合机制，确保在面对突发事件时，各院区能够迅速响应、协同作战[10]。依托信息化技术，搭建多院区信息共享与资源调配平台。实时共享各院区的医疗资源信息、患者救治情况、物资储备状况等，实现资源的统一调配和优化配置。例如，当某一院区医疗资源紧张时，能够及时从其他院区调配人员、设备和物资，保障患者的救治需求。

9.3　推动突发事件下分级诊疗制度的实施

为了合理配置医疗资源，党的十八大第一次提出了构建分级诊疗服务体系的要求。分级诊疗体系是根据疾病的严重程度和治疗复杂性进行分类，不同级别的医疗机构负责相应级别疾病的治疗，从而逐步推进从全科医疗向专业化医疗的转变。2015 年 9 月，国务院颁布了《关于推进分级诊疗制度建设的指导意见》，旨在进一步深化医疗体制改革，构建具有中国特色的医疗卫生体系，并指导全国范围内分级诊疗体系的建设工作。

9.3.1　国内分级诊疗的实施现状

我国的分级诊疗体系目前仍处于起步阶段，然而，各省（自治区、直辖市）已开始积极探索并构建多种分级诊疗模式，北京市在 2017 年推出了《医药分开综合改革实施方案》。在该方案中，北京市三级、二级、基层医疗机构的主治医师医事服务费分别定为 50 元、30 元和 20 元，通过设定不同级别医疗机构的医事服务费差异，引导患者优先在基层医疗机构寻求医疗服务。在此期间，基层医疗卫生机构与三级医院的慢性病药物目录已实现全面对接，患者可在社区医疗机构获取 105 种用于治疗高血压、糖尿病等慢性病的常用药物。此外，对于满足特定条件的慢性病患者，基层医疗卫生机构能够为其开出长达两个月的长期处方。基于这一措施，通过价格引导，进一步增强了常见病、轻症以及长期依赖药物治疗的患者的基层就医倾向[11]。天津医科大学肿瘤医院运用互联网技术构建了肿瘤分级诊疗服务平台（图 9-2），使原有的线下业务更加高效且规范地运行[12]。

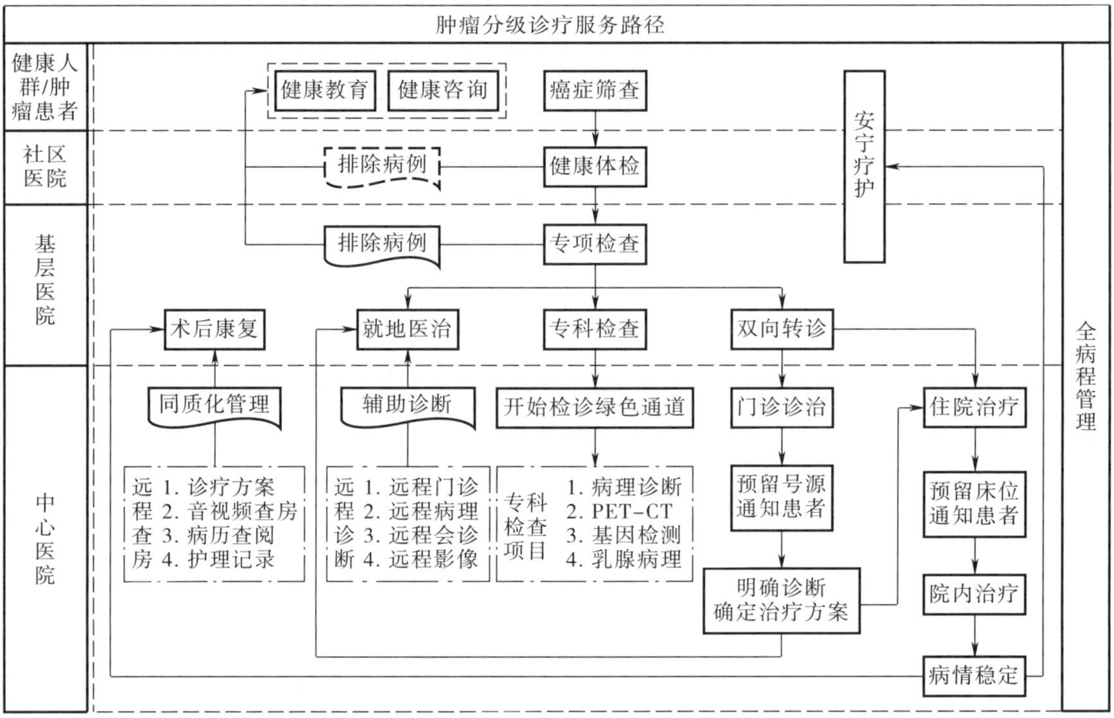

图 9-2　肿瘤分级诊疗服务路径示意图[12]

上海作为分级诊疗制度的先行试点地区，推出了具有示范意义的“1+1+1”家庭医生签约模式。2013 年 12 月，上海市人民政府颁布了《关于本市全面推广家庭医生制度的指导意见》，标志着家庭医生制度在全市范围内的推广。在此基础上，2015 年 11 月，上海市启动了“1+1+1”医疗服务签约模式的试点项目。该模式旨在通过整合基层医疗服务与市区级医院的资源，推动居民根据实际需求选择医疗服务，进而构建和完善分级诊疗体系[13]。上海市的医疗资源总体覆盖率表现良好，未呈现出显著的差异。然而，区域间的医疗资源分布存在显著的不均衡性。中心区域资源充沛且分布均匀，而偏远郊区的医疗资源可及性则相对较低，与城市中心区域形成鲜明对比。分级诊疗制度的推行能在一定程度上缓解区域内及区域间的医疗资源不均衡问题，从而推动医疗资源在空间上的均等化[14]。

9.3.2　国外分级诊疗的实施经验

在国际上，与分级诊疗紧密相关的概念包括“三级卫生服务模式”和“守门人”机制。以英国、美国等国家为例，它们较早意识到分级诊疗体系的重要性，并在全国构建了较为成熟的分级诊疗网络。尽管不同国家的分级诊疗模式各有特色，但它们的核心架构是统一的，即都建立在以高素质的全科医生或家庭医生为核心的双向转诊体系之上。

1. 英国的经验

在英国，医疗服务体系被划分为三个层次，以向公众提供医疗支持：初级层次主要由社区卫生机构构成，其中包括全科医生和护士，他们向居民提供基础性的初级卫生保健；第二层次为地区性综合医院，这些医院通常是地区医疗的核心，提供综合性和专科医疗服务；第三层次则由跨区域综合医院和专科医院组成，它们主要负责处理紧急情况、复杂病例以及第一、第二层次医疗机构难以处理的疑难杂症，并承担科研工作。此外，患者在没有全科医生转诊的情况下，不得直接到更高级别的医院寻求治疗[15，16]。

英国医疗行业实行一套严谨的认证、培训及评估体系。对于希望从事全科医生职业的个人，其职业发展路径首先要求完成五年的医学学士学位教育。随后需投身于为期两年的基础临床训练。在完成这些初步培训之后，还须继续接受三年的全科医生专业训练。只有在成功通过英国皇家全科医生学院的认证考试，并且成为皇家医学学会注册会员之后，该个体方能获得独立行医的资格[17]。全科医生与专科医生在诊疗能力上并无差异。英国对于全科医生的培养体系，为实施全科医生首诊制度提供了坚实的支撑[18]。

2. 美国的经验

美国的医疗体系主要由社区医院构成，这些医院占比超过 60%，并拥有超过 70% 的病床资源。美国超过 90% 的医院都设有门诊服务，居民对医疗机构的信任程度决定了其在基层医疗机构中的地位[19]。此外，有关部门通过调节支付额度，间接影响患者的医疗消费行为，引导患者倾向于选择费用较低的基层医疗机构接受治疗。在美国不同的医疗保险制度中，采用了按病种付费的报销方式，并对患者的住院时间和入院次数设定了限制。一旦患者满足出院标准，他们通常会被转移至社区医院或在家中接受家庭医生的诊疗与康复服务。若患者未能出院，则超出部分的费用需由患者自行承担，这种机制在无形中促进了分级诊疗体系的发展[17]。

9.3.3　重大传染病疫情下我国分级诊疗实施的总体情况

2019 年 12 月，武汉市突然出现了当时尚不明原因的肺炎疫情，并且迅速扩散至全国各地。在其后的新冠疫情防控过程中，分级诊疗体系展现了其特有的作用，有效地维持了医疗服务的秩序，同时提升了公众就医的便捷性和医疗服务的效率。在医疗保险和财政资金的双重支持下，及时缓解了患者及疑似患者的医疗费用压力[20]。新冠疫情分级诊疗体系的建设见图 9–3。

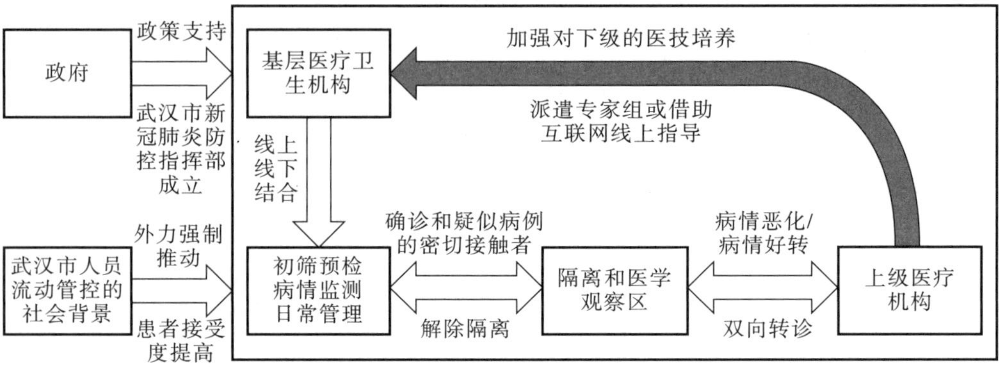

图 9–3　新冠疫情分级诊疗体系的建设[20]

在 2020 年 2 月 14 日举行的中央全面深化改革委员会第十二次会议上，习近平总书记强调，需不断巩固和完善分级诊疗体系，以科学和精确的策略赢得疫情防控战的胜利，并提升应对突发公共卫生危机的能力。紧接着，在全国范围内建立起了由个人、社区、疾控中心构成的三级健康保障体系，以及社区、医院、关键场所形成的三层防护网，积极推动分级诊疗制度的实施。受新冠疫情影响，为降低感染风险，患者倾向于选择附近的基层医疗卫生机构处理基本医疗问题。同时，为了缓解自身的防疫负担，上级医院也倾向于将部分基础检查任务分配至基层医疗机构[21]。

2022 年 12 月，国家卫生健康委员会颁布了《关于新型冠状病毒感染采取“乙类乙管”措施的整体方案》。该方案明确提出，应以医疗联合体为依托，建立起一套分级诊疗体系，旨在满足民众的医疗需求。其中，基层医疗卫生机构的核心职责是开展人群健康监测与管理工作，尤其是针对合并基础疾病的老年人群等重症高风险个体，应当提供分级的健康服务。在医疗联合体中，二级医院承担着主要的技术支持角色，旨在增强基层医生在识别、诊断及处理高风险人群方面的能力，并且二级医院还负责居民常见病和多发病的诊断与治疗工作。而作为医疗联合体龙头的三级医院，则主要负责救治急症和危重症患者，并为需要进行医疗救治的老年健康管理对象提供快速就医的绿色通道，以应对他们病情的变化[22]。

9.3.4　策略建议

1. 细化完善平战结合、平急转换的分级诊疗制度建设

政府需对分级诊疗体系进行周密的规划，并详尽优化其操作流程。同时，构建完善的分级诊疗应急预案，以应对突发公共卫生事件。此外，还需对医疗机构设施、设备以及医

疗药品的配置和使用、患者转诊等策略进行细致完善，并制定一套严格的标准操作程序和监管体系，确保在面对突发公共卫生事件时，所进行的每一个步骤中都有规则可依、有规律可循。在应对突发公共卫生事件过程中，各级医疗机构的支出应由同级别政府制定一个补偿基准，以此提供财政补贴，保障各医疗机构在应对此类事件时，不会面临资金不足的困境。

构建完善的利益分配机制，包括约束与激励措施。政府应当设定具体的标准，对医疗联合体的构建进行规范化管理。同时，通过建立合理的利益分配体系，使得大型医院能够获得额外的、较高水平的收入，以此增加医疗机构的积极性，使医疗联合体能够切实发挥其积极作用[20]。

2. 提高基层医疗机构的服务能力

在构建分级诊疗体系的过程中，基层医疗卫生机构扮演着关键角色，因此，提高其诊疗水平至关重要。首先，应当强化医学院校中全科医学专业的设立，并确保毕业生就业的稳定性。其次，提高现有基层医疗卫生工作人员的福利待遇，以吸引更多医疗人才投身基层。最终，建立和完善全科医生的培训和考核体系，以提升他们在常规医疗服务以及突发公共卫生事件中的应急处理能力[23]。

将农村医疗卫生机构整合进医疗联合体中，实施精准的点对点扶持，旨在提高农村地区医疗服务的质量。此外，还应加强乡村医生的培训、改善农村医疗设施、提升乡村医生的福利待遇，并增强对分级诊疗制度的宣传力度，逐步引导农村居民选择乡村医疗卫生机构进行就医，从而推动分级诊疗体系的发展。

3. 充分利用互联网医疗的推动作用

新冠疫情以来，互联网医疗得到了迅速发展。互联网医疗服务打破了传统医疗的时空限制，实现患者通过线上平台向医生咨询，医生则根据患者状况提供是否线下就诊的建议，这样不仅节省了患者往返医院的耗时，也缓解了三级医院的接诊负担。此外，通过构建统一的信息共享系统，确保了各医院能够实时获取患者信息。同时，利用互联网医疗平台进行无接触问诊和线上转诊，也在突发传染病期间降低了接触传播的风险。

4. 医药结合、医保结合确保分级诊疗更好实施

不断推进基本药物向基层医疗机构倾斜的政策，旨在完善“986”（基层医疗卫生机构的基本药物配备品种数量占比原则上不低于 90%，二级公立医院不低于 80%，三级公立医院不低于 60%）药物配备比例模式，以培养患者前往基层医疗机构获取基本药物的习惯。长期处方政策仅在基层实施，对于仅在二、三级医院提供的药品，基层医疗机构的医生可向上级申请配备，一旦申请成功，可通过同城配送服务，确保患者及时获取所需药品。实施差异化的门诊费用和报销比例政策，针对不同级别的医院，即基层医院、二级医院和三级医院，门诊费用应逐步提高，而报销比例则相应逐级减少，以此通过价格机制引导患者优先在基层医疗机构进行首诊。

9.4 实施“积极老龄化”战略

9.4.1 人口老龄化现状与发展趋势——以上海为例

上海市户籍老年人口统计数据显示，截至2023年底，60岁及以上人口规模已达568.05万，较2022年净增14.39万，增幅为2.6%，占全市户籍总人口的比例攀升至37.4%。从区域分布来看，虹口区以44.9%的老年人口占比位居首位，黄浦区（43.4%）和普陀区（42.4%）紧随其后。就年度增幅而言，金山区（+2.1个百分点）、崇明区（+1.8个百分点）和奉贤区（+1.4个百分点）位列前三。值得注意的是，在高龄老年人口（80岁及以上）占比方面，崇明区（7.0%）、长宁区（6.6%）和虹口区（6.5%）居于前列。与此同时，上海市人口期望寿命持续提升，2023年达到84.01岁，但性别差异呈现扩大趋势：女性期望寿命较男性高出4.82岁，这一差距较2000年的4.10岁进一步扩大，反映出人口老龄化进程中的性别分化特征。

我国特大型城市的常住人口最低规模标准为500万人，而上海的老年人口已经超过了这个标准值，可见上海老龄化程度之高。未来，上海市户籍老年人口规模将持续增加，且程度更深、速度更快。《上海市老龄事业发展“十四五”规划》曾指出，预计到2025年，上海市60岁以上户籍老人约570万、占比接近40%。

9.4.2 全国各地“积极老龄化”的相关做法与实效

人口老龄化已经成为我国社会的常态，应对人口老龄化的议题也不断升格。党的十八大以来，我国老龄工作把增进老年人福祉、促进老年人的全面发展作为出发点和落脚点，结合人口老龄化发展进程和经济社会发展情况出台了一系列老龄政策。这意味着未来老龄工作将始终作为我国国家治理的重点和热点，“中国式”养老将会持续得到充分的政策支持。

目前，我国养老服务机构和设施建设已经取得了明显进展，据《2023年民政事业发展统计公报》数据，全国各类养老服务机构和设施数量从2010年底的4万个增加至2021年底的35.8万个，全国各类养老服务床位从2010年的314.9万张增长至2021年的823.0万张。自2012年我国智慧健康养老产业开始起步后，在2020年已经进入产业发展黄金时期，2014年我国智慧养老产业市场规模仅为0.17万亿元，到2019年接近3.2万亿元，智慧养老结构体系已基本形成，有效满足了新一代老年群体的新型养老服务需求，促进“中国式”养老服务的发展。

我国养老体系发展经历了四个阶段：养老服务体系建立初期（2011 年之前）、“强机构”养老模式体系（2011—2015 年）、“重融合”养老模式体系（2016—2020 年）、“高质量”养老模式体系（2021 年至今）。目前，养老产业的成长主要依赖政府的推动和政策引导，同时辅以社会和市场的参与。我国正在逐步构建一个以家庭为基础、社区为支撑、机构为补充、医疗与养老相结合的立体化养老服务体系，并致力于引导养老产业与其他行业的融合，实现系统化和专业化的进步。此外，还在积极探索包括“互联网 + 养老”和“物业服务 + 养老服务”在内的创新养老模式。从产业市场的角度来看，目前我国多元市场机构积极参与养老产业发展，为构建我国养老行业商业生态奠定了良好基础。养老服务领域涉及众多行业，其全面发展依赖于各行业的积极参与和有效整合。只有这样，才能为我国老年人群体提供更全面、更优质的产品与服务。大型城市养老和中小城市养老表现出不一样的发展特点。在大型城市中，养老问题的核心在于养老服务供需之间的不平衡和不匹配。中小城市的养老模式则不尽相同，因其老年人口相对分散、支付能力相对较弱，且在财政资金安排、基础设施建设、养老服务提供方面相较于大型城市有明显劣势，面临的养老难题也更加突出。中小城市的养老模式也更倾向于以居家养老模式为主。

浙江省宁波市北仑区是该市老龄化程度较高的一个区，户籍人口中 60 岁及以上老年人口占比达到 27%。北仑区的老年人多习惯于“安土重迁”，因此该区的养老模式更侧重于居家养老，提出了构建“一体化社区养老服务体系”的政策目标，从而系统地构建了社区居家养老服务体系的“四梁八柱”架构。在构建“一体化社区养老服务体系”过程中，政府的主导作用、社区的主体责任以及社会力量的协作效应得到了充分体现。在社区层面，实现了健康、医疗和福利服务三位一体的养老服务体系，有效地促进了医疗与养护服务的融合以及跨部门资源的整合与利用。在资源整合与信息匹配的层面，该模式建立了养老服务数据平台，以促进老年人需求与服务资源之间的精确匹配。该平台统筹了政府、社会、市场及家庭等多方行动者的养老服务职能，同时依赖社会工作者的专业介入，对养老服务在社区层面的工作内容进行全程引导，从而构建了一个“资源整合、多方协同、供需适配、数据一体化”的社区养老服务体系。

9.4.3 策略建议

1. 依托科技赋能，进一步提升上海养老服务质量

上海市“一网通办、一网统管”理念将在城市内每个街道落实，城运中心建设配套设施逐渐完善，智慧养老工作也进入起步阶段。社区将可提供的服务进行模块化的设计，养老服务作为社区工作的重中之重也纳入其中。上海市网格化体系建设已经步入正轨，与人口库联动，可以达到对老年人的精细化管理。

智慧养老设施的安装需结合老人的实际需求，针对高龄老人、独居老人、低龄老人等不同老人群体，智慧养老产品需结合老人和其室内环境的具体情况制定出个性化的智慧养老方案。智慧养老应充分依托技术体现智慧，通过数据分析，满足老年人的异质化需求和个性化需求，尤其是老年人的心理需求应该得到足够重视。

在社区公共空间领域的改造中，不断提高公共服务智能化水平，满足老年人追求品质生活、便捷养老的需求，在更大范围内惠及大部分老年人。比如，在公共食堂、老年学校以及社区老年公共活动中心等的建设过程中，可以利用“智慧思维”切实提高老年人的生活质量和灾害应对水平。

2. 深入发挥养老服务的社会活力

树立多层次、多元化的社区养老服务新理念。通过依托社区干部、社区居民、党员志愿者、退休干部、专业社会组织等抓好养老服务，尤其是针对高龄老人和独居老人的服务。着力发展社区嵌入式养老。社区嵌入式养老服务模式主要是针对上海目前土地资源紧张、养老服务资源紧张的现实状况，同时也满足了老年人养老不离家的心理诉求。注重帮助老年人应对多种灾害，可以从四个方面入手：面对疫情时，能够照顾重症老年人，为其提供治疗看护的条件和资源；面对台风、洪水等自然灾害时，能提供老年人所需的避难所或专业机构；面对意外事故灾害时，能够保障老年人的人身安全，免受例如交通事故等意外的侵害；面对社会治安问题时，能够保护老年人免于上当受骗，保护老年人生命安全的同时也要注重其身心健康和财产安全。

探索居家养老子女适当“带薪”护理支持制度。“带薪”护理制度在我国近两年处于探索阶段，仅有为数不多的省市在试推行。“带薪护理假”可以在一定程度上缓解职工家庭的后顾之忧，也非常人性化，是以人为本的体现。同时，家人在对于老年人的精神需求方面，仍有极为重要的功能。

3. 夯实系统性治理的行政基础，以家庭建设为抓手，统筹支持“一老一小”

当前，“关注老年人与儿童”已成为我国老龄政策和民生工程的关键焦点。其中，老年人本身是老龄事业的核心关怀对象，而儿童则与老龄社会的持续发展密切相关。值得注意的是，老年人与儿童往往共处于同一家庭单元。从家庭的角度来看待这两个群体，不能只针对个体，而是将家庭作为一个整体看待，这样才能更好地发挥资源的作用，避免政策“瞄偏”。对家庭的制度支持在某种程度上会产生“辐射效应”，而家庭的作用是“领域不敏感”的，因此，针对家庭的改善，可以为其提供养老、抚育和帮扶弱势家庭等多个方面的“一揽子”计划。

积极推进“一老一小”综合服务方案的探究，旨在进一步促进“降低养护负担、提升人才吸引力、激发社会活力”，构建“家门口的养护乐土”城市品牌形象。构建“一老一小”普遍需求的便捷服务场景，以“托幼养老一体化服务中心”的建设为龙头，加快实现养护服务一体化的步伐。创新“老幼共育”人才培训体系，加强保育员与养老护理员的联合培训，实现专业人员对幼儿与老年人提供一站式服务。

4. 推动资源有效整合和优质资源下沉，打造“社区养老共同体”

赋予社区更多的自主空间，使其可以发挥好代表居民意见、为居民发声、帮助维护居民权益的自组织功能，从而使社区能够更好做到助老、为老应对多种灾害。在制定惠民政策的时候，增加一些操作的余地，也可以在社会上进行更多的公益创业，结合当地的实际情况，进行一些有特色的养老项目的创新和开发。对于一些成功的案例，给予更多的资金支持，使之成为一种成熟的、可持续的便民服务。

政府可以增加对养老服务行业的支持，也可以增加对养老服务行业的税收优惠，还可以创新企业与企业的合作模式，让“社会市场”与“经济市场”共存，让生活困难的老人和收入较高的老人，都可以根据自己的需要，享受到适合自己的养老服务。此外，还应注重健全养老服务的价格体系，在进行充分的市场调查与多方谈判后，实行“以事定费”，以避免因价格偏低而造成服务质量过低的现象。

5. 积极培育“银发经济”，开发老龄社会发展新动能

《中共中央、国务院关于加强新时代老龄工作的意见》中明确指出，需强化规划引领、推动适老化产业发展，以“积极孵化银发经济”。虽然对“银发经济”的定义尚不明确，其与健康养老产业等领域的关联亦需进一步阐释，然而，随着相关政策的逐步实施和研究实践的深入，“银发经济”必将成为刺激内需、孕育经济新增长点的重要动力。例如，根据地区特色，创建更多受老年人欢迎的网红打卡地点；利用当地资源优势，推出多种主题的旅游体验产品。

积极推进中医药在养老服务领域的广泛应用。引入中国特色的中医药健康养老服务，推广“中医医疗机构与养老机构联合”“中医医院、社区医院与居家养老相结合”等多种服务模式。研究并发展“互联网＋医疗健康”新型服务模式，积极构建“互联网＋老年慢性病诊疗”的综合管理服务平台。同时，探索“动漫游戏＋老年医疗康复”的创新模式。激励具备研发能力的科技企业开发动漫医疗康复产品，将康复医疗功能融入游戏设计中，并在老年医院、养老机构及家庭等环境中应用，以助力老年慢性病患者实现更有效的康复。

鉴于目前市场上专门针对老年人的商品实体店数量不足，以及互联网交易平台的缺失，建议积极构建线上老年用品交易平台，并着手打造一系列以老年商品流通为核心、具有一定区域影响力的大型交易市场。同时，加强线上与线下渠道的整合，建立“银发经济”服务平台，以扩大市场的整体影响力。

9.5　构建“平急结合、经济高效”的应急物资综合保障体系

为了实现前述上海市“购－产－储－运－收”一体化的全生命周期应急物资保障体系，本节将从体系架构、物资储备工作机制、突发公共卫生事件的应急物资调度分级

管理、捐赠物资管理、医疗物资质量控制、快速准入与应急处置等方面，提出综合策略建议。

9.5.1 体系架构

本书按照“横向到边、纵向到底”的原则，全面而深入地梳理了应急物资保障的相关部门与职责，确保这一体系覆盖到所有相关部门，无遗漏地囊括了从生产、储存到调配的每一个环节；在纵向上则深入底层细节，明确了从决策层到执行层的各级职责，确保每一项任务都有明确的责任主体和具体的落实措施。为完善上海市乃至全国应急物资保障体系建设、加强应急物资保障体系组织架构提供策略建议。

1. 建立市应急物资储备联席会议

市公共卫生应急医用物资储备联席会议（以下简称“联席会议”）落实平时物资储备工作管理，作为应急医用物资储备体系的领导与协调机构，由市卫生健康委和市发展改革委（市粮储局）牵头，其他成员单位包括市卫生健康委、市经济信息化委、市商务委、市财政局、市市场监管局（市药监局）、市应急局、申康医院发展中心等，下设常设管理机构上海市公共卫生应急储备中心（设在市粮储局）。市卫生健康委和市发展改革委（市粮储局）相关领导担任联席会议召集人。

联席会议定期召开，负责科学调整和确定应急医用物资储备的品类、规模、结构和运行实施方案等，统筹并加强疫苗、药品、试剂、诊疗设备和医用防护物资等的储备。市公共卫生应急储备中心根据联席会议精神，落实上海市公共卫生应急医用物资储备体系建设，加强完善公共卫生应急系统的韧性，研究制定管理制度，明确储备细化方案、审批流程及监督管理等要求，同时对全市应急医用物资储备有关工作实施检查指导等。

2. 建立市应急物资保障专家咨询委员会

应急物资保障专家咨询委员会的成员应包括来自医学院校、医疗卫生机构、专业学术协会、法律和企业等不同机构和单位的公共卫生物资保障方面的专家。其主要职责是对应急医用物资保障体系建设提供专业性的意见和建议，并作为受邀专家参与日常督导。例如，指导储备目录的制定，制定行业规范，急时还应指导居民合理使用，缓解囤货焦虑等。专家咨询委员会应定期召开会议。

3. 建立市物品防疫与物资保障组

市物品防疫与物资保障组（简称“物资保障组”），接受上海市疫情防控领导小组办公室领导，负责战时的物资保障工作和战后的评估。基于过去三年的实际操作经验，提出在现有物资保障组织框架下，有必要增强团队实力、提升管理层级，并加强全市范围内的统筹与协调工作。为此，建议成立一个专门的工作小组，成员包括发展改革委（粮储局）、卫生健康委、商务委、经济和信息化委、药品监督管理局、市场监督管理局、红十字会、慈善基金会以及网信办等相关机构。其中，市发展改革委负责综合协调、信息报送和数据统计等工作，市卫生健康委根据各级医疗机构的实际使用情况对需求进行研判、制定分配方案、指导合理使用；市商务委负责集中保供企业和零售商的统筹协调和管理，指导其做好供货、仓储、物流以及企业内部质控工作的管理；市经信委确保本地保供企业的生产和加强外部供应；市药监局对医疗物资进行质量控制和应急药械的快速准入；市市场监管局进行监管执法，严禁哄抬物价；红十字会、慈善基金会等慈善公益组织负责捐赠物资管理工作；市网信办负责网上舆情引导；市发展改革委（粮储局）负责动用储备，为采购和生产争取时间。其间，市审计局负责物资采购全过程的审计监督，为医疗应急医用物资保障专家咨询委员会提供专业技术支撑，形成了应急医疗物资从需求到供应，从生产、采购、质控到科学分配、合理使用、监管等全流程闭环管理。市级应急物资保障体系架构如图 9–4 所示，应急物资保障分工如图 9–5 所示。

以药品为例，2022 年 12 月初，物资保障组监测到解热镇痛药消耗量骤升，针对可能出现的药品短缺问题，及时研判、干预，建立药品的市级层面“6+13+2”应急保障工作机制，即由市经信委、市商务委、市卫健委、市药品监管局、市发展改革委（市粮食和物资储

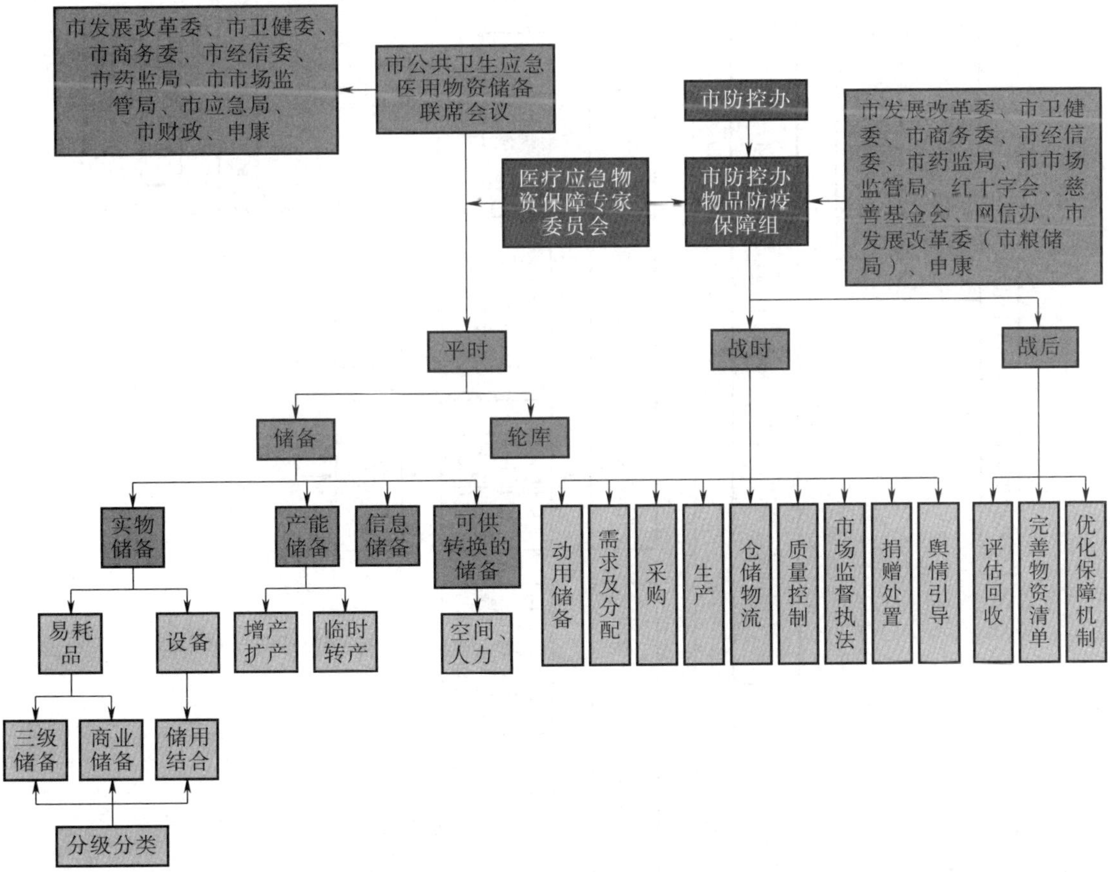

图 9–4　市级应急物资保障体系架构图

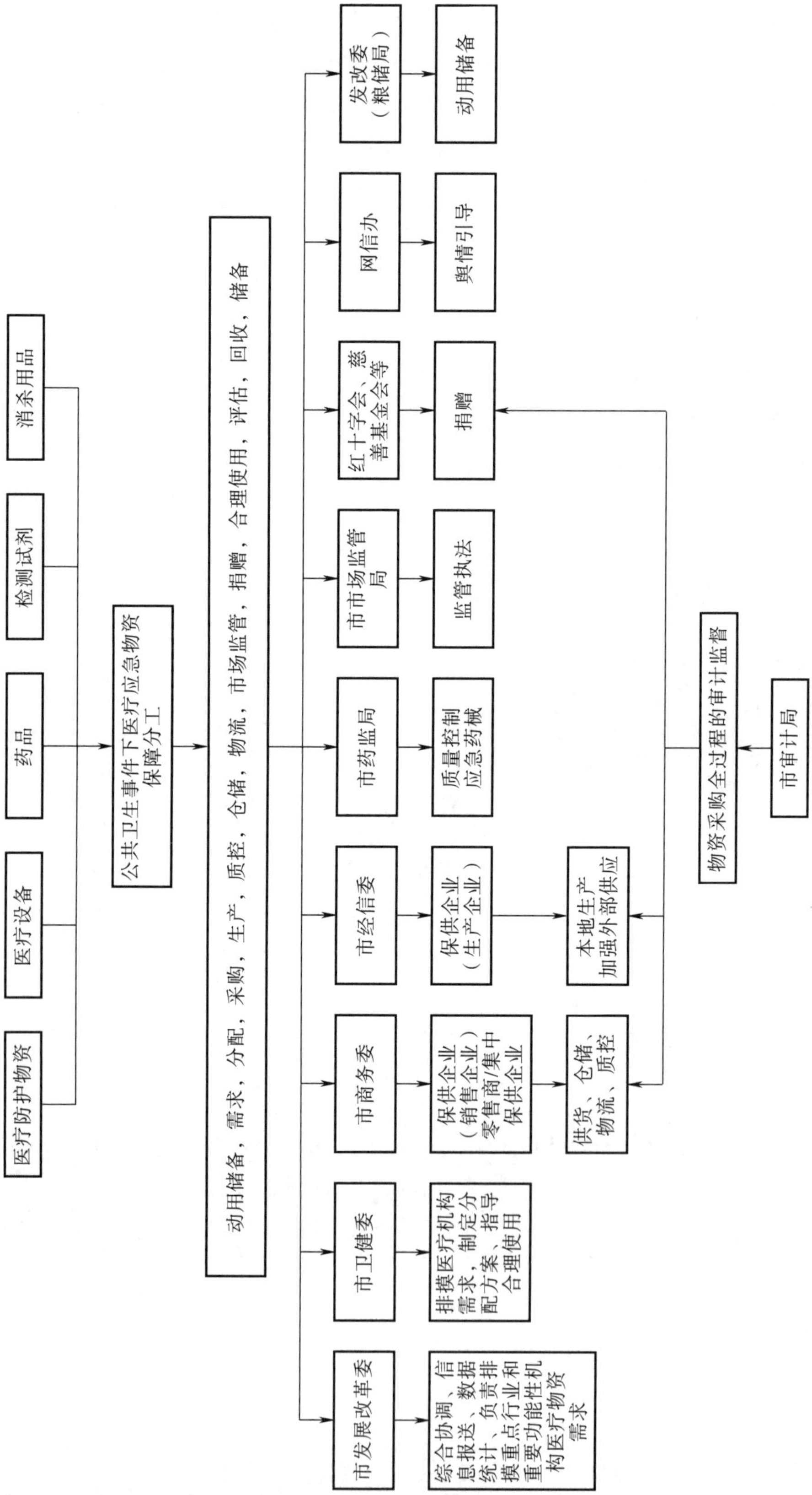

图 9-5　应急物资保障分工

备局）及市市场监管局 6 部门根据职责分工，明确供需信息，并考虑留有一定的余量，保障物资储备的韧性，协调指导 13 家药品批发和零售企业、2 个专业协会（市医药商业行业协会和市中药协会）做好应急保障工作。其中 2 个专业协会起到了医疗应急物资保障专家委员会的作用。

4. 加强应急医用物资储备工作监管和质量控制

市市场监管局（市药监局）、市卫生监督所承担应急医用物资储备的日常监督监管工作，负责检查、指导各有关部门和单位应急医用物资储备体系建设、储备管理与落实、工作机制建立与完善、储备物资数量、质量、有效期等，并定期向联席会议报告监管情况。

市公共卫生应急储备中心应配合审计等部门做好对应急医用物资采购、储备、调用、轮库等的审计督查工作。

5. 加强应急医用物资储备体系的信息化建设

建设市应急医用物资储备信息管理系统，建立信息共享机制。一是通过建立物资与设备的维护信息系统，实施各类物资的储备状态以及各种设备的维保状态管控，保障物资有效调配和设备正常运行；二是调取医疗卫生机构及各生产销售企业的供需平台、医疗卫生机构物资管理系统的相关数据，实现各数据平台间的联通对接和数据交互。突发重大公共卫生疫情时，系统平台可承担统计各单位消耗、库存、需求等数据的收集工作，既能实时掌控各单位物资使用情况，又能提高应急物资发放的时效性，做到统筹兼顾、有的放矢。

9.5.2　物资储备工作机制

1. 应急医用物资储备清单设计和优化

应急医疗物资储备清单不应该仅仅只是针对突发传染病疫情，需要根据城市自身突发公共卫生事件发生情况，从传染病、疫苗、自然灾害、批量伤员救治等方面分级、分类建立并完善各类医疗物资清单，根据突发公共卫生事件态势变化定期更新检查，形成医疗物资动态清单。

（1）物资储备通用清单及专项清单。

所列清单中的储备物资涵盖了多个类别，具体包括西药、中成药、中药饮片等药品类，个人防护用品，消毒杀菌产品，医疗救治过程中所需的耗材，医疗器械，以及用于医学检验的化学试剂等。通用清单内容应为公共卫生事件通用物资，须标明所需物资的种类、名称等信息，对于如医疗器械类难以统一储备型号的医疗物资应标明储备标准。专项清单按公共卫生事件类别设置，如生化核化类子清单、传染病类子清单、医疗救治类子清单等。专项清单具体需要列出的物资信息应与通用清单相同。

（2）确定储备数量。

应由各医疗卫生机构的应急物资保障组同相关职能科室共同商定。原则上应急医疗物资的储备数量应满足 2 ~ 3 个月的平时用量或满负荷状态下 1 个月的用量[24]。

（3）分级制定清单。

超大型城市医疗服务为“市 – 区 – 社区”三级服务网络，各级医院的职能不同，医疗物资的储备要求也不同。如社区卫生服务中心，这类医疗机构需要的应急医疗物资大多是防护类、常用药品类等保障居民生命健康安全的通用物资。市级医院可能担任着定点收治的任务，所需的医疗物资不仅限于通用物资，还包括一些医疗设备等。所以，各级医疗机构的储备目标不同，应在制定应急医疗物资清单时，注明不同级别医院的医疗物资储备要求。

2. 多元化的医疗物资储备模式构建和设想

（1）实物储备。

实物储备一般包括防护物资、药品、消杀、耗材等易耗物资和设备的储备。医疗卫生机构在日常工作中对易耗物资有一定的需求量，因此对易耗物资进行实物储备是必要的。仅各医疗卫生机构自行储备，无法满足超大城市的应急需求，可基于“市 – 区 – 社区”三级服务网络建立储备仓库。可与企业签订协议进行商业储备，平时所需物资在企业仓库保存，应急状态下再进行统一调配。无论是政府储备还是商业储备，都需要定期对储备物资进行检查更换，及时处理将要过期的物资。设备储备方面，医疗设备的储备大多是引进高精尖或者自身缺乏的设备，医疗机构不可能在购入设备后将其放进库房中，这样做会大大浪费医疗资源。因此，医疗设备储备应采用储用结合的方式，也可以避免在需要时无人能够操作，而变成摆设的情况。同时，各家医疗机构的设备采买不可能做到统一，都有自己熟悉的医疗设备供应商。所以，在设备储备上应当根据“储用结合”的原则，制定不同级别医疗卫生机构对应的配备标准，明确具有 ICU 的医院、社区卫生服务中心等应该配备什么样的医疗设备。床位是医疗卫生资源的重要组成部分，储备足够的床位可以确保患者能够得到及时的治疗或照料。一定的床位储备和腾空机制的建立是重大突发公共卫生事件下必不可少的应急转换机制。

（2）产能储备。

2020 年新冠疫情防控初期又正值当年的我国新春佳节，生产企业的员工已放假，医疗物资的生产一时间无法与需求匹配，可见我国当时的医疗应急物资的产能储备十分薄弱。产能储备可分为扩产和转产两种。在应急状态下，具备扩产和转产能力的企业，其生产线、生产质量及专业人员配备需接受严格审核，以确保仅合格企业参与此类活动。同时，针对作为产能储备的企业，我国应迅速制定并实施相关激励机制，以提升其积极性和参与度。

（3）资金储备。

除了实物储备和产能储备外，还需要一定的资金储备。资金储备可以增加应急医疗物资保障体系的灵活性，广州市医疗储备资金高达 12 亿元[25]。尽管实物储备和产能储备给应急医疗物资保障体系提供了双重保障，但是由于突发公共卫生事件的不确定性和突发性等特点，实物储备和产能储备在应对突发公共卫生事件的过程中，无法时刻保证拥有充足的储备和生产力，就需要动用储备资金对外进行紧急购买。并且储备清单不可能涵盖所有应急所需物品，如新冠疫情防控期间出现的抗病毒药物、国内暂时无法生产的医疗设备等。这些情况下，必须通过资金购买的形式来进行补充，资金储备必不可少。

（4）协议储备。

协议储备可分为政府与企业之间、政府与政府之间两种模式。政府和企业之间达成协议进行医疗物资储备，可以增加企业的参与度。政府可以寻求符合资质的企业，与其达成协议，将所需的医疗物资以企业储备的形式存放。若本市范围内有符合资质的企业，可与其达成储备协议，同时还需与相邻省市的企业也达成储备协议，防止重大公共卫生事件下本市企业无法完成保障任务。政府与政府之间的协议储备可为医疗物资供应提供多一份保障，如长三角、京津冀等一体化区域之间达成协议储备，可构建出更加牢固的物资保障供应链。

（5）其他储备。

医疗物资保障体系中，不仅需要物资、产能、资金的储备，空间和人力等的储备也是必要的。超大城市医疗物资调配结构为“集散中心－中转站－需求点”，集散中心一般就是机场、火车站等重要枢纽。为了合理分配物资，使中转站的位置距离辐射范围内各需求点的距离大致相等，需要根据需求点的分布来确定中转站的位置。除了固定的几个中转站，其他中转站的选址大多是不确定的，为临时设置。因此，中转站的选址地点应具有足够的空间，满足物资堆放和储存的条件。

场地方面，强化平时与急时状态的转换能力。首要任务在于借鉴方舱医院的成功实践，推广将体育馆、会展中心等公共场所升级为兼具日常与危机双用途的设计理念，从而充实和精细化应急处置预案，并预留出充裕的成长空间。如此一来，面对重大疫情或者突发公共事件来临时，这些场地能即刻转型，发挥临时救治站点和紧急避险区域的作用。

人力方面，新冠疫情防控期间医疗机构、社区等人员不足的问题尤为明显。患者习惯前往大医院就医，导致三级医院医务人员超负荷工作。社区居委会工作人员工作量巨大且缺乏管理人才，社区医生担负着社区人员的核酸检测工作。在正确的引导下，新冠疫情防控中后期建立起了有序的分级诊疗机制，社区志愿者也参与到了社区核酸检测和人员管理的工作中，取得了不错的效果。应积极探索特殊时期的分级诊疗机制，正确引导患者就医，缓解三级医院的就医压力；探索特殊时期的志愿者人员清单，发动社区内人员积极参与社区治理。此外，目前我国公共卫生人才的层次、类型、结构不够合理，中高层次人才比例偏低，培养模式较为陈旧[26]，公共卫生资源配置不均，应结合时代需求对公共卫生人才加强系统性、针对性的培养。

3. 公共卫生应急医用物资储备运行机制

（1）采购机制。

可建立公共卫生应急储备中心，以其为采购主体，采购流程参照财政资金的政府采购流程执行。确定不少于一家本市大型国有企业承担采购职能。所采购应急物资的品规应参照使用单位的常规使用物资的品规，做到采储结合，良性循环。

（2）应急转产机制。

应急物资转产机制的核心在于“平急结合”的设计理念。在非紧急状态下，企业从事常规产品的生产，维持正常的经济效益和社会运作；一旦出现紧急事态，企业能够迅速调转生产线，将主要精力集中到紧缺物资的制造上来。企业应预先规划可能的转产方案，比如，确定哪些生产线可以在短时间内改造，以用于生产口罩、防护服、消毒剂等应急物资。政府和行业组织可以提供资金和技术支持，帮助企业进行必要的基础设施建设，确保在需要时能够快速转换。培养一支具备多技能的员工队伍，能够在不同生产任务间迅速转换。同时，储备关键技术人员和管理者，确保转产过程中有足够的专业知识和管理经验。建立多元化的原材料供应渠道，定期举行供应链应急演练，检验在紧急情况下的物料调度和物流配送能力。在转产过程中，必须严格遵守产品质量标准，确保所生产的应急物资符合安全和性能要求。政府监管部门应加大抽检力度，防止不合格产品流入市场。

（3）物流机制。

确定不少于一家本市大型国有专业流通企业作为指定服务提供商，建立一个应急物流服务系统，创建一个内外连接、高效率的物流运输网络。设立紧急物资运输的绿色通道，以确保在紧急情况下物资能够迅速到达指定地点。同时，指定物流企业承担部分实物储备的功能，确保在应急情况下发挥“补充蓄水池”的作用。

（4）轮库机制。

储备的医用物资，需按照政府计划实施科学轮库。在物资储备管理过程中，指定专人负责专项账目，确保遵循“先进先出”的原则，根据物资的有效期进行排序管理，实施定期监督，防止过期物资的产生或不当使用，以保障应急物资的充足性和质量。拟在物资有效期失效前一年启动轮换机制。部分医用物资可转为民用，其余物资的轮库可与政府阳光采购平台联动。生产和流通企业的物资实行常态化轮库，公立医疗卫生机构有购买储备中心、生产和流通等渠道（储备）轮库物资的义务，形成储备物资的良性轮库和有序使用闭环。在物资价格上给予购买轮库物资的医疗卫生机构一定优惠或额外补助，确保储备物资不浪费且处于安全有效状态。轮库产生的差额费用由市财力承担。

（5）应急响应机制。

建立与公共卫生监测预警体系相对接的应急医用储备物资响应机制。经风险评估拟启动风险预警时，由市公共卫生应急指挥中心启动触发机制。在二级及以上响应级别启动时，应遵循市政府或指挥部的指示，通知相关企业全面实施扩产和转产措施。在必要时，应启动征用程序并运用全球采购机制以保障供应。

进入突发公共卫生事件战急时状态后，启动应急医用物资供应保障闭环管理机制。围绕“保障医用、优先一线、统筹民用”的目标，全面加强物资供应保障工作。市卫健委负责需求端和分配使用端；市经信委负责生产端；市商务委牵头负责供应端；市药监局负责产品质量安全监管端等，形成医用物资供应保障的闭环管理。

（6）调剂调用机制。

完善应急医用物资的分级分类管理，优化分配和使用机制，确保应急物资被科学、高效、节约使用。

遵从“谁储备、谁使用”原则，市应急医用物资储备联席会议依规授权各区或各系统在处置本区域本系统突发公共卫生事件时，可按照有关规定，自行调用所储备的应急物资，保障应急处置需要。事后及时将有关调用信息反馈至市应急医用物资储备信息管理平台。就近就便、快速调用，当应急处置突发公共事件特别需要时，现场处置负责人可依据规定，根据市应急医用物资储备信息管理平台的储备信息，就近就便调度，相关储备责任单位应予以支持配合，确保快速响应、快速处置。集中管理、统一调配，当突发公共卫生事件升级或有特别需求，涉及全市范围调用应急储备物资时，根据响应级别的不同，由市政府或指挥部对应急物资储备调用实行全市统一调配。

（7）应急演练机制。

建立应急医用储备物资征用演练机制，制定切实可行的应急演练预案。单独或联合实行定期的医用物资紧急征用的应急演练。确保一旦突发公共卫生事件或发生事件升级时，可以自如应对。

4. 物资使用情况监测和短缺预警模型

2022 年 3 月初，一场突发的公共卫生危机导致上海市紧急医疗物资消耗量激增至平时的四倍以上。上海市物资保障小组按上级指示，市区各级医疗单位及方舱医院需提升对物资数据的分析能力及对局势的评估水平，并根据关键医疗物资的需求清单，构建一套防疫物资的“红绿灯”预警机制。院内物资储备量“超过 7 天为绿灯”“3 至 7 天为黄灯”“3 天以下为红灯”，对任何突发的紧急需求，应立即上报给物资保障团队，以便第一时间发出预警并迅速采取行动，确保全市范围内无一遗漏。对于关键防疫物资，市、区各级医疗机构需每日报告库存量和单日消耗量，持续增加储备量，以满足新设方舱医院和指定医疗机构的需求。

当突发公共卫生事件发生时，医疗物资的储备与分配需要根据事件的发展态势进行调整，避免出现物资短缺或溢出的情况。物资保障组虽然根据重点医疗物资需求清单建立防疫物资“红绿灯”预警机制，能够对各医疗机构物资使用量和储备量进行监测，对医疗物资进行合理分配。但是该监测预警机制需要医疗机构主动向物资保障组上报，物资保障组处于被动监测的状态，出现紧急情况下这样的预警机制无法满足实际需求。在实际情况中可能很难真正做到供需匹配，但是随着大数据在各领域的应用已经趋于成熟。因此，充分利用大数据构建监测预警模型能够在一定程度上预知医疗物资的使用情况，提前进行物资储备与分配，有效减少此类问题，避免医疗物资长时间供不应求。各大医疗卫生机构的信息数字化建设已趋于成熟，可由卫生健康委员会与申康医院发展中心牵头，打造医疗物资信息共享平台，使各机构医疗物资资源信息共享，实现平战结合、动态监测。

9.5.3 突发公共卫生事件的应急物资调度分级管理

应急物资从储备点直接向受灾点配送是最直接有效的调度方式，可是面对重大突发公共事件时，这样的物资调度方式极容易出现混乱，出现一个受灾点多次配送的现象。超大城市人口密集、人员流动性大，面对重大突发公共事件时受灾点分布会呈现出多而散的特点，并且应急物资来源多样。因此，需建立应急物资调度的分级管理。对于储备仓库和供应商提供的物资，可建立“储备点 / 集散中心 – 中转站 – 需求点”三级调度；对于捐赠的物资，由慈善基金会负责接收，整理出重点物资后直接与物资紧缺的需求点进行对接，实现点对点的直接分配。

完整的医疗物资保障机制应包括平时储备、战时调用、事后回收三个阶段，需多个部门参与，形成事前、事中、事后的全流程应急物资管理闭环，构成完整的医疗物资保障体系。

1. 突发公共卫生事件的事前管控

医疗物资保障机制的事前准备就是要不断完善储备模式、储备种类。相比于国外发达国家，我国医疗物资储备模式较为落后。目前，我国医疗物资储备形式主要以实物储备为主，储备形式单一。物资储备主体主要是政府机构，储备主体单一，社会和企业储备参与度不足，重大突发公共卫生事件下政府的物资储备数量远远无法满足社会的需求。同时，我国在产能储备和资金储备方面储备不足。产能储备存在生产线落后，人员专业性不足，在突发公共卫生事件发生时无法做到快速响应。

因此，应增加储备形式，完善实物储备、产能储备、资金储备和可供转换的储备。一是实物储备方面。医疗物资实物储备分为消耗品储备和设备储备两个方面，对于消耗品的储备，可以实行“市 – 区 – 社区”三级储备的要求，明确各级医疗卫生机构应当储备的物资。同时，加强与上药集团、国药集团、百联集团等企业合作，达成储备协议。在设备储备方面，由于各家医院的医疗设备供应商的不同，在设备储备上很难要求做到型号统一。因此，需制定设备储备标准，明确各家医院应储备医疗设备的标准。并且储备的医疗设备应能够做到储用结合，若只储不用则会造成医疗资源的大量浪费。二是产能储备方面。为保障应急状态下的有序增产、扩产及转产，应深化与上药集团等药品企业的合作，强化与生产企业的衔接，签订储备协议，并完善相关管理机制。三是资金储备方面。各级政府应预留专项资金作为医疗物资储备资金，此专项资金是作为保留资金而不是用于购买实物储备物资的资金。四是可供转换储备方面。在医疗物资保障体系中，人才是必不可少的，物资的调度、分配、短缺分析等方面都需要有相应的人才储备，要建立相应的常态化培训、演练机制，确保随时能战。超大型城市医疗物资调配需要“集散中心－中转站－需求点”三级结构组成，医疗物资不可能直接从集散中心送往各个需求点，这样会导致物资配送出现混乱和延误的现象。因此，需要在集散中心和需求点之间建立中转站。但是城市空间有限，所设的中转站无法满足应急状态下全城配送的需求，所以部分中转站需要临时选址。临时选址的中转站除了需要尽可能地距离各需求点路程相近之外，还需要一定的空间对中转物资进行储存。

各公立医院应明确专业紧急医学救援队伍需要配备的救援装备和必要的医疗设备目录，包括移动医院、紧急医学救援车辆、直升机等。同时，建立健全医疗物资储备机制，定期更新专常兼备的医疗物资储备库，储备必要的药品、医疗耗材、防护装备、消毒用品、基本生活保障物资等，确保在突发事件中能够迅速调配。公立医院应争取政府和相关部门的政策和资金支持，为紧急医学救援基础设施建设和资源投入提供保障；也可以寻求多种不同的物资设备储备方式，在与交通运输部、医疗急救中心等部门和机构合作的同时，开放社会力量投入的渠道，积极与有能力的企业机构合作。如推动发展航空医疗救援能力，包括直升机救援和无人机配送，提高偏远地区和交通不便地区的救援响应速度。同时，公立医院可利用电视、广播、报纸等传统媒体播放公共卫生与紧急救援的公益广告和教育节目；通过医院官网、社交媒体平台等在线渠道发布公共卫生防控和紧急救援知识、视频和图文信息；在社区中心、学校、工作场所等多渠道，组织开展公共卫生应急演练和宣传活动等多方式的宣传教育。

2. 突发公共卫生事件的事中处置

应急状态下应急医疗物资保障需要在短时间内作出决策，各部门需密切配合。应急状态下，需要对医疗物资的需求进行测算，对数量进行监测，对采购和生产的医疗物资进行质量控制。同时，重大突发公共卫生事件发生时需要启动方舱医院，也需要大量的医疗物资。明确需求后，物资的及时送达也十分关键，需要物流公司进行保障。同时，近年来兴起的低空航空器，包括无人机、直升机等，能够凭借其灵活机动、快速响应的特性，在复杂多变的地形和恶劣天气条件下，迅速抵达需求点，满足应急需求。低空航空器配送不仅速度快，还能实现精准投放，减少物资在运输过程中的损耗，确保每一份救援资源都能发挥最大效用。

建立市级医疗卫生机构（包括方舱医院、亚定点医院、定点医院）医疗防疫物资调配工作机制，根据每日物资使用情况及时配送，确保医疗机构内各品类物资 7 天以上库存，实现医疗防疫物资“7+7”（医疗机构 7 天储备、医药企业 7 天储备）总储备量。

市卫健委负责对全市医疗物资需求进行统计测算，对医疗物资的消耗数量和存储数量进行监测，同时对物资质量进行监管。市经信委和商委负责物资的生产和采购，确保医疗物资的充足供应；物流公司负责配送，保证物资及时送达。市慈善基金会主要负责医疗物资的社会捐赠管理，确保捐赠的医疗物资能够妥善管理调配。对于有质量问题的医疗应急物资，需由物资保障组、市市场监管局 / 市药监局、供货平台、生产企业联动处置（图 9–6）。

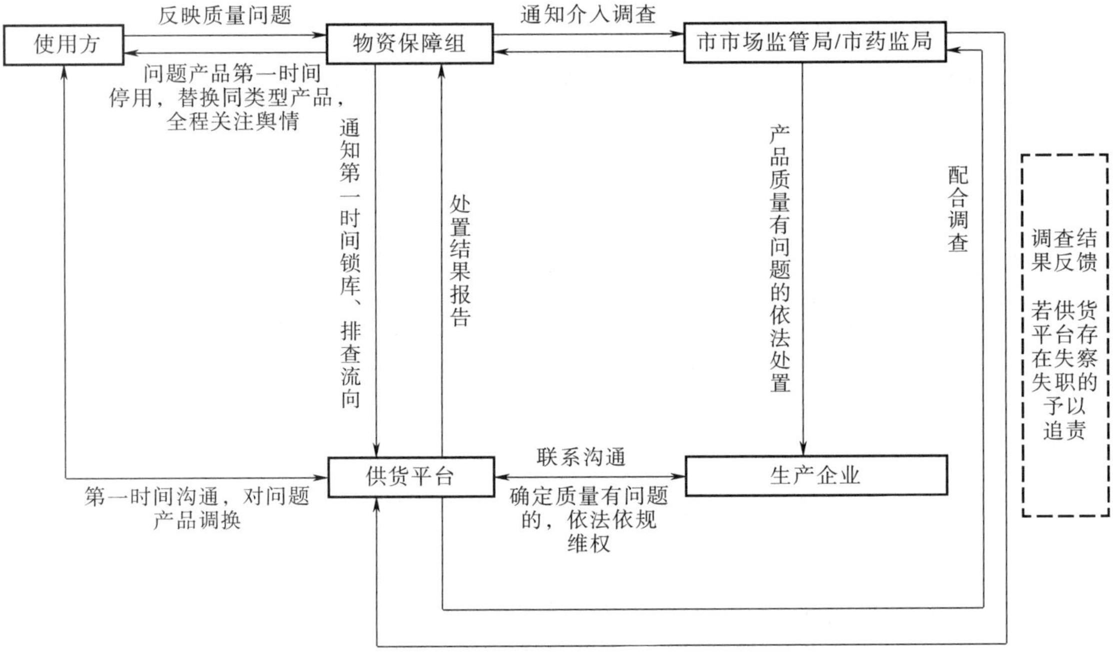

图 9–6　应急物资质量问题处置流程

3. 突发公共卫生事件的事后闭环

突发公共卫生事件的结束并不意味着医疗物资保障任务的结束。事后医疗卫生机构需要理清突发公共卫生事件中医疗物资保障的不足，更新完善医疗物资储备清单。市卫健委需要发现医疗物资保障过程中储备、采购、生产、调拨等工作的难点和需求，进一步完善医疗物资保障体系。由于突发公共卫生事件的结束，一部分调拨的物资未使用完，需要及时处理。对这一部分未使用完的溢出物资，应由市慈善基金会进行回收。将物资整理分类后，对于保质期短、使用频率高的物资可按需分配给各级医疗机构；保质期长、使用频率高的物资可向各需求单位降价售卖；保质期短、使用频率低的物资可直接分配给有需求的医疗机构；保质期长、使用频率低的物资可放入储备仓库储存，并注意物资更换。

9.5.4　捐赠物资管理

物资保障小组需迅速制定紧急防疫物资需求清单，明确需求单位和所需物资种类，确保优先满足和高效调配。以红十字基金会为例，在遵守国家捐赠相关法律法规的基础上，组建专门的捐赠物资接收团队，成员包括卫生健康部门、红十字基金会，以及医疗物资管理、药品监管、统计审计、财务会计、专业物流等相关领域的专业人员，形成由卫生健康部门和红十字基金会领导的，分工明确、协同高效的工作小组。建立工作机制，实现全过程管理，由药品监管部门和医院物资管理人员负责审核捐赠物资是否符合医疗标准和使用需求，工作组根据分配原则制定分配方案或按照捐赠者的意愿进行定向分配，特别关注方舱医院、指定医疗机构和疫情防控关键行业的物资需求。物流团队负责物资配送，统计、审计和财务人员负责记录、审核和账目管理。与捐赠方充分沟通，动员各方资源，尽可能实现直接配送，减少因配送延迟或不到位导致的物资浪费。对于捐赠资金并委托采购医疗物资的情况，应委托第三方专业机构通过快速采购程序完成采购，资金支付方式应参照常规医疗设备购置的标准。对于不适合医疗机构使用的物资，应通过其他渠道迅速妥善处理。

9.5.5　医疗物资质量控制、快速准入与应急处置

每家医院都有自己认可的医疗物资品牌，在新冠疫情防控期间，对于分发的医疗物资品牌，部分医务人员对其保持着怀疑态度。对于采购和生产的医疗物资，应列出品牌清单，标明产品生产的执行标准。完善医疗防疫物资质量问题处理流程，形成发现问题、质量检测、封锁仓库、追查流向、替换产品、处理库存的处理闭环。同时，协调药品监管部门和医药企业及时妥善处置基层反映的防疫物资质量问题。在使用过程中发现有质量不合格的医疗物资要及时处理，对不合格医疗物资进行统一回收处理，对生产不合格物资的企业取消其保障生产任务。对于流入社会零售的口罩等不合格医疗物资，应及时控制舆情，说明处置情况，避免扩大影响。

突发物资采购应遵循相关标准，保障采购物资质量。在国家采购相关的法律法规框架内，成立采购工作小组。采购工作小组主要由市卫健委和商委相关的专业人员组成。对采购的应急物资进行科学、全面、简洁地评价，从生产标准、质量等方面判定是否符合医疗卫生使用标准。对于纳入采购的应急物资，应简化采购流程、制定物资清单，明确注明其符合使用标准，并将清单与医疗物资一起送至需求单位。

9.6　强化公安机关社会安全保障职能

9.6.1　加大非涉警任务分流力度

在公安部门每天接到的 110 警务报警信息中，存在大量非警务类警情，如纠纷调解、民生服务需求等，这些信息本不属于公安机关的职责范围，但占用了大量警力资源。为此，应将这类求助信息分流至城市运行中心，由其负责响应并分配给相关职能部门的专业

人员进行处理，从而提高城市治理的效率和专业性。

建立健全非警情信息分流机制。根据相关法规，12345 热线负责接收来自企业和公众在经济调控、市场监督、社会治理、公共服务、生态环境保护等领域的咨询、紧急援助、投诉、举报以及意见和建议等事项，而 110 则主要负责受理处置违法犯罪、危及人身和财产安全等紧急求助和警务投诉。当 110 接报属于可分流的非警务类警情时，直接推送至城市运行中心或相关平台，由其工作人员 24 小时值守，负责对接转办职责，确保信息及时流转至相关职能部门。

9.6.2 加强“智慧公安”建设

随着智慧城市建设的持续深入，“智慧公安”项目的建设也需同步加强，优化涉及警务工作的应用系统，确保系统间互联互通，借助技术增强警务能力，减轻信息化带来的额外工作负担。在智慧城市建设的背景下，公安部门需要不断优化涉及警务工作的应用系统。这包括升级现有系统，确保其具备高效的数据处理能力、用户友好的界面以及强大的功能模块。例如，通过引入先进的数据库技术，可以提高数据存储和检索的效率，从而为警务人员提供更快速、准确的信息支持。不同警务应用系统之间的互联互通是实现信息共享和协同工作的关键。通过建立统一的数据标准和接口规范，可以实现各系统之间的无缝连接。例如，警务指挥系统与地理信息系统（GIS）的集成，可以实现警力的实时调度和最优路线规划，显著提高应急响应的效率。

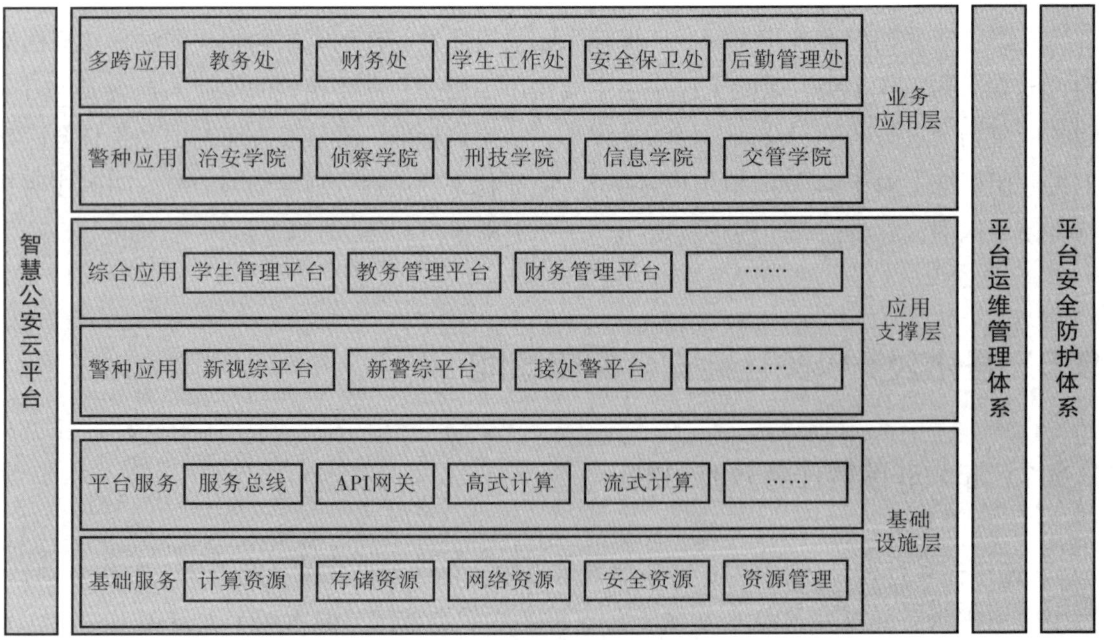

图 9-7 智慧公安云平台[27]

通过大数据分析，可以对犯罪趋势进行预测，为警务部署提供科学依据；利用人工智能技术，可以实现智能监控和自动预警，提高安全防范水平。在推进信息化建设的过程中，需要注意减轻警务人员的额外工作负担。这可以通过优化工作流程、提供便捷的操作工具以及加强人员培训来实现。例如，通过开发移动办公解决方案，警务人员可以随时随地处理工作事务，提高工作效率。如广西警察学院在 2020 年建成“智慧公安研训基地”，通过“校局企”合作构建了基于大数据的智慧公安云平台（图 9–7）。

9.6.3　推动应急管理关口前移

在城市安全管理现行实践中，危险化学品、火灾（包括高层住宅火灾、老旧小区火灾、电子工厂火灾）、疫情、自然灾害、特种设备等事故频发区域成为重点关注对象。针对这些高风险领域，亟须加强监测与控制，严守安全红线，积极采取更为有力的措施以弥补安全短板和薄弱环节。遵循“预防为主，防患未然”的原则，增强城市灾前备灾能力，将应急管理关口前移，增加灾前安全工作的投入，充实应急资源和物资的储备，力求在灾害风险初露端倪时即予以化解，确保在灾害形成之前将其有效控制。

强化监测监控。提升化工园区本质安全水平，需对园区内企业实施分类管理及整顿，坚决取缔非法违规的“小化工”企业，严格控制重大危险源，尤其是对硝酸铵等高风险化学品及精细化工等高风险工艺的安全风险进行严格管理。此外，强化对化学品在运输、使用及废弃处理等流程的监控与检测，保障各环节的安全性。针对高层住宅火灾、老旧小区火灾、电子厂火灾等不同类型的火灾风险，采用烟雾探测、温度探测、火焰探测、电气火灾监控等设备，对烟气浓度、温度和疑似起火位置进行监测。例如，针对大型商业综合体、高层建筑、养老院、医院、学校、仓库等火灾高危单位，以及沿街门店、手工作坊、经营性自建房等小场所，加强火灾风险监测。建立健全疫情监测预警系统，加强对传染病的监测和预警。同时，加强对医疗机构、公共场所等重点区域的卫生监测，确保疫情防控措施落实到位。加强对电梯、锅炉、压力容器等特种设备的安全监测，建立特种设备安全监管平台，实现对特种设备的实时监控和管理。

坚守安全底线，补齐短板和弱项。加强对非法违法“小化工”的打击力度，确保危险化学品领域的安全。加强消防基础设施建设，提升消防设施的完好率和有效性。加大对高层住宅、老旧小区、电子厂等火灾高危场所的消防安全检查力度，及时发现和消除火灾隐患。同时，加强对违规动火作业、电气设备使用不当等火灾风险的监管。加大对医疗机构的投入，提高医疗资源的配置水平。加强自然灾害防治能力建设，提升灾害监测和预警水平。加大对防灾减灾基础设施的投入，提高城市的防灾减灾能力。同时，加强对地质灾害隐患点的治理，确保人民群众的生命财产安全。此外，加强对特种设备作业人员的培训，提高其安全意识和操作技能。

加强城市事前备灾能力建设。建立健全应急资源和物资储备体系，加强对应急资源和物资的管理和调配。加大对应急资源和物资的投入，确保在灾害发生时能够及时调配和使用。加强应急管理的前置工作，将应急管理关口前移。加大对事前安全工作的投入，加强安全风险评估和隐患排查治理。同时，加强应急预案的制定和演练，提高应急处置能力。加强应急救援队伍建设和应急装备配备，提高应急救援能力。加大对应急救援队伍的培训和演练力度，提高其应急处置水平。同时，加强应急避难场所建设，确保在灾害发生时能够及时疏散和安置受灾群众。

9.6.4 多部门协同应对非接触性犯罪

在当前社会治安形势下，非接触性犯罪呈现出日益复杂的态势，给社会安全和人民群众的财产安全带来了严峻挑战。为有效降低此类犯罪的发生率，需要多部门协同合作，形成合力，共同开展专项治理攻坚行动。公安部门在事前干预方面发挥着重要作用，但仅靠其单方面的努力难以全面遏制非接触性犯罪的高发趋势。因此，必须充分认识到多部门协作的重要性，只有通过整合各方资源，形成全方位、多层次的防控体系，才能更有效地打击和预防非接触性犯罪。

学生和老年人等特殊人群由于其自身的认知特点，往往成为非接触性犯罪的高危目标。针对这一群体，社区和学校等基层组织应积极承担起宣传教育的责任。社区可以通过组织各类宣传活动，如举办专题讲座、发放宣传资料、开展案例剖析等，向居民普及非接触性犯罪的常见手段和防范方法。学校则应将安全教育纳入日常教学内容，通过课堂教学、主题班会、模拟演练等形式，加强对学生的安全教育，使其掌握必要的安全知识和技能，增强辨别是非和抵御诱惑的能力。此外，家庭也应积极参与对老年人的安全教育中，通过耐心讲解和实际操作指导，帮助老年人提高对非接触性犯罪的认识和防范意识。只有通过社区、学校和家庭等多方面的共同努力，形成全社会共同参与的良好氛围，才能从根本上增强民众的风险防范意识，有效降低非接触性犯罪的数量，保障人民群众的生命财产安全和社会的和谐稳定。

9.6.5 加强公安队伍人才建设

要从根本上增加警察队伍的人才吸引力，就必须改变当前警察队伍工作过多的状况。此外，三年制警官专科院校和警官本科大学的建设是今后发展警察队伍的主要方向，可以保证警察的培养和人才输送。随着“智慧公安”的普及，新的业务也会随之增加，要建立一套轮换制，安排民警到各个市、县公安局的警校进行训练，保证民警的专业水平与不断扩大的业务水平相匹配。

改变警察队伍工作过多的状况。通过引入先进的技术和管理方法，优化警察队伍的工作流程，提高工作效率，减少不必要的工作负担。例如，利用大数据和人工智能技术，实现对犯罪行为的精准预测和快速响应，从而减少警察在日常巡逻和案件处理中的工作量。根据各地区、各部门的实际需求，合理分配警力资源，避免某些地区或部门警力过剩而其他地区或部门警力不足的情况。例如，可以根据犯罪率、人口密度等因素，动态调整警力部署，确保警力资源的合理利用。通过加强与社区、学校、企业等社会力量的合作，共同参与社会治安治理，减轻警察队伍的工作压力。例如，社区可以组织志愿者参与巡逻和治安维护，学校可以开展安全教育活动，提高学生的自我保护意识。

加强警官院校建设。引进具有丰富实践经验的警察担任兼职教师，为学生提供更加实用和贴近实际的教学内容。根据公安工作的实际需求，完善警官院校的课程设置，增加实践教学环节，提高学生的实践能力和综合素质。例如，可以设置模拟案件处理、现场勘查等实践课程，让学生在实践中学习和掌握公安工作的基本技能。可与市公安局、县公安局等单位合作，建立实习基地，让学生在实习中了解公安工作的实际情况，提高自己的专业水平和实践能力。

建立轮换制训练安排。根据民警的岗位需求和业务水平，制定科学合理的轮换计划，确保民警能够定期到警校进行训练。例如，可以按照岗位类别和业务需求，将民警分为不同的轮换批次，每批次轮换时间为 1 ~ 3 个月。根据“智慧公安”的发展需求，丰富训练内容，涵盖新技术、新业务、新技能等方面。例如，可以开设大数据分析、人工智能应用、网络安全等课程，提高民警在新技术领域的专业水平。建立完善的考核评估机制，对民警在警校的训练效果进行评估，确保训练质量。例如，可以通过理论考试、实践操作、案例分析等方式，对民警的训练成果进行考核，考核结果与民警的晋升、评优等挂钩，激励民警积极参与训练。

9.7　加强基础设施冗余性建设

9.7.1　加强基础设施韧性

突发公共卫生事件发生后，城市不断涌现的确诊患者给医疗卫生基础设施系统带来了压力，适当加强基础设施冗余性建设能够有效缓解医疗卫生机构的压力、提升城市医疗卫生基础设施的韧性。

首先，应加强城市医疗卫生基础设施的日常建设。现有的综合性医院虽设有发热门诊和传染病病区，但规模较小，难以满足紧急状态下的需求。大型综合性医院应具备将普通病区快速转换为传染病病区的能力，以应对紧急状态下的隔离与卫生需求。有条件的行政区可独立设立传染病医院，以缓解市级传染病医院的收治压力，避免医疗救治资源过度集中。其次，应合理利用城市公共空间。体育馆、会展中心等大型场所具有空间大、可达性好的特点，各地区应评估这些场所是否具备改造成方舱医院的条件，并提前准备暖通与机电改建、室内流线设计及负压保持的设计方案，以满足应急状态下快速转换的需求。最后，应充分发挥15分钟生活圈的作用。15分钟生活圈是指居民以家庭为中心，在15分钟步行范围内满足大部分日常生活需求。近年来，15分钟生活圈已成为灾害事件下社区基础设施系统建设的重点。通过完善生活圈内的公共服务体系，增强居民对社区公共服务的依赖。社区应根据配套设施制定防控转变计划，确保突发公共卫生事件发生时居民的基本生活需求得到保障。提升15分钟生活圈的平战结合与转换能力，也有助于增强基层医疗卫生服务能力和空间韧性。

9.7.2 加强“平急两用”公共基础设施建设

2024年4月，自然资源部办公厅发布的《平急功能复合的韧性城市规划与土地政策指引》明确提出“平急两用”公共基础设施全域统筹，构建城乡安全格局的要求。“平急两用”公共基础设施规划不仅需要考虑中心城区兼容设施的空间布局，还需要与全域其他空间层级的设施统筹规划布局，共同构建城市安全韧性空间体系。

1. 建设“平急两用”的医疗救治设施

建立平急转换医疗管理中枢和急时医疗支援中心。应建立一个平急转换医疗管理中枢，负责在日常和紧急情况下对医疗资源进行统一管理和调配。该中枢应具备强大的协调能力和快速反应能力，能够在紧急情况下迅速启动应急预案，确保医疗资源的高效利用。例如，在疫情防控期间，该中枢可以迅速调配医疗物资和人员，确保定点医院的正常运转。建立急时医疗支援中心，负责在紧急情况下提供医疗支援。该中心应配备专业的医疗团队和先进的医疗设备，能够在短时间内响应并提供有效的医疗救助。例如，在自然灾害发生时，急时医疗支援中心可以迅速派遣医疗队伍前往灾区，提供紧急医疗救援。

构建应急物资服务设施网络。构建完善的应急物资服务设施网络，包括储备仓库、物流中心和配送站点等。这些设施应分布在城市和乡村的关键位置，确保在紧急情况下能够快速调配和分发应急物资。例如，可以利用现有的物流网络和仓储设施，建立多级联动的应急物资储备体系。推进应急物资管理的信息化建设，利用大数据和物联网技术，实现对应急物资的实时监控和管理。通过信息化系统，可以及时掌握应急物资的储备情况、调配需求和运输状态，提高应急物资管理的效率和准确性。

加强平急结合与快速转换能力建设。加强平急结合能力建设，确保在日常和紧急情况下医疗资源的合理配置和高效利用。例如，市级传染病定点救治医院和市级综合医院在日常情况下可以正常开展医疗服务，而在紧急情况下则可迅速转换为应急救治中心。建立快速转换机制，确保在紧急情况下能够迅速将日常医疗资源转换为应急医疗资源。例如，可以通过制定详细的应急预案和演练计划，提高医疗机构和医务人员的快速反应能力。

提升城乡公共卫生体系韧性，实现城乡一体化的公共卫生服务。加强农村和偏远地区的公共卫生基础设施建设，提高其应对突发事件的能力。例如，可以通过建设农村卫生院和社区卫生服务中心，提高基层医疗卫生机构的服务能力。利用数字技术提升基层卫生组织的韧性，通过数字化手段优化资源配置和管理流程。

统筹日常健康服务与应急事件中的紧急救护和物资保障，建立体系化的日常健康服务机制。例如，可以通过社区卫生服务中心和家庭医生签约服务，提供定期的健康检查和健康咨询。建立全方位的应急空间响应机制，确保在紧急情况下能够迅速提供医疗救助和物资保障。例如，可以通过建设应急避难场所和应急物资储备点，提高城市的应急响应能力。

持续进行规范化、系统化的专业知识和技能岗位培训。以市级传染病定点救治医院和市级综合医院的卫生人员为重点，持续进行规范化、系统化的专业知识和技能岗位培训。例如，可以通过定期举办培训班和研讨会，提高医务人员的专业水平和应急处置能力。加强基层社区医疗卫生机构的网底作用，提高其在日常和紧急情况下的服务能力。例如，可以通过培训和指导，提高基层医务人员的诊断和治疗水平，确保在紧急情况下能够提供有效的医疗救助。

2. 建设“平急两用”的应急物资储备设施

建设城郊大型仓储基地与平急转换机制。城郊大型仓储基地应选址于交通便利的区域，如靠近航空、铁路、港口码头、高速公路出入口等，以便于货物的快速接收和分发。基地“平时”可作为城市生活物资的中转分拨中心，具备日常物资的仓储、分拣、加工、包装和配送等功能。“急时”则可快速改造为应急物资和生活物资的中转调运站、接驳点或分拨场地，以应对突发事件。选址需符合国土空间规划、规划设计通则及项目准入条件，避免布局在危险品仓储和使用设施周边、地质灾害易发地段、采空区、能源走廊、生态敏感区、水源保护区等不适宜建设的区域。城郊大型仓储基地应合理划分功能区域，包括专门的进货接收区、出货分发区和办公管理区。内部布局应高效灵活，便于货物的接收、存储和分发。例如，可设置外区、缓冲区和内区，以满足急时应急物资接驳、调配和人员隔离需求。需优化平时与急时的货物流线，确保急时设有专门的货物存储区、装卸区、行车道和办公区。例如，急时货物流线应经过车辆消杀、检验检疫、货车甩挂、司机交换后进入内区储存场地。

构建“核心－片区－配送站”三级应急物流体系。以应急物流枢纽为核心，依托区域内的救灾物资储备中心库，作为城市及区域物资供应链的核心节点，集中负责物资的存储、调配和分发。应急物流转运片区依托区域内的救灾物资储备分库，负责辖区内的物资转运任务。这些片区可以根据地理区域和人口分布进行合理划分，确保物资能够快速、高效地在不同区域之间转运。应急物流配送站则结合末端配送网点同步设置，原则上每个街道至少设置 1 处，面向街道或社区，将物资按需分配至各个目的地。这些配送站应具备一定的仓储能力和分发能力，以满足社区居民的紧急物资需求。

城市应急物流体系的运行与维护。城郊大型仓储基地和应急物流体系应具备平急转换能力，确保在紧急情况下能够迅速从平时状态转换到应急状态。这需要制定详细的应急预案和演练计划，提高整体应急响应能力。利用数字技术和智能化手段提升应急物流体系的运行效率。例如，通过物联网、大数据和人工智能技术，实现对物资储备、运输和分发的实时监控和管理。城市应急物流体系的建设需要政府、企业和社会各方的协同合作。政府应制定相关政策和标准，企业提供运营和技术支持，社会组织和志愿者则可以在物资分发和社区服务中发挥重要作用。

在全球化与城市化进程加速推进的背景下，城市面临着日益复杂多变的风险与挑战，如何提升城市的综合应对能力与安全韧性，已成为各国政府和学术界关注的核心议题。本章通过系统分析国内外先进经验与实践案例，结合我国城市发展的实际状况，提出了一系列具有针对性和可操作性的策略建议。这些策略涵盖了建立全灾种风险评估与动态监测、优化城市空间布局、加强防灾空间规划、推进韧性基础设施建设、提升应急物资综合保障能力、强化公安机关社会安全保障职能以及构建“平急两用”公共基础设施等多个方面，旨在为城市治理者提供全面、系统的指导，助力城市在面对多种灾害时能够有效应对。通过不断优化治理结构、完善制度体系、提升设施水平、增强社会参与、提高职业能力以及引入先进技术，城市将能够更好地应对外部冲击，保障居民的生命财产安全与生活质量，实现经济、社会与环境的协调发展，为城市的长期繁荣与稳定奠定坚实基础。

参考文献

[1] 王纪伟．对加强城市基础设施生命线安全工程建设管理工作的探索与思考［J］．城乡建设，2025（2）：75-78.

[2] REMUZZI A，REMUZZI G. COVID-19 and Italy：what next?［J］. Lancet，2020，395（10231）：1225-1228.

[3] 郭君伟，梁瑞峰，秦一力，等．基于 Kaiser 模型的某医院专科分院区灾害脆弱性研究［J］．中国医院，2023，27（10）：60-63.

[4] 许多，王香真，傅虹桥．人口老龄化对医疗费用变动的影响：基于多维因素分解法的分析［J].

人口研究，2024，48（4）：69-83.

[5] 刘久成，王达林，何跃忠，等 . 日本灾害医学救援体系考察报告［J］. 中国急救复苏与灾害医学杂志，2007，2（3）：158-160.

[6] HISAYOSHI K，YUICHI K，YUZURU K，et al. Consideration of medical and public health coordination - experience from the 2016 Kumamoto，Japan Earthquake［J］. Prehospital and Disaster Medicine，2019，34（2）：149-154.

[7] UPTON L，KIRSCH T D，HARVEY M，et al. Health care coalitions as response organizations：houston after hurricane harvey［J］. Disaster Medicine and Public Health Preparedness，2017，11（6）：637-639.

[8] 胡定坤 . 提检测、增病床、补医护，纽约挥出抗疫“三板斧”［EB/OL］.［2020-03-31］（2025-03-01）. https：//m.thepaper.cn/baijiahao_6772296.

[9] 胡慧娟，王明帮，雷崎方，等 . 数字孪生医院：改变医疗的未来［J］. 生物医学工程学杂志，2024，41（2）：376-382.

[10] 凤磊，潘丽，范兴良，等 .7S 理论视角下公立医院多院区一体化管理模式研究［J］. 中国医院，2025，29（2）：40-44.

[11] 王惠娟，刘晓云 . 新医改背景下北京市居民基层就诊行为变化特征：基于 2013 年和 2018 年国家卫生服务调查数据［J］. 中国全科医学，2022，25（1）：50-54.

[12] 刘俊卿，沈军，董恒磊，等 . 基于“互联网 +”的肿瘤分级诊疗平台的构建与应用［J］. 现代医院管理，2024，22（6）：93-96.

[13] 马梦薇，曲慧敏，赵家慧，等 . 分级诊疗的 SWOT 分析：以上海家庭医生模式为例［J］. 卫生软科学，2019，33（9）：20-23.

[14] 古荭欢，吴瑞君，孙斌栋 . 分级诊疗能否促进空间平等？——基于上海市公共医疗服务可达性的情景分析［J］. 人文地理，2022，37（5）：63-70.

[15] 梁勇，张柠 . 国外医疗服务体系对完善我国分级诊疗体系的启示与借鉴［J］. 中国医院，2015，19（8）：50-52.

[16] 陈志航，蔡娟 .国外医疗卫生服务体系分析与思考［J］. 中国医院，2023，27（4）：74-76.

[17] 方添栋 . 国外典型分级诊疗模式及对我国分级诊疗制度建设的启示［J］. 中国慢性病预防与控制，2022，30（4）：317-320.

[18] REES E L，GAY S P，MCKINLEY R K. The epidemiology of teaching and training general practices in England［J］. Education for Primary Care，2016，27（6）：462-470.

[19] 魏登军，黎夏 .国外分级诊疗体系及其对我国的启示［J］. 中国初级卫生保健，2016，30(2)：8-10.

[20] 朱敏，李红艳，魏倩如 . 分级诊疗制度在应对突发公共卫生事件时的作用研究 [J] . 中国卫生法制，2021，29 (2)：7-11.

[21] 黄姗 . 疫情防控常态化下湖北省推进分级诊疗制度研究 [D] . 武汉：华中科技大学，2021.

[22] 国家卫健委 .《关于对新型冠状病毒感染实施“乙类乙管”的总体方案》解读问答 [EB/OL] . [2022-12-26](2025-02-22) . http：//www.nhc.gov.cn/xcs/fkdt/202212/075a30385dff4672b53dd4bf864e3e38.shtml.

[23] 中国发展改革报社 . 我国千人口医师数达到 3.04 人，接近发达国家配置水平 [EB/OL] . [2022-08-25](2025-02-23) . https：//mp.weixin.qq.com/s/cqAQqqoUyR6LmzbBRln0mQ.

[24] 赫琰 . 在应对突发公共卫生事件中医疗机构应急物资储备清单制的建立与运行管理探讨 [J] . 医药论坛杂志，2021，42 (16)：4-6.

[25] 王丽芝 . 广州市突发公共卫生事件应急医疗物资储备机制探讨 [J] . 中国卫生事业管理，2010，27 (3)：177-182.

[26] 动脉网 .2022 中国互联网医院发展调研报告 [EB/OL] . [2022-09-30](2025-02-22) . https：//www.vbdata.cn/1518870219.

[27] 侯文雷，张芷铭，蒋萍 . 基于大数据的智慧公安云平台建设研究 [J]. 中国安防，2024(5)：12-16.